ENJOY
HAND
MADE

時髦女子玩美手則

愛上風格打扮的
手作飾品
DELUXE!

EARRINGS
NECKLACE
BRACELET
HAIR ACCESSORY
RING ETC.

373
ITEMS

朝日新聞出版◎授權

[BASIC ITEM] × [ACCESSORIES]

Simple Shirt •
Print Shirt •
Blouse •
Jersey •
Jacket •
Overalls •
Ribbed Knit •

• Metallic
• Floral
• Unique
• Oversized

今日穿搭

依飾品而定

最愛自己的手製飾品了！以手作飾品為主角來決定穿搭，是我的祕密小樂趣。

ACCESSORIES × BASIC ITEM

想為寬版連身襯衫添加亮點時，搭配金屬質感的五角形手鍊＆項鍊，節約又有型。

CORDINATE

1 / 7

五角形項鍊
幾何圖形手鍊
×
連身襯衫

ACCESSORIES

SELECT
← ☑

P.125

將金屬配件組合出獨特個性款的五角形。

SELECT
← ☑

P.010

以不對稱的串接方式，打造散發藝術氣息的幾何圖形手鍊。

P.120

大量的金色流蘇，可為臉龐妝點華麗感。

P.121

珍珠×金屬鍊的雙手鍊，戴一條就能揉合出隨興感。

METALLIC ACCESSORIES

金屬材質的飾品，搭配基本款衣著自然流露高貴氣息。

花形配件只要搭配成熟色彩的上衣與輕薄材質，就不會過分甜美。

花形耳環 × Liberty碎花襯衫

CORDINATE
2 / 7

ACCESSORIES

SELECT ← ☑

P.099

波浪線條的金屬線，延伸帶出花形配件的凜然之美。

P.095

淡色調的花瓣，即便搭配風格強烈的穿著，也能妝點出溫婉女人味。

以成熟色的外罩衫平衡碎花（Liberty）襯衫與花朵耳環輕快的調性，可避免整體穿搭太過甜美。

P.095

將具有分量感的髮夾當作穿搭主角，金屬吊飾則是加分的亮點小裝飾。

花形胸針 × 立領罩衫

CORDINATE
3 / 7

P.095

SELECT ← ☑

為人造花塗上UV膠，製作嬌豔潤澤感的花胸針，散發復古柔和的氣息。

P.041

封入壓花×亮片粉的髮夾，休閒或正式場合都能派上用場。

高雅的鏤空花片胸針金具結合光澤感的UV膠配件，搭配俐落的細條紋衫時，更襯托出花的甜美。

CORDINATE

4 / 7

壓克力耳環 × 半拉鍊套頭衫

想襯托嗆辣色彩，非白色莫屬。選一件套頭衫，展現休閒運動風吧！

CORDINATE

5 / 7

微縮模型胸針 × 連身吊帶褲

男孩子氣的連身吊帶褲，與洋溢田園風情的鮮艷胸針是絕佳搭配。

ACCESSORIES

SELECT ←

 P.156

難道是騎自行車時闖入了SF異空間！？俏皮的新潮飾品。

 P.158

棒球少年和串珠的構圖設計，單一個就很有時尚度。

 P.157

珍珠×和服女子的微縮模型，在耳邊搖曳出落落大方的女孩品味。

SELECT ←

 P.158

將乳牛漫步在草原上的風景，封存在四角形樹脂胸針內。

 P.159

只是將迷你模型貼在扁圓形的木串珠上，居然能營造出這種存在感，真是不可思議！

UNIQUE ACCESSORIES

如果想駕馭風格特異獨行的飾品，搭配男孩風休閒服必能營造時髦感。

壓克力串珠手鍊 × 直條紋外套

從中性風外套捲起的袖口內，不經意地露出充滿女人味的手環。

ACCESSORIES

SELECT ← ☑

P.065

對稱配置霧面壓克力珠，運用柔和配色打造成熟韻味。

P.067

米粒大的串珠只要編織出分量感，也可以是主角級的戒指，為指尖點綴奢華感。

SELECT ← ☑

P.069

玻璃珠製作的植物風格耳環，縱然偏大卻自有一股靜謐氛圍。

P.063

利用木頭珍珠×絲綢緞帶的組合，搭配出女孩感。

P.067

極細線卻具有分量感的迴圈流蘇耳環，適合搭配簡單設計的上衣。

串珠耳環 × 針織連身裙

成熟色彩的耳環，方能襯托簡單的羅紋針織連身裙。搖曳生姿的動感，也提升了大人女子的嫵媚。

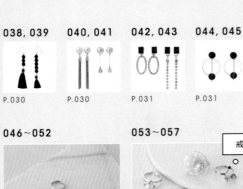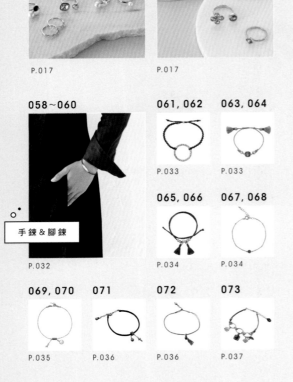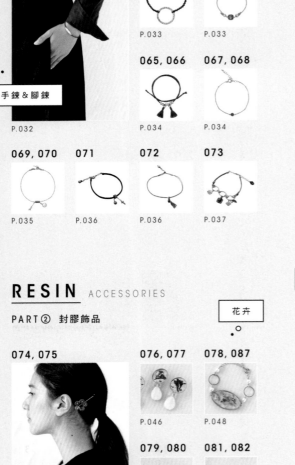
RESIN ACCESSORIES

PART② 封膠飾品

花 卉

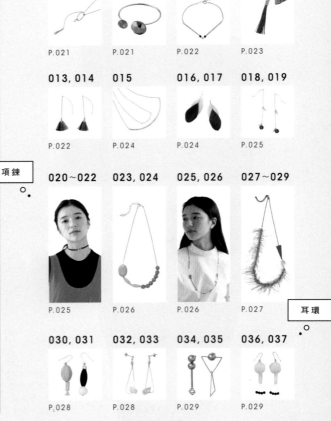
CONTENTS

今日穿搭
依飾品而定

P.002

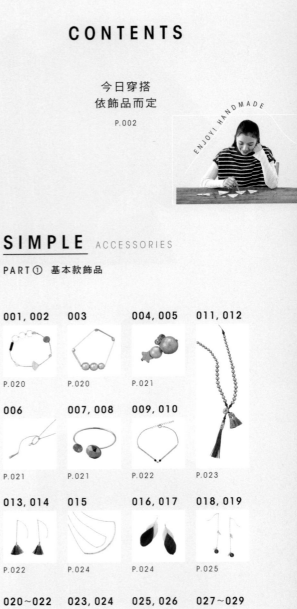

ENJOYI HANDMADE

SIMPLE ACCESSORIES

PART① 基本款飾品

IMPACT ACCESSORIES

PART ③ 大氣場飾品

134, 135

P.070

136, 137

P.070

138, 139

P.071

140, 141

P.072

142, 143

P.071

144, 145
P.073

146, 147
P.073

148, 149

P.074

150, 151
P.075

152, 153
P.076

154, 155

P.074

156, 157
P.077

158, 159
P.078

160, 161

P.079

162, 163
P.077

164, 165
P.080

166, 178

P.081

167, 179
P.081

168, 180
P.082

169, 181
P.083

170, 182

P.083

171, 183
P.084

172, 184
P.085

173, 185
P.084

083, 084

P.047

花卉

085, 086

P.048

088, 089
P.049

090, 091
P.049

愛心

**092~095,
100, 101**

P.050,051

096, 097
P.050

098, 099
P.051

102, 103
P.052

104, 105

P.052

106, 107
P.053

112, 113

霓虹色
P.055

108, 109

P.053

110, 111
P.054

114, 115

P.055

116, 117
P.054

118, 119
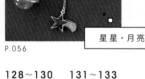
P.056

120, 121
P.057

122, 123
P.058

星星・月亮

124, 125
P.057

126, 127
P.058

128~130
P.059

131~133
P.059

241, 242

P.116

243, 244

P.117

245, 246

P.117

247~249

250, 251

P.118

252

P.116

253~255

P.119

P.118

花型配件

GOLD&SILVER ACCESSORIES

PART ⑤ 金色＆銀色飾品

256, 263

P.126

257, 264

P.126

258, 265

P.127

259, 266

P.128

260, 267

P.128

261, 268

P.129

262, 269

P.130

270, 279

P.129

271, 280

P.131

272, 281

P.131

273, 282

P.132

274, 284

P.132

275, 285

P.133

276, 286

P.133

277, 283

P.134

278, 287

P.134

288, 297

P.135

289, 298

P.135

黏土製

174, 186

P.086

175, 187

P.086

176, 188

P.087

177, 189

P.088

190, 201

P.087

191, 208

P.089

192, 193

P.089

194, 206

P.090

195, 196

P.090

197, 209

P.091

198, 199

P.092

200, 205

P.092

202, 204

P.093

203, 207

P.093

BOTANICAL ACCESSORIES

PART ④ 植物系飾品

人造花・乾燥花

210~212

P.100

213~215

P.101

216, 217

P.102

218, 219

P.102

220, 221

P.103

222, 223

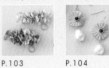

P.103

224, 225

P.104

226~228

P.106

229, 230

P.108

231, 232

P.110

233~235

P.112

236, 237

P.114

238~240

P.113

DIORAMA ACCESSORIES

PART ⑦ 微縮模型飾品

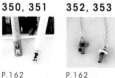
BASIC LESSON

本書使用方法

○本書作品的完成尺寸僅供參考，且多半不會標註材料的產品型號，主要皆使用大型手工藝店販售、容易購買的材料。就算找不到相同的材料，也可以類似品來代替。串珠刺繡材料表標示的珠珠數量，會依作法不同而產生誤差。

材料表的閱讀方法

亮漆珍珠（圓形・3mm・黑色）————2顆

材料名稱　形狀　尺寸　顏色　　　必要數量

○雖然各作品都有刊載〔使用工具〕，但由於絕大部分作品都會用到「尺」，部分作品會省略標示。

○本書使用PADICO公司的UV膠。UV膠的硬化時間，會因廠牌、UV膠用量或UV照射燈而有所差異。使用UV膠時，務必參閱使用說明書。

○凡是將本書刊載之照片、作品、設計圖等商品化，於手作市集、社群網站・拍賣網站進行私人販售，或在實體店舖、跳蚤市場、義賣會等進行營利用途，一律違反著作權法。僅供個人享受手作樂趣之用途。

SMALL BEADS ACCESSORIES

PART ⑥ 小串珠飾品

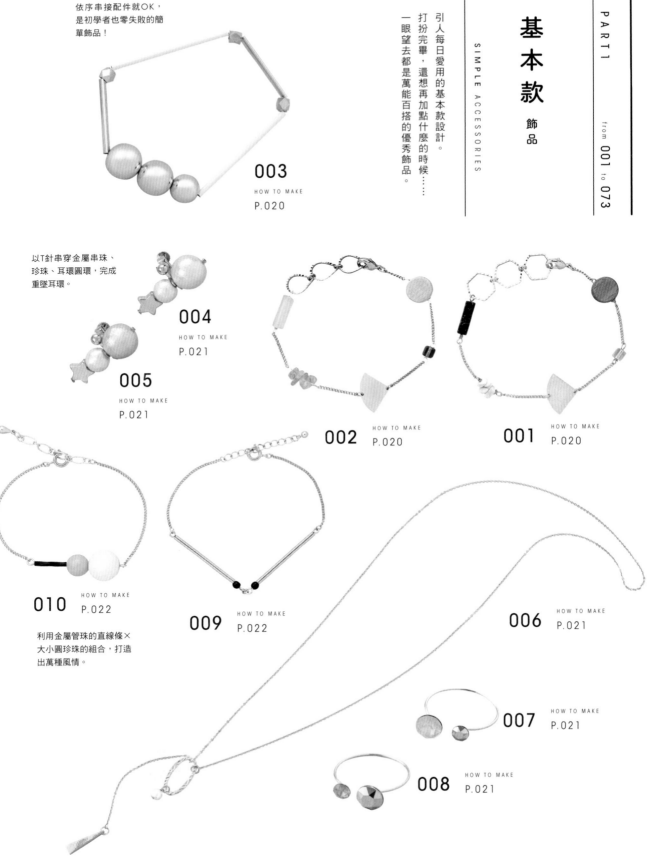

依序串接配件就OK，
是初學者也零失敗的簡
單飾品！

003

HOW TO MAKE
P.020

PART 1

from 001 to 073

基本款 飾品

SIMPLE ACCESSORIES

引人每日愛用的基本款設計。
打扮完畢，還想再加點什麼的時候……
一眼望去都是萬能百搭的優秀飾品。

以T針串穿金屬串珠、
珍珠、耳環圓環，完成
重墜耳環。

004

HOW TO MAKE
P.021

005

HOW TO MAKE
P.021

002

HOW TO MAKE
P.020

001

HOW TO MAKE
P.020

010

HOW TO MAKE
P.022

利用金屬管珠的直線條×
大小圓珍珠的組合，打造
出萬種風情。

009

HOW TO MAKE
P.022

006

HOW TO MAKE
P.021

007

HOW TO MAKE
P.021

008

HOW TO MAKE
P.021

011
HOW TO MAKE
P.023

013
HOW TO MAKE
P.022

014
HOW TO MAKE
P.022

015
HOW TO MAKE
P.024

以彈簧扣＆延長鍊結合
不同長度的雙鍊。

012
HOW TO MAKE
P.023

使用金屬色不鏽鋼
絲線搭配流蘇。

016
HOW TO MAKE
P.024

017
HOW TO MAKE
P.024

018
HOW TO MAKE
P.025

019
HOW TO MAKE
P.025

容易處理的羽毛，成品
如出自達人之手般俐落
別緻。使羽毛的大小一
致，是首要重點喔！

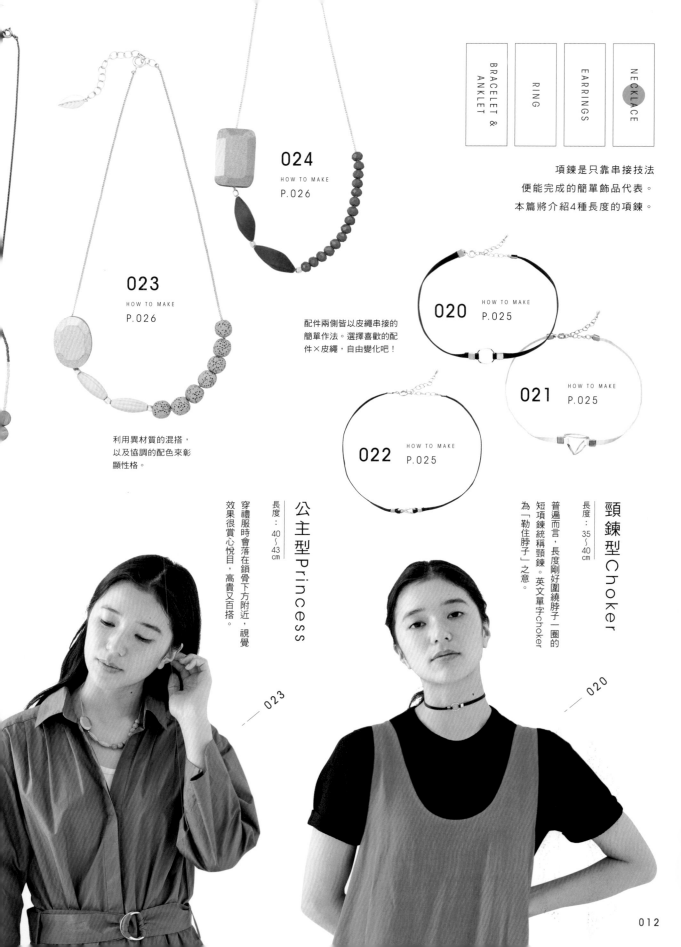

項鍊是只靠串接技法
便能完成的簡單飾品代表。
本篇將介紹4種長度的項鍊。

024
HOW TO MAKE
P.026

023
HOW TO MAKE
P.026

020
HOW TO MAKE
P.025

021
HOW TO MAKE
P.025

022
HOW TO MAKE
P.025

配件兩側皆以皮繩串接的
簡單作法。選擇喜歡的配
件×皮繩，自由變化吧！

利用異材質的混搭，
以及協調的配色來彰
顯性格。

公主型Princess

長度：40～43cm

穿禮服時會落在鎖骨下方附近，視覺
效果很賞心悅目，高貴又百搭。

頸鍊型Choker

長度：35～40cm

普遍而言，長度剛好圍繞脖子一圈的
短項鍊統稱頸鍊。英文單字choker
為「勒住脖子」之意。

— 023

— 020

028
HOW TO MAKE
P.027

029
HOW TO MAKE
P.027

027
HOW TO MAKE
P.027

026
HOW TO MAKE
P.026

以串珠放膽玩色彩，
再加入木串珠＆捷克
珍珠作為視覺焦點。

025
HOW TO MAKE
P.026

027～029皆採相同作
法，但使用不同素材，
風格就迥然不同。

馬汀尼型Matinee

長度：55㎝左右

馬汀尼在法文中，意指音樂會、芭蕾
等白天舉辦的活動。可在參加日場活
動時配戴，屬於偏日常款的項鍊。

── 027

歌劇型Opera

長度：80㎝左右

適合欣賞夜晚公演（歌劇）時華麗裝
扮的高貴長項鍊，出席派對等場合也
極美。

── 025

013

030

簡單穿串組合就能完成的耳環飾品。
從五彩繽紛＆搶眼的大型配件款，
到兩用的組合式耳環（040至043），
有各式各樣的搭配樂趣！

○△□形狀的自由組合，
賦予男孩子氣的我
俏皮氣息。

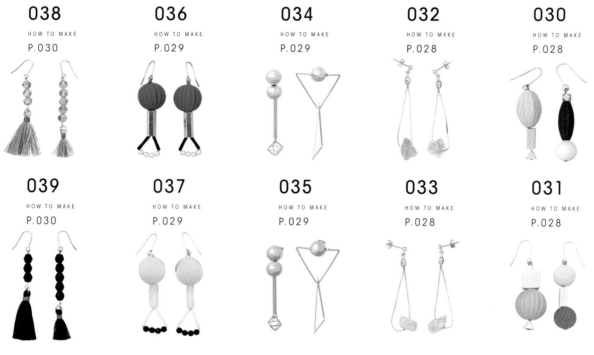

038
HOW TO MAKE
P.030

036
HOW TO MAKE
P.029

034
HOW TO MAKE
P.029

032
HOW TO MAKE
P.028

030
HOW TO MAKE
P.028

039
HOW TO MAKE
P.030

037
HOW TO MAKE
P.029

035
HOW TO MAKE
P.029

033
HOW TO MAKE
P.028

031
HOW TO MAKE
P.028

搭配雙色壓克力線，
作出靈動層次感的流蘇。

以個性款的設計＆配色，
打造吸睛單品。

360度都很有魅力的
幾何學設計。

外表粗曠的天然石，
搭配奢華鍊子。

針對顏色・形狀的組合
進行變化也OK。

044

HOW TO MAKE

P.031

045

HOW TO MAKE

P.031

只須黏貼＆串接配件，
作法相當簡單。

2way組合式耳環

只要預作兩種樣式的後扣，
1副耳環也能有2種格調的變化。

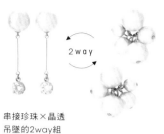

041

HOW TO MAKE

P.030

串接珍珠×晶透
吊墜的2way組

040

HOW TO MAKE

P.030

流蘇鍊×垂墜棉
珍珠的2way組

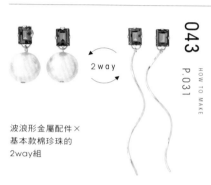

043

HOW TO MAKE

P.031

波浪形金屬配件×
基本款棉珍珠的
2way組

042

HOW TO MAKE

P.031

垂墜鑽石鍊×橢圓
形金屬環的2way組

039

典雅的著裝
搭配非對稱流蘇飾品，
可調和出恰到好處的隨興風。

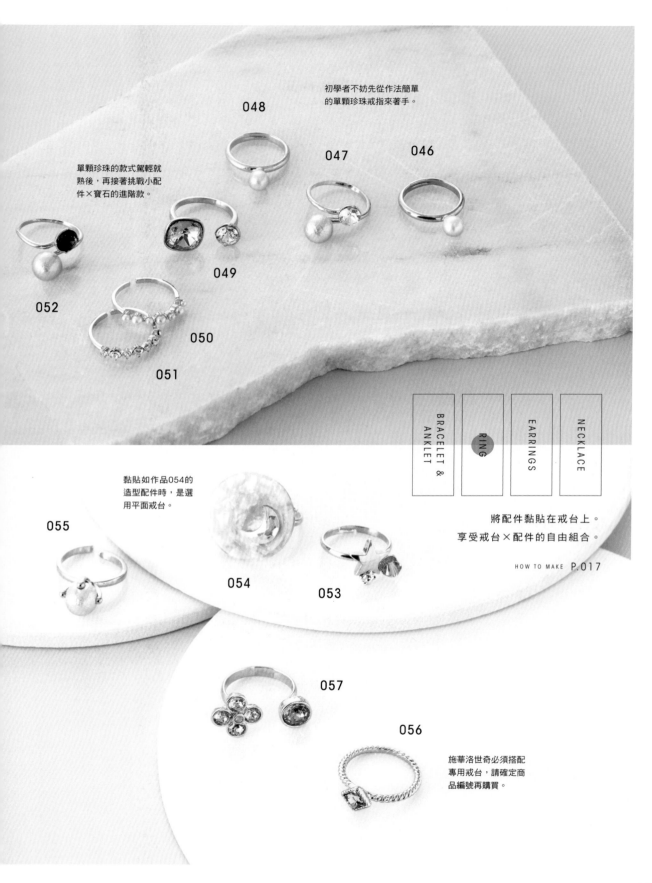

初學者不妨先從作法簡單
的單顆珍珠戒指來著手。

048

單顆珍珠的款式駕輕就
熟後，再接著挑戰小配
件×寶石的進階款。

047

046

052

049

050

051

HOW TO MAKE P.017

BRACELET &
ANKLET

RING

EARRINGS

NECKLACE

將配件黏貼在戒台上。
享受戒台×配件的自由組合。

黏貼如作品054的
造型配件時，是選
用平面戒台。

055

054

053

057

056

施華洛世奇必須搭配
專用戒台，請確定商
品編號再購買。

016

右頁的每一枚戒指，都僅是把配件黏貼在戒台上就能完成，是不是很簡單呢？跟著以下的作法一起作吧！

STEP 1 CHOOSE PARTS 挑選配件。

選哪個好呢……

\ 準備材料 /

RING

A B

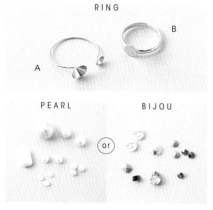

PEARL   or   BIJOU

市售戒台有附碗形（A）＆平面（B）兩種底座的樣式。挑選珍珠、寶石等配件時，搭配的A碗形底座必須與配件尺寸相當；若搭配B，平面底座則要小於配件。當然，主配件也可以選擇自己喜愛的壓克力配件＆金屬配件等製作。

STEP 2 PASTE PARTS 將配件黏在戒台底座上。

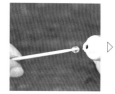

以牙籤沾取適量接著劑。

將接著劑塗在底座中央。注意不可過量！

小心翼翼地黏貼……

STEP 3 FINISH 完成！

完成!!

輔助小工具

想拿取小天然石或寶石時，使用帶黏性的點鑽筆更有效率。

夾取圓珠等小配件時，則推薦使用尖頭鑷子更順手。

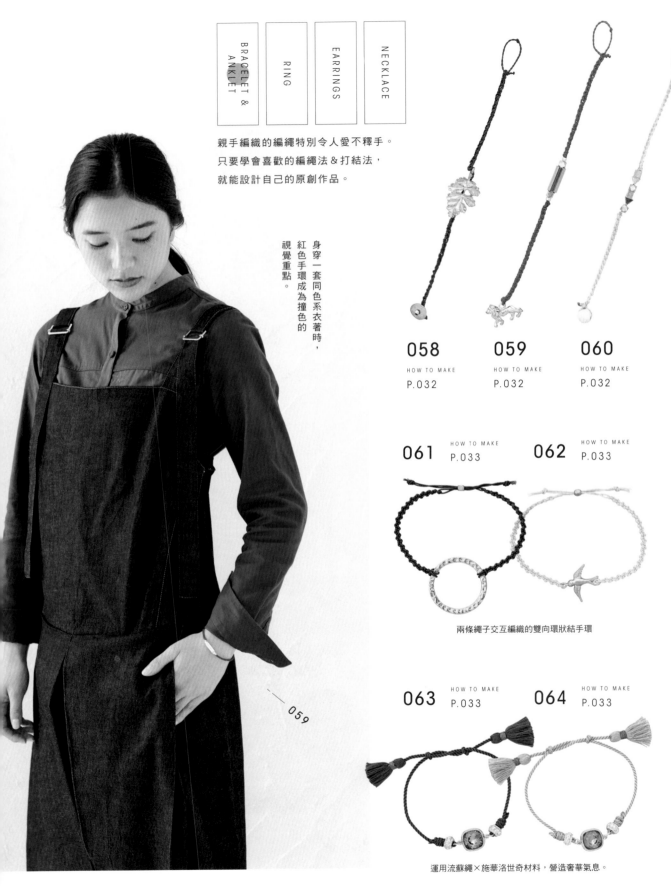

BRACELET & ANKLET

RING

EARRINGS

NECKLACE

親手編織的編繩特別令人愛不釋手。
只要學會喜歡的編繩法＆打結法，
就能設計自己的原創作品。

身穿一套同色系衣著時，
紅色手環成為撞色的
視覺重點。

058
HOW TO MAKE
P.032

059
HOW TO MAKE
P.032

060
HOW TO MAKE
P.032

061 HOW TO MAKE P.033

062 HOW TO MAKE P.033

兩條繩子交互編織的雙向環狀結手環

063 HOW TO MAKE P.033

064 HOW TO MAKE P.033

運用流蘇繩×施華洛世奇材料，營造奢華氣息。

059

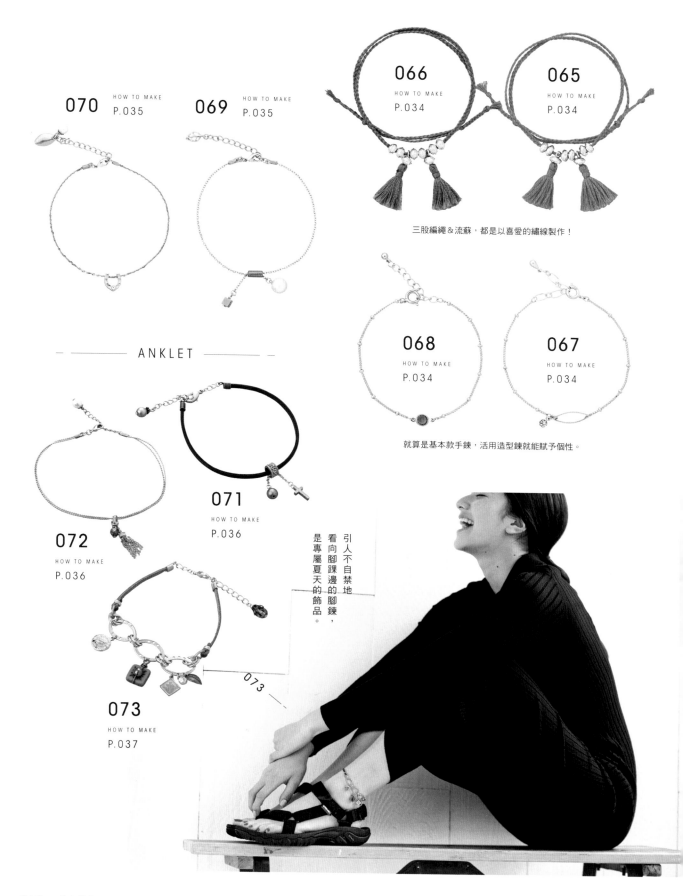

070 HOW TO MAKE P.035

069 HOW TO MAKE P.035

066 HOW TO MAKE P.034

065 HOW TO MAKE P.034

三股編繩＆流蘇，都是以喜愛的繡線製作！

068 HOW TO MAKE P.034

067 HOW TO MAKE P.034

就算是基本款手鍊，活用造型鍊就能賦予個性。

—— ANKLET ——

071 HOW TO MAKE P.036

072 HOW TO MAKE P.035

073 HOW TO MAKE P.037

073

引人不自禁地看向腳踝邊的腳鍊，是專屬夏天的飾品。

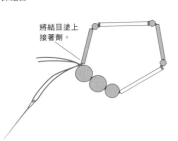

001,002

SIZE：手圍15cm

剪4根5cm的AW穿接串珠，加工成眼鏡連結圈後，如圖所示串接配件。金屬環以單圈a、
金屬配件以單圈b，分別串接。

※串接配件的加工眼鏡連結圈作法
▶P.177④

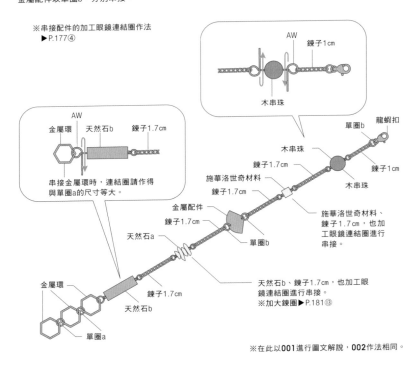

AW
鍊子1cm
木串珠

金屬環　天然石b　鍊子1.7cm
AW

串接金屬環時，連結圈請作得
與單圈a的尺寸等大。

龍蝦扣
單圈b
木串珠
鍊子1.7cm
鍊子1cm
施華洛世奇材料
鍊子1.7cm
木串珠
施華洛世奇材料、
鍊子1.7cm，也加
工眼鏡連結圈進行
串接。

金屬配件
鍊子1.7cm
天然石a
單圈b

金屬環
鍊子1.7cm
天然石b
單圈a

天然石b、鍊子1.7cm，也加工眼
鏡連結圈進行串接。
※加大鍊圈▶P.181⑬

※在此以001進行圖文解說，002作法相同。

材　料

001

施華洛世奇材料（#5601・4mm・透明）
――――――――――――1顆
天然石a（碎石・白紋石）――――4顆
天然石b（四方柱形・13×4mm・青金石）
――――――――――――1顆
木串珠（硬幣形・10mm・巴戎木）―1顆
金屬配件（扇形・11.5×17mm・
　霧面金色）――――――――1個
金屬環（六角形・10mm・金色）―3個
單圈a（0.7×3.5mm・金色）―――2個
單圈b（0.6×3mm・金色）―――3個
龍蝦扣（金色）――――――――1個
鍊子（金色）――1cm×1條、1.7cm×4條
AW〔藝術銅線〕（#26・不褪色黃銅）
―――――――――20cm×1條

002

施華洛世奇材料（#5601・4mm・黑鑽色）
――――――――――――1顆
天然石a（碎石・海藍寶）――――4顆
天然石b（圓柱形・13×4mm・粉晶）
――――――――――――1顆
木串珠（硬幣形・10mm・白木）――1顆
金屬配件（扇形・11.5×17mm・
　霧面銀色）――――――――1個
金屬環（水滴形・10.5×7.5mm・鍍銠）
――――――――――――3個
單圈a（0.7×3.5mm・鍍銠）――2個
單圈b（0.6×3mm・鍍銠）――3個
龍蝦扣（鍍銠）――――――――1個
鍊子（鍍銠）――1cm×1條、1.7cm×4條
AW〔藝術銅線〕（#26・不褪色銀）
―――――――――20cm×1條

〔使用工具〕
基本工具（P.168）

003

SIZE：手圍15cm

1 彈力線穿針對折後，尾端貼上紙膠帶使線固定不鬆脫。如圖所示依序以彈力線穿接串珠。

彈力線
金屬配件b
金屬配件a
金屬串珠a
紙膠帶

串珠針
金屬隔片
金屬串珠c
金屬隔片
金屬串珠b

2 撕掉紙膠帶，使各配件緊密相鄰至毫無縫隙
後，連同彈力繩尾端打2個結，再以接著劑塗
抹結目。

將結目塗上
接著劑。

剪斷

剪斷

3 以串珠針回穿3顆串珠
後，微微拉扯彈力線
讓結目藏入串珠內，
最後剪去串珠兩側多
餘的彈力線。

材　料

003

金屬串珠a（圓珠・12mm・金色）―2顆
金屬串珠b（圓珠・10mm・金色）―1顆
金屬串珠c（角珠・4mm・金色）―3顆
金屬配件a（圓管珠・2×40mm・白色）
――――――――――――2個
金屬配件b（角管珠・2×25mm・金色）
――――――――――――2個
金屬隔片（0.3×3mm・金色）――3個
彈力線（0.8mm・透明）――約50cm×1條

〔使用工具〕
串珠針／剪刀／紙膠帶／接著劑

memo

**彈力線
耐用不易壞**

彈力線是將聚氨酯的細纖維橡膠
集結成束製作而成，抗拉強度高
且不易壞。

004,005

SIZE：長2×寬3cm

1 T針按圖中順序穿接串珠&耳夾的圓環後，以尖嘴鉗壓扁擋珠固定。再以斜剪鉗剪斷超出擋珠的T針。

※在此以**004**進行圖文解說，**005**作法相同。

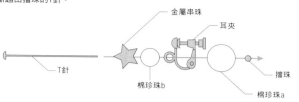

金屬串珠

耳夾

T針

擋珠

棉珠b

棉珠a

2 以牙籤沾取少量UV膠，塗入珍珠的空隙，照UV燈30秒硬化。

以UV膠固定

※UV膠的基礎技法
▶P.184,185

材 料

004

棉珍珠a（圓形‧12mm‧白色）──1顆
棉珍珠b（圓形‧8mm‧白色）──2顆
金屬串珠（星形‧8mm‧金色）──2顆
T針（0.6×45mm‧金色）──2根
擋珠（金色）──1顆
耳夾（附圓環‧金色）──1副
UV膠──適量

005

棉珍珠a（圓形‧12mm‧金色）──1顆
棉珍珠b（圓形‧8mm‧白色）──2顆
金屬串珠（星形‧8mm‧金色）──2顆
T針（0.6×45mm‧金色）──2根
擋珠（金色）──1顆
耳夾（附圓環‧金色）──1副
UV膠──適量

〔 使 用 工 具 〕
基本工具（P.168）／UV燈／牙籤

 006

SIZE：鍊圍77cm

1 以T針穿接棉珍珠，並折彎針頭製作配件。

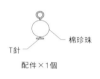

T針

棉珍珠

配件×1個

2 如圖所示串接配件&鍊子。以C圈串接鍊子時，請以打孔錐稍微加大尾端鍊圈。

※加大鍊圈▶P.181⑬

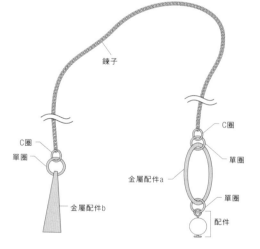

鍊子

C圈
單圈

C圈

金屬配件a

單圈

金屬配件b

單圈

配件

材 料

006

棉珍珠（圓形‧6mm‧白色）──1顆
金屬配件a（橢圓形‧24×13mm‧金色）──1個
金屬配件b（三角棒‧22×5×3mm‧金色）──1個
單圈（0.6×5mm‧金色）──3個
C圈（0.55×3.5×2.5mm‧金色）──2個
T針（0.5×14mm‧金色）──1根
鍊子（金色）──70cm×1條

〔 使 用 工 具 〕
基本工具（P.168）

007,008

SIZE：主石 6mm,4mm

割開保麗龍等物，將戒台插入切痕內固定。在碗形底座&施華洛世奇材料的背面塗抹接著劑，將兩者黏合。

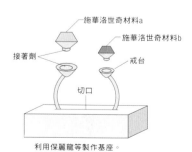

施華洛世奇材料a

施華洛世奇材料b

接著劑

戒台

切口

利用保麗龍等製作基座。

※在此以**007**進行圖文解說，**008**作法相同。

※戒指作法▶P.017

材 料

007

施華洛世奇材料a（#1088‧6mm‧玫紅蛋白色）──1顆
施華洛世奇材料b（#1088‧4mm‧透明亮鉻色）──1顆
戒台（碗形底座‧4mm／6mm‧鍍銠）──1個

008

施華洛世奇材料a（#1088‧6mm‧水晶玫瑰金色）──1顆
施華洛世奇材料b（#1088‧4mm‧太平洋蛋白色）──1顆
戒台（碗形底座‧4mm／6mm‧金色）──1個

〔 使 用 工 具 〕
基本工具（P.168）／保麗龍／接著劑

009,010

SIZE: 009／手圍17cm　010／手圍17cm

材 料

009

1 以9針穿接壓克力串珠＆金屬配件，折彎針頭製作配件。

9針
金屬配件
壓克力串珠

配件×2個

2 如圖所示串接配件＆五金零件。

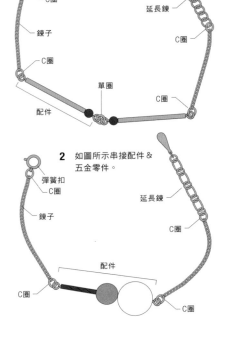

彈簧扣
C圈
延長鍊
錬子
C圈
C圈
單圈
C圈
配件

009

壓克力串珠（圓形・3mm・黑色）── 2顆
金屬配件（圓管珠・30mm・金色）─ 2個
單圈（0.6×3mm・金色）────── 1個
C圈（0.55×3.5×2.5mm・金色）── 4個
9針（0.7×45mm・金色）───── 2根
彈簧扣（金色）───────── 1個
延長鍊（金色）───────── 1條
鍊子（金色）────── 3.5cm×2條

010

壓克力串珠a（圓形・12mm・白色）─ 1顆
壓克力串珠b（圓形・8mm・灰色）── 1顆
扭轉珠（12mm・黑色）───── 1顆
C圈（0.55×3.5×2.5mm・金色）── 4個
9針（0.7×45mm・金色）───── 1根
彈簧扣（金色）───────── 1個
延長鍊（金色）───────── 1條
鍊子（金色）──────── 5cm×2條

〔使用工具〕
基本工具（P.168）

010

1 以9針穿接扭轉珠＆壓克力串珠b、a，折彎針頭製作配件。

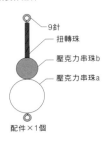

9針
扭轉珠
壓克力串珠b
壓克力串珠a

配件×1個

2 如圖所示串接配件＆五金零件。

彈簧扣
C圈
延長鍊
錬子
C圈
配件
C圈
C圈

013,014

SIZE: 主體　長度2.5cm

材 料

1 將3色的壓克力線各取一半，直向並排。

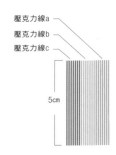

壓克力線a
壓克力線b
壓克力線c

5cm

2 以線（壓克力線a・5cm・分量外）在中心打結固定。

打結固定

3 將線束對折，結目藏入內側。在線頭夾內側塗抹接著劑，夾住線束後閉合線頭夾。

線頭夾

4 以剪刀剪齊線的尾端。

剪齊

013

壓克力線a（綠色）───── 5cm×1／4束
壓克力線b（粉紅色）─── 5cm×1／4束
壓克力線c（褐色）───── 5cm×1／4束
線頭夾（約8mm・金色）──── 2個
耳針（垂鍊式・金色）───── 1副

014

壓克力線a（藍色）───── 5cm×1／4束
壓克力線b（海軍藍）─── 5cm×1／4束
壓克力線c（黃色）───── 5cm×1／4束
線頭夾（約8mm・金色）──── 2個
耳針（垂鍊式・金色）───── 1副

〔使用工具〕
基本工具（P.168）／剪刀／尺／接著劑

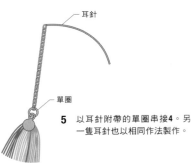

耳針

單圈

5 以耳針附帶的單圈串接**4**。另一隻耳針也以相同作法製作。

※在此以013進行圖文解說，014作法相同。

線的分量

1束……將一捆線束從線圈處剪開的量。

1／4束…將1束線剪成4等分。

※從線束剪取流蘇▶P.183⑲

011,012

SIZE: 鍊圍75cm

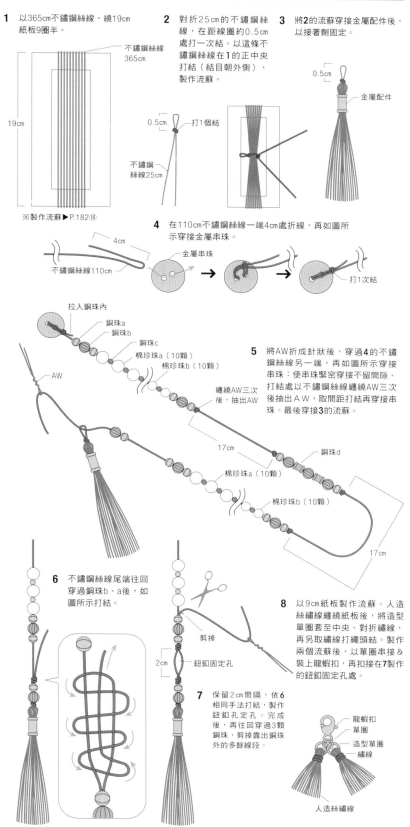

1 以365cm不鏽鋼絲線，繞19cm紙板9圈半。

不鏽鋼絲線 365cm

19cm

※製作流蘇▶P.182⑱

2 對折25cm的不鏽鋼絲線，在距線圈約0.5cm處打一次結。以這條不鏽鋼絲線在**1**的正中央打結（結目朝外側），製作流蘇。

0.5cm
打1個結
不鏽鋼絲線25cm

3 將**2**的流蘇穿接金屬配件後，以接著劑固定。

0.5cm
金屬配件

4 在110cm不鏽鋼絲線一端4cm處折線，再如圖所示穿接金屬串珠。

4cm
金屬串珠
不鏽鋼絲線110cm
打1次結

拉入銅珠內
銅珠a
銅珠b
銅珠c
棉珍珠a（10顆）
棉珍珠b（10顆）
纏繞AW三次後，抽出AW
AW

17cm
銅珠d
棉珍珠a（10顆）
棉珍珠b（10顆）
17cm
17cm

5 將AW折成針狀後，穿過**4**的不鏽鋼絲線另一端，再如圖所示穿接串珠；使串珠緊密穿接不留間隙、打結處以不鏽鋼絲線纏繞AW三次後抽出AW，取間距打結再穿接串珠。最後穿接**3**的流蘇。

6 不鏽鋼絲線尾端往回穿過銅珠b、a後，如圖所示打結。

剪掉
2cm
鈕釦固定孔

7 保留2cm間隔，依**6**相同手法打結，製作鈕釦孔定孔。完成後，再往回穿過3顆銅珠，剪掉露出銅珠外的多餘線段。

8 以9cm紙板製作流蘇。人造絲繡線纏繞紙板後，將造型單圈套至中央、對折繡線，再另取繡線打繩頭結。製作兩個流蘇後，以單圈串接＆裝上龍蝦扣，再扣接在**7**製作的鈕釦固定孔處。

龍蝦扣
單圈
造型單圈
繡線

人造絲繡線

※在此以011進行圖文解說，012作法相同。

材 料

011

棉珍珠a（圓形・8mm・淺褐色）——20顆
棉珍珠b（圓形・6mm・淺褐色）——20顆
銅珠a（圓形・3mm・復古金）——11顆
銅珠b（條紋球形・5mm・復古金）—8顆
銅珠c（圓形・2.5mm・復古金）——38顆
銅珠d（圓柱形・5×6mm・復古金）
——2顆
金屬串珠（鈕釦形・15mm・金色）—1顆
金屬配件（圓管珠・15×8mm・金色）
——1顆
單圈（0.8×5mm・金色）——1個
造型單圈（1×8mm・金色）——2個
龍蝦扣（復古金）——1個
AW〔藝術銅線〕（#24・不褪色銀）
——10cm×1條
不鏽鋼絲線（0.8・古董金）
——25cm×1條、110cm×1條、365cm×1條
人造絲繡線（金色系）——2700cm×2條
繡線（25號・金色系）——20cm×2條

012

棉珍珠a（圓形・8mm・米色）——20顆
棉珍珠b（圓形・6mm・米色）——20顆
銅珠a（圓形・3mm・復古金）——11顆
銅珠b（條紋球形・5mm・復古金）—8顆
銅珠c（圓形・2.5mm・復古金）——38顆
銅珠d（圓柱形・5×6mm・復古金）
——2顆
金屬串珠（鈕釦形・15mm・金色）—1顆
金屬配件（圓管珠・15×8mm・金色）
——1顆
單圈（0.8×5mm・金色）——1個
造型單圈（1×8mm・金色）——2個
龍蝦扣（復古金）——1個
AW〔藝術銅線〕（#24・不褪色銀）
——10cm×1條
不鏽鋼絲線（0.8mm・古董金）
——25cm×1條、110cm×1條、365cm×1條
人造絲繡線（25號・金色系）
——2700cm×2條
繡線（25號・金色系）——20cm×2條

〔使用工具〕
基本工具（P.168）／紙板／接著劑

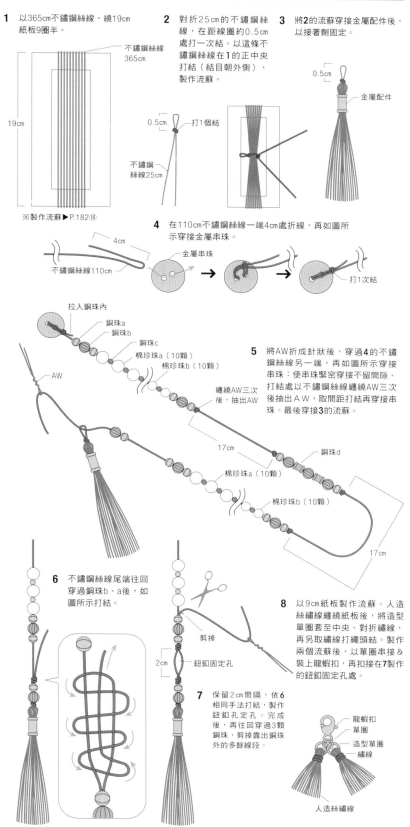

015

SIZE: 鍊圍38cm

1 以AW作眼鏡連結圈，串接17.5cm鍊子尾端，再穿接10顆施華洛世奇材料。AW另一端也作眼鏡連結圈，串接另一條17.5cm鍊子。完成後，以手指將AW稍微彎出弧度。

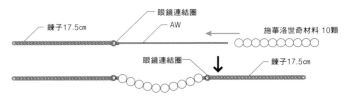

鍊子17.5cm　眼鏡連結圈　AW　施華洛世奇材料 10顆

眼鏡連結圈　鍊子17.5cm

↓

※以眼鏡連結圈串接配件▲P.177④

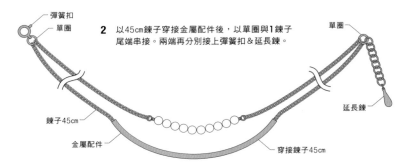

彈簧扣
單圈

2 以45cm鍊子穿接金屬配件後，以單圈與1鍊子尾端串接。兩端再分別接上彈簧扣＆延長鍊。

單圈

鍊子45cm
金屬配件
穿接鍊子45cm
延長鍊

材料

015

施華洛世奇材料（#5810・3mm・白色）
————————————10顆
金屬配件（圓彎管・3×100mm・金色）
————————————1個
單圈（0.6×3mm・金色）————2個
彈簧扣（金色）————————1個
延長鍊（金色）————————1條
鍊子（金色）
————17.5cm×2條、45cm×1條
AW〔藝術銅線〕（#26・不褪色黃銅）
————————————7cm×1條

〔使用工具〕
基本工具（P.168）

016,017

SIZE: 長度11cm

1 扯掉羽毛根部的最小羽片，將羽軸剪至3mm。整理4片羽毛的形狀＆以接著劑塗抹3mm羽軸後，裝上繩頭夾。

徒手扯掉　　3mm　　塗上接著劑後，夾緊繩頭夾
繩頭夾
羽毛a
羽毛a

※使用繩頭夾▶P.179⑦

材料

016

羽毛a（8cm・鵝毛／粉紅色）———2片
羽毛b（8cm・鵝毛／藍色）———2片
單圈（0.6×3mm・鍍銠）————2個
繩頭夾（1.2mm用・鍍銠）———4個
耳針（耳勾式・鍍銠）————1副
鍊子（鍍銠）————2.5cm×2條

017

羽毛a（8cm・鵝毛／海軍藍）———2片
羽毛b（8cm・鵝毛／白色）———2片
單圈（0.6×3mm・金色）————2個
繩頭夾（1.2mm用・金色）———4個
耳針（耳勾式・金色）————1副
鍊子（金色）————2.5cm×2條

〔使用工具〕
基本工具（P.168）／接著劑

2 如圖所示串接羽毛配件＆耳針。鍊子不好串接時，可利用打孔錐稍微加大尾端鍊圈。另一隻耳環作法相同。

※加大鍊圈▲P.181⑬

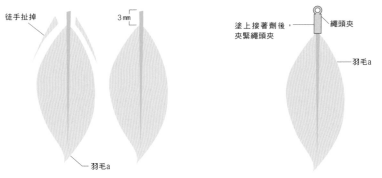

鍊子
單圈
耳針
羽毛b

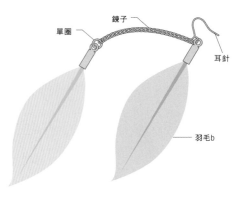

memo

徒手拔扯羽毛
調整大小

羽毛大小因商品差異各不相同，但以手從羽毛根部拔扯，就能輕易修整大小。使用等大的羽毛製作飾品，更能打造高雅感，提高完成度！

※在此以016進行圖文解說，017作法相同。

018,019

SIZE：長度6cm

材 料

1 以T針穿接天然石，折彎針頭
製作配件。

天然石

T針

配件×2個

2 如圖所示以耳針附的單圈串接配
件＆金屬配件。另一隻耳環作法
相同。

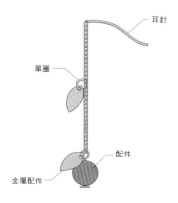

耳針

單圈

配件

金屬配件

※上圖以作品018進行圖文解說，019作法相同。

018

天然石（圓形切割・6mm・紅瑪瑙）— 2顆
金屬配件（葉形・7×4mm・金色）— 4個
T針（0.6×15mm・金色）——— 2根
耳針（垂鍊式・金色）——————1副

019

天然石（圓形切割・6mm・透明）— 2顆
金屬配件（葉形・7×4mm・鍍鉍）— 4個
T針（0.6×15mm・鍍鉍）——— 2根
耳針（垂鍊式・鍍鉍）—————1副

〔使用工具〕
基本工具（P.168）

020~022

SIZE：鍊圍30cm

材 料

1 以皮繩串接金屬配件。將皮繩尾端1cm處塗上接著劑後折到反面，再裝上繩頭夾。金屬配件另一端
也依相同作法串接皮繩，並小心別搞錯皮繩的正反面。

繩頭夾

塗抹接著劑

皮繩背面

金屬配件

1cm

※使用繩頭夾▶P.179⑦

2 將皮繩尾端塗上接著劑，
安裝緞帶夾。

緞帶夾

塗抹接著劑

※使用緞帶夾▶P.179⑧

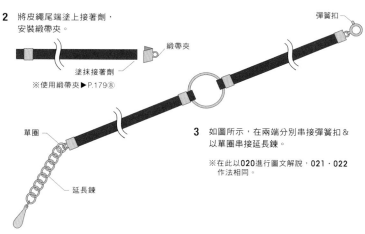

彈簧扣

單圈

延長鍊

3 如圖所示，在兩端分別串接彈簧扣＆
以單圈串接延長鍊。

※在此以020進行圖文解說，021・022
作法相同。

020

金屬配件（圓環・15mm・金色）—— 1個
單圈（0.6×3mm・金色）——————1個
繩頭夾（6mm用・金色）——————2個
緞帶夾（6mm用・金色）——————2個
彈簧扣（金色）———————————1個
延長鍊（金色）———————————1條
皮繩（寬5mm・黑色）———— 16cm×2條

021

金屬配件（立體三角形・18×20×7mm・
金色）———————————1個
單圈（0.6×3mm・金色）——————1個
繩頭夾（6mm用・金色）——————2個
緞帶夾（6mm用・金色）——————2個
彈簧扣（金色）———————————1個
延長鍊（金色）———————————1條
皮繩（寬5mm・白色）———— 16cm×2條

022

金屬配件（8字形・6.5×15×3mm・
金色）———————————1個
單圈（0.6×3mm・金色）——————1個
繩頭夾（4mm用・金色）——————2個
緞帶夾（6mm用・金色）——————2個
彈簧扣（金色）———————————1個
延長鍊（金色）———————————1條
皮繩（寬3mm・褐色）———— 16cm×2條

〔使用工具〕
基本工具（P.168）／接著劑

021

022

023,024

SIZE: 錬圍42cm

1 以單圈串接錬子尾端&彈簧扣。如果單圈穿不進去錬圈，就以打孔錐將錬圈加大。再從錬子另一端如同圖所示穿接串珠類。

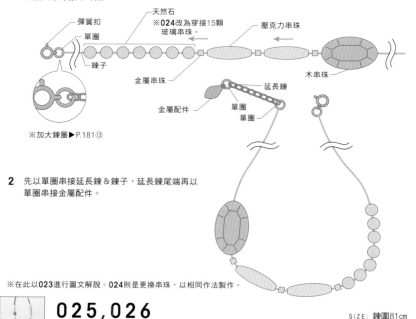

- 彈簧扣
- 單圈
- 錬子
- 天然石
  ※**024**改為穿接15顆玻璃串珠。
- 金屬串珠
- 壓克力串珠
- 木串珠
- 金屬配件
- 延長錬
- 單圈
- 單圈

※加大錬圈▶P.181⑬

2 先以單圈串接延長錬&錬子，延長錬尾端再以單圈串接金屬配件。

※在此以**023**進行圖文解說。**024**則是更換串珠，以相同作法製作。

材 料

023

天然石（10mm・熔岩石／藍色）——7顆
木串珠（橢圓形・20×28mm・金色）–1顆
壓克力串珠（棗珠・20mm・霧面米粉色）–2顆
金屬串珠（方形・3mm・金色）——3顆
金屬配件（葉形・15×7mm・金色）——1個
單圈（0.6×3mm・金色）——3個
彈簧扣（金色）——1個
延長錬（金色）——1條
錬子（金色）——42cm×1條

024

玻璃串珠（鈕釦切割・6mm・深紅色）
——15顆
木串珠（長方形・20×30mm・金色）–1顆
壓克力串珠（扭轉珠・23×11mm・
霧面深綠色）——2顆
金屬串珠（方形・3mm・霧面金色）–3顆
金屬配件（葉形・15×7mm・金色）——1個
單圈（0.6×3mm・金色）——3個
彈簧扣（金色）——1個
延長錬（金色）——1條
錬子（金色）——42cm×1條

〔 使用工具 〕
基本工具（P.168）

025,026

SIZE: 錬圍81cm

1 以串珠鋼絲線穿過擋珠後，再度回穿擋珠後壓扁。剪斷多餘的鋼絲線，以夾線頭包住擋珠並夾合。

- 擋珠
- 串珠鋼絲線
- 夾線頭

※使用擋珠▶P.178⑥

2 如圖所示以串珠鋼絲線穿接串珠類，再依序穿接夾線頭&擋珠。最後壓扁擋珠，再以夾線頭包住擋珠並夾合。

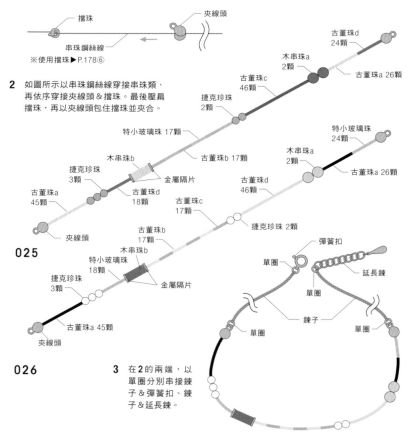

古董珠d 24顆
木串珠a 2顆
古董珠c 46顆
古董珠a 26顆
捷克珍珠 2顆
特小玻璃珠 17顆
古董珠b 17顆
特小玻璃珠 24顆
木串珠a 2顆
古董珠a 26顆
木串珠b
捷克珍珠 3顆
金屬隔片
古董珠d 18顆
古董珠d 46顆
古董珠a 45顆
古董珠c 17顆
古董珠b 17顆
捷克珍珠 2顆
夾線頭
025
彈簧扣
單圈
延長錬
單圈
古董珠b 17顆
木串珠b
特小玻璃珠 18顆
捷克珍珠 3顆
金屬隔片
錬子
單圈
單圈
古董珠a 45顆
夾線頭
026

3 在**2**的兩端，以單圈分別串接錬子&彈簧扣、錬子&延長錬。

※在此以**025**進行圖文解說，**026**作法相同。

材 料

025

木串珠a（硬幣形・10mm・巴戎木）——2顆
木串珠b（方柱形・16×8mm・白木）—1顆
捷克珍珠（圓形・6mm・霧面褐金色）–5顆
古董珠a（消光象牙色）——71顆
古董珠b（消光紅色）——51顆
古董珠c（消光黑色）——46顆
古董珠d（消光焦褐色）——42顆
特小玻璃珠（黃金色）——51顆
金屬隔片（0.3mm×3・金色）——2個
單圈（0.6×3mm・黃銅古色）——4個
夾線頭（黃銅古色）——2個
擋珠（黃銅古色）——2個
彈簧扣（黃銅古色）——1個
延長錬（黃銅古色）——1條
錬子（黃銅古色）——19cm×2條
串珠鋼絲線（0.38mm・鍍銠）–約50cm×1條

026

木串珠a（硬幣形・10mm・白木）——2顆
木串珠b（方柱形・16×8mm・櫟木）—1顆
捷克珍珠（圓形・6mm・霧面白色）—5顆
古董珠a（消光黑色）——71顆
古董珠b（消光白色）——51顆
古董珠c（消光青金石藍色）——51顆
古董珠d（消光水藍色）——46顆
特小玻璃珠（黃金色）——42顆
金屬隔片（0.3mm×3・金色）——2個
單圈（0.6×3mm・金色）——4個
夾線頭（金色）——2個
擋珠（金色）——2個
彈簧扣（金色）——1個
延長錬（金色）——1條
錬子（金色）——19cm×2條
串珠鋼絲線（0.38mm・鍍銠）–約50cm×1條

〔 使用工具 〕
基本工具（P.168）

027～029

SIZE：錬圍53cm

材 料

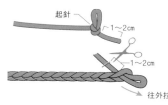

1 花紗一端預留1至2cm，以鉤針起針，編織25cm的鎖針。
※028使用棉線，029使用和紙線。

2 編織約25cm後，也預留1至2cm，剪斷線並拉出線端，收緊編線。

起針
1～2cm
1～2cm
往外拉，收緊線。

3 線端保留約4mm後剪斷，塗抹接著劑，裝上繩頭夾。另一線端也以相同作法收尾。

繩頭夾

※使用繩頭夾▶P.179⑦

4 如圖所示分別以AW或9針穿接串珠，製作配件A。再以T針穿接金屬串珠＆金屬隔片後，折彎針頭製作配件B。

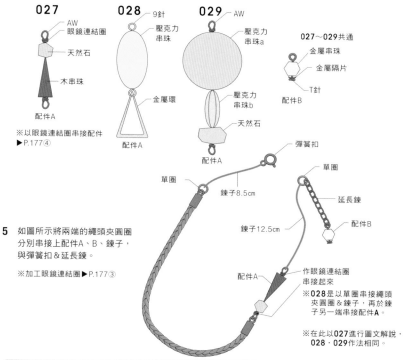

027
AW
眼鏡連結圈
天然石
木串珠
配件A
※以眼鏡連結圈串接配件
▶P.177④

028
9針
壓克力串珠
金屬環
配件A

029
AW
壓克力串珠a
壓克力串珠b
天然石
配件A

027～029共通
金屬串珠
金屬隔片
T針
配件B

5 如圖所示將兩端的繩頭夾圈圈分別串接上配件A、B、錬子，與彈簧扣＆延長錬。

※加工眼鏡連結圈▶P.177③

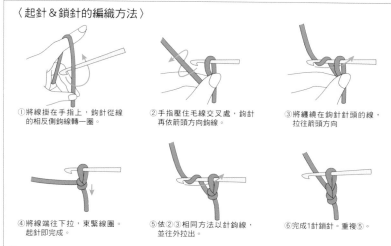

單圈
錬子8.5cm
錬子12.5cm
配件A
彈簧扣
單圈
延長錬
配件B
作眼鏡連結圈串接起來
※028是以單圈串接繩頭夾圓圈＆錬子，再於錬子另一端串接配件A。
※在此以027進行圖文解說，028‧029作法相同。

〈起針＆鎖針的編織方法〉

① 將線掛在手指上，鉤針從線的相反側鉤線轉一圈。

② 手指壓住毛線交叉處，鉤針再依箭頭方向鉤線。

③ 將纏繞在鉤針針頭的線，拉往箭頭方向

④ 將線端往下拉，束緊線圈。起針即完成。

⑤ 依②③相同方法以針鉤線，並往外拉出。

⑥ 完成1針鎖針。重複⑤。

027

天然石（粗糙切割‧約15mm‧粉晶）──────1顆
木串珠（三角‧14×40mm‧深褐色）──────1顆
金屬串珠（角形‧4mm‧黃銅古色）── 1顆
金屬隔片（0.3×3mm‧金色）────1個
單圈（0.6×3mm‧黃銅古色）────2個
T針（0.6×15mm‧黃銅古色）──1根
繩頭夾（2mm用‧金色）──────2個
彈簧扣（黃銅古色）──────────1個
延長錬（黃銅古色）──────────1個
花紗（松樹紗‧綠色）── 180cm×1條
錬子（黃銅古色）
────12.5cm×1條、8.5cm×1條
AW〔藝術銅線〕（#24‧不褪色黃銅）
───────────10cm×1條

028

金屬環（三角形‧25×20mm‧霧面白色）──────────1個
壓克力串珠（橢圓形‧30×16mm‧霧面白色）──────────1個
金屬串珠（角形‧4mm‧霧面銀色）── 1個
金屬隔片（0.3×3mm‧鍍銠）────1個
單圈（0.6×3mm‧鍍銠）──────3個
T針（0.6×15mm‧鍍銠）──────1根
9針（0.7×40mm‧鍍銠）──────1根
繩頭夾（2mm用‧鍍銠）──────2個
彈簧扣（霧面黑色）──────────1個
延長錬（霧面黑色）──────────1條
棉線（花棉線‧紅＆白線）
───────────180cm×1條
錬子（霧面黑色）
────12.5cm×1條、8.5cm×1條

029

壓克力串珠a（扁圓形‧30mm‧霧面粉紅色）──────────1顆
壓克力串珠b（棗珠‧20mm‧霧面灰色）──────────1顆
天然石（粗糙切割‧約15mm‧馬克賽石）──────────1顆
金屬串珠（角形‧4mm‧金色）── 1顆
金屬隔片（0.3×3mm‧金色）────1個
單圈（0.6×3mm‧金色）──────2個
T針（0.6×15mm‧金色）──────1根
繩頭夾（2mm用‧金色）──────2個
彈簧扣（金色）────────────1個
延長錬（金色）────────────1條
和紙線（紙片紗‧白色系）
───────────180cm×1條
錬子（金色）
────12.5cm×1條、8.5cm×1條
AW〔藝術銅線〕（#24‧不褪色黃銅）
───────────10cm×1條

〔使用工具〕
基本工具（P.168）／鉤針／剪刀／接著劑

030,031

030

1 如圖所示以T針穿接串珠後，折彎針頭製作
配件A．B。

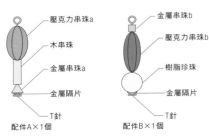

配件A×1個　配件B×1個

2 以耳針的圓圈串接配件A．B。

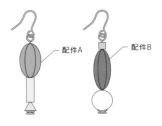

配件A　配件B

031

1 如圖所示以T針穿接串珠後，折彎針頭製作
配件A．B。

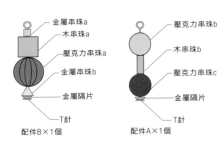

配件B×1個　配件A×1個

2 以耳針的圓圈串接配件A．B。

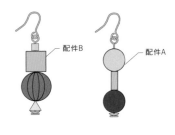

配件B　配件A

※P.014模特兒配戴款，使用了與030不同的耳針金具。

材　料

030

樹脂珍珠（圓形・10mm・霧面白色）— 1顆
木串珠（四方柱形・4×10mm・黃色）— 1顆
壓克力串珠a（橢圓形・18mm・
　霧面粉紅色）————————1顆
壓克力串珠b（棗珠・20mm・
　霧面海軍藍）————————1顆
金屬串珠a（三角形・5mm・鍍銠）— 1顆
金屬串珠b（角形・4mm・霧面銀色）- 1顆
金屬隔片（0.3×3mm・鍍銠）———2個
T針（0.7×40mm・鍍銠）————2根
耳針（耳勾式・霧面銀色）————1副

031

木串珠a（四角形・10×4mm・白色）
　——————————————1顆
木串珠b（四方柱形・4×10mm・白色）
　——————————————1顆
壓克力串珠a（南瓜形・16mm・
　霧面灰色）————————1顆
壓克力串珠b（圓形・12mm・
　霧面水藍色）————————1個
壓克力串珠c（圓形・12mm・
　霧面紅色）————————1顆
金屬串珠a（南瓜形・2mm・鍍銠）— 1顆
金屬串珠b（三角形・5mm・鍍銠）— 1顆
金屬隔片（0.3×3mm・鍍銠）———2個
T針（0.7×40mm・鍍銠）————2根
耳針（耳勾式・霧面銀色）————1副

〔使用工具〕
基本工具（P.168）

032,033

1 先從鍊子一端串入天然石，兩端再一起
穿接夾線頭＆擋珠。將鍊子兩端調整至
等長後，壓扁擋珠。此步驟請小心別讓
鍊子纏在一起。最後剪斷多餘鍊子，以
夾線頭包住擋珠並夾合。

※使用夾線頭▶P.178⑥

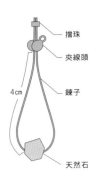

擋珠
夾線頭
4cm　鍊子
天然石

2 將1與耳針的圓圈串接在一起。另一隻耳環
作法相同。

耳針
單圈

※在此以032進行圖文解說，033作法相同。

材　料

032

天然石（粗糙切割・約15mm・
　粉晶）————————2顆
單圈（0.6×3mm・金色）———2個
夾線頭（金色）—————2個
擋珠（金色）—————2個
耳針（圓珠帶圈・金色）———1副
鍊子（金色）———15cm×2條

033

天然石（粗糙切割・約15mm・
　馬克賽石）————2顆
單圈（0.6×3mm・金色）———2個
夾線頭（金色）—————2個
擋珠（金色）—————2個
耳針（圓珠帶圈・金色）———1副
鍊子（金色）———15cm×2條

〔使用工具〕
基本工具（P.168）

034,035

SIZE: 長度5.5cm

1 在耳針的碗形底座塗接著劑，黏貼金屬串珠。留意串珠孔的位置必須與碗形底座平行。共作2個，暫放在保麗龍基座上，靜置1天等待完全乾燥。

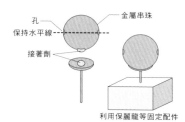

孔
保持水平線
金屬串珠
接著劑
利用保麗龍等固定配件

2 將金屬環b其中一邊從中央剪斷，從斷開處串接金屬環a。

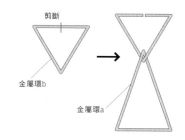

剪斷
金屬環b
金屬環a

3 以手指撐開剪斷處，兩側各穿接1顆擋珠，最後串接1的金屬串珠。壓扁擋珠。

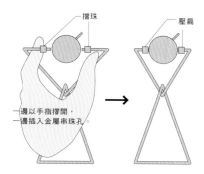

擋珠
壓扁
一邊以手指撐開，
一邊插入金屬串珠孔。

4 以T針串接1的另一個金屬串珠後，再串接1顆金屬串珠＆金屬配件b，並折彎針頭作略大的圈。最後串接金屬配件a。

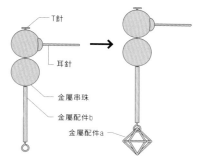

T針
耳針
金屬串珠
金屬配件b
金屬配件a

※在此以034進行圖文解說，035作法相同。

材 料

034

金屬環a（等腰三角形・33×25mm・金色）————1個
金屬環b（正三角形・24×27mm・金色）————1個
金屬配件a（立體・三角形・11×11×11mm・金色）————1個
金屬配件b（角管珠・2×25mm・金色）————1條
金屬串珠（圓形・10mm・金色）————3顆
T針（0.7×60mm・金色）————1根
擋珠（2mm・金色）————2顆
耳針（碗形底座・4mm・金色）————1副

035

金屬環a（等腰三角形・33×25mm・鍍銠）————1個
金屬環b（正三角形・24×27mm・鍍銠）————1個
金屬配件a（立體・三角形・11×11×11mm・鍍銠）————1個
金屬配件b（角管珠・2×25mm・鍍銠）————1條
金屬串珠（圓形・10mm・鍍銠）————3顆
T針（0.7×60mm・鍍銠）————1根
擋珠（2mm・鍍銠）————2顆
耳針（碗形底座・4mm・鍍銠）————1副

〔使用工具〕
基本工具（P.168）／接著劑

036,037

SIZE: 長度6cm

1 在距AW尾端7.5cm處以尖嘴鉗折彎後，從另一端穿接4顆捷克珍珠，以尖嘴鉗再次折彎。

AW
7.5cm
6cm
捷克珍珠
※037改為天然石a。

2 在AW兩側分別穿接扭轉珠，再將2條AW一起穿接金屬配件＆壓克力串珠。

壓克力串珠
金屬配件
※037改為天然石b。
扭轉珠

3 以圓嘴鉗折彎AW長端並串接耳針，再以AW短端纏繞固定吊飾。另一隻耳環作法相同。

※吊飾加工▶P.178⑤

耳針

※在此以036進行圖文解說。037則是更換配件，以相同作法製作。

材 料

036

捷克珍珠（圓形・3mm・白色）————8顆
壓克力串珠（條紋球形・16mm・霧面紅色）————2顆
扭轉珠（2×12mm・霧面黑色）————4顆
金屬配件（六角管珠・5×15mm・金色）————2顆
耳針（耳勾式・金色）————1副
AW〔藝術銅線〕（#26・不褪色黃銅）————15cm×2條

037

天然石a（圓形・3mm・縞瑪瑙）————8顆
天然石b（四方柱形・4×12mm・粉晶）————2顆
扭轉珠（2×12mm・霧面白色）————4顆
壓克力串珠（不規則形・16mm・霧面薄荷綠色）————2顆
耳針（耳勾式・霧面銀色）————1副
AW〔藝術銅線〕（#26・不褪色銀）————15cm×2條

〔使用工具〕
基本工具（P.168）

038,039   SIZE: 長度7cm

1 如圖所示以9針穿接串珠，折彎針頭製作配件。

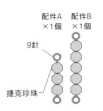

配件A × 1個　配件B × 1個

9針

捷克珍珠

※039改為捷克棗珠。

2 取壓克力線a・b各半合成一束，共準備2束。

壓克力線a
壓克力線b

7cm

5cm

3 在2的線束中央以線（壓克力線b・7mm・分量外）暫時打結固定，再穿接造型單圈。

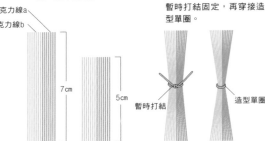

暫時打結　　造型單圈

4 單圈套在中心後，對折線束，再以不鏽鋼絲線纏繞並打繩頭結。

不鏽鋼絲線

※從線束剪取流蘇▶P.183⑲

5 剪齊線的尾端。

6 配件A、B串接耳針。

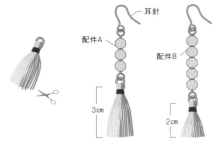

耳針

配件A

配件B

3cm

2cm

※在此以038進行圖文解說。039則是更換配件&線，以相同作法製作。
※P.015模特兒配戴款，使用了與039不同的耳針金具。

材 料

038

捷克珠（6mm・晶透粉）――――8顆
壓克力線a（藍色）
　　――――7cm×1／4束、5cm×1／8束
壓克力線b（粉紅色）
　　――――7cm×1／4束、5cm×1／8束
造型單圈（0.9×5mm・金色）――2個
9針（0.7×40mm・金色）――――2根
耳針（耳勾式・金色）――――――1副
不鏽鋼絲線（0.6mm・古董金）－15cm×2條

039

捷克棗珠（6mm・黑色）――――8顆
壓克力線a（黑色）
　　――――7cm×1／4束、5cm×1／8束
壓克力線b（褐色）
　　――――7cm×1／4束、5cm×1／8束
造型單圈（0.9×5mm・金色）――2個
9針（0.7×40mm・金色）――――2根
耳針（耳勾式・金色）――――――1副
不鏽鋼絲線（0.6mm・古董金）－15cm×2條

〔使用工具〕
基本工具（P.168）／剪刀

> **線的分量**
>
> 1束……將一捆線束從線圈處剪開的量。
> 1／4束…將1束線剪成4等分。
> 1／8束…將1／4束線剪成2等分。

 040,041   SIZE: 040本體 1cm、後扣（A）長度6cm、後扣（B）長度4cm
041本體 1cm、後扣（A）長度3cm、後扣（B）長度4cm

040

1 製作本體。將耳針的立芯塗上接著劑，黏貼棉珍珠。另一隻耳環的本體作法相同。

本體　棉珍珠

耳針

※接著劑上膠▶P.180⑫

2 如圖所示以耳扣分別串接配件。另一隻耳環的後扣作法相同。

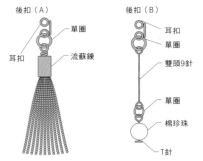

後扣（A）

單圈
耳扣
流蘇鍊

後扣（B）

耳扣
單圈
雙頭9針
單圈
棉珍珠
T針

041

1 依040的1相同作法，共作2個。

2 如圖所示以耳扣分別串接配件。另一隻耳環的後扣作法相同。

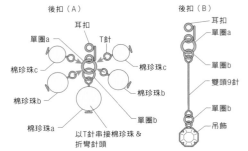

後扣（A）

耳扣
T針
單圈a
棉珍珠c　　棉珍珠c
棉珍珠b　　棉珍珠b
單圈b
棉珍珠a

以T針串接棉珍珠&折彎針頭

後扣（B）

耳扣
單圈a
單圈b
雙頭9針
單圈b
吊飾

> **享受混搭樂趣**
>
> 事先製作2個本體和4個後扣，就能自由地搭配組合！

材 料

040

耳環本體
棉珍珠（單孔・圓形・10mm・白色）― 2顆
耳針（立芯型・4mm・金色）―――2副
後扣（A）
流蘇鍊（50mm・金色）――――――2條
單圈（0.6×5mm・金色）――――――2個
耳扣（金色）―――――――――――2個
後扣（B）
棉珍珠（單孔・圓形・6mm・白色）― 2顆
雙頭9針（0.3×20mm・金色）―――2根
單圈（0.6×5mm・金色）――――――2個
單圈（0.55×2.5mm・金色）――――2個
T針（0.6×14mm・金色）――――――2根
耳扣（金色）―――――――――――2個

041

耳環主體（與040相同）
後扣（A）
棉珍珠a（圓形・10mm・白色）――2顆
棉珍珠b（圓形・8mm・白色）――4顆
棉珍珠c（圓形・6mm・白色）――4顆
單圈a（0.6×6mm・金色）――――2個
單圈b（0.6×5mm・金色）――――2個
T針（0.5×21mm・金色）―――――10根
耳扣（金色）――――――――――2個
後扣（B）
吊飾（6mm・透明）―――――――2個
雙頭9針（0.3×20mm・金色）――2個
單圈a（0.6×5mm・金色）――――2個
單圈b（0.6×3mm・金色）――――4個
耳扣（金色）――――――――――2個

〔使用工具〕
基本工具（P.168）／接著劑

042,043

SIZE：042本體 長8×寬6mm、後扣（A）長度3.5cm、後扣（B）長度5cm
　　　043本體 長8×寬6cm、後扣（A）長度2cm、後扣（B）長度7cm

材　料

042

1 製作本體。將施華洛世奇材料放在
爪座上、壓下爪扣，再在爪座背面
塗接著劑，黏在耳針底座上。另一
隻耳環的本體作法相同。

　　　　　　本體
　　　　　　　　　　　施華洛世奇材料
　　　　　　　　　　　爪座
　　　　　　　　　　　耳針

※固定爪座▶P.180⑪

2 將裝好爪鍊接頭的水鑽鍊＆金屬配件分別串接在耳扣上。

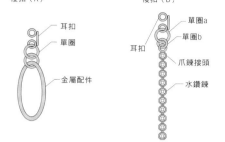

　後扣（A）
　　　　耳扣
　　　　單圈
　　　　金屬配件

　後扣（B）
　　　　單圈a
　　　　單圈b
　　耳扣
　　　　爪鍊接頭
　　　　水鑽鍊

043

1 依042的1相同作法製作本體。

2 以T針製作棉珍珠配件，再與金屬棒
分別以單圈串接在耳扣上。另一隻耳
環的後扣作法相同。

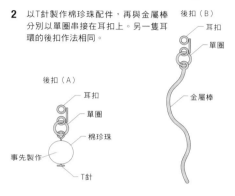

　後扣（A）
　　　耳扣
　　　單圈
　　　棉珍珠
事先製作
　　　T針

　後扣（B）
　　　耳扣
　　　單圈
　　　金屬棒

享受混搭樂趣

事先製作2個本體和4個
後扣，就能自由地搭配
組合！

042

耳環主體
施華洛世奇材料（#4527・8×6mm・
　蒙大拿藍色）————————2顆
爪座（#4527用・8×6mm・金色）—2個
耳針（平面底座・6mm・金色）——1副
後扣（A）
金屬配件（橢圓形・24×13mm・金色）—2個
單圈（0.6×5mm・金色）———————4個
耳扣（金色）———————————2個
後扣（B）
水鑽鍊（#110・2mm・透明）-3.5cm×2條
爪鍊接頭（#110用・金色）————2個
單圈a（0.6×5mm・金色）————2個
單圈b（0.6×3mm・金色）————2個
耳扣（金色）———————————2個

043

耳環主體
施華洛世奇材料（#4527・8×6mm・翠綠色）－2顆
爪座（#4527用・8×6mm・金色）—2個
耳針（平面底座・6mm・金色）——1副
後扣（A）
棉珍珠（圓形・14mm・白色）———2個
單圈（0.6×5mm・金色）—————2個
T針（0.6×26mm・金色）—————2根
耳扣（金色）———————————2個
後扣（B）
金屬棒（波浪形・62mm・金色）——2根
單圈（0.6×5mm・金色）—————2個
耳扣（金色）———————————2個

〔使用工具〕
基本工具（P.168）／接著劑

044,045

SIZE：長度7cm

材　料

1 壓克力配件塗抹接著劑，黏在
耳針底座上。

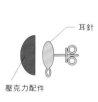

　　　耳針
　壓克力配件

2 以T針依序串接金屬串珠、壓克力串珠、金屬管
珠，折彎針頭製作配件。

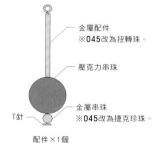

　　金屬配件
　　※045改為扭轉珠。
　　壓克力串珠
　　金屬串珠
　　※045改為捷克珍珠。
T針
配件×1個

3 以單圈串接1的耳針
與2的配件。另一隻
耳環作法相同。

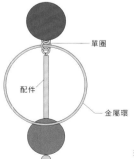

　　　單圈
　配件
　　　金屬環

※在此以044進行圖文解說。
045則是更換配件，以相同作法製作。

044

壓克力配件（半圓形・16mm・黑色）
————————————————2顆
壓克力串珠（圓形・16mm・玳瑁色）
————————————————2顆
金屬串珠（圓形・4mm・金色）———2顆
金屬配件（圓管形・30mm・金色）—2個
金屬環（40mm・金色）——————2個
單圈（0.8×4.5mm・金色）————2個
T針（0.8×65mm・金色）—————2根
耳針（平面底座・10mm・金色）——1副

045

壓克力配件（半圓形・16mm・黑色）
————————————————2顆
壓克力串珠（圓形・16mm・透明）－2顆
捷克珍珠（圓形・4mm・白色）———2顆
扭轉珠（30mm・銀色）——————2顆
金屬環（40mm・金色）——————2個
單圈（0.8×4.5mm・金色）————2個
T針（0.8×65mm・金色）—————2根
耳針（平面底座・10mm・金色）——1副

〔使用工具〕
基本工具（P.168）／接著劑

058~060

材 料

1 將金屬配件的中央擺在尺的8cm處，測量金屬配件尾端到尺頭的長度A後，拆下金屬配件。

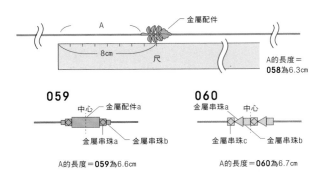

A的長度＝
058為6.3cm

059
中心　金屬配件a
金屬串珠a　金屬串珠b
A的長度＝**059**為6.6cm

060
金屬串珠a　中心
金屬串珠c　金屬串珠b
A的長度＝**060**為6.7cm

2 依P.027作品**027~029**〈起針＆鎖針的編織方法〉相同作法，在蠟線中心起針，以鎖針編織A的長度。

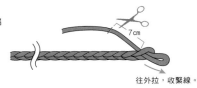

蠟線
在中心起針，朝蠟線的線束端編織鎖針。
編織的方向

3 編織到A的長度後，預留7cm的線端剪線，拉出線端收緊線。

7cm

往外拉，收緊線。

4 以剩餘的蠟繩穿接隔珠＆金屬串珠後，利用穿線器塞入最後的針目中，再如圖所示打結。預留5mm剪線後，繩子尾端以打火機燒融收尾。最後以接著劑黏著固定。

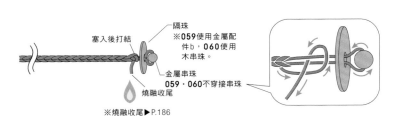

塞入後打結
隔珠
※**059**使用金屬配件b，**060**使用木串珠。
金屬串珠
059・**060**不穿接串珠
燒融收尾
※燒融收尾▶P.186

5 從**2**預留的蠟線端穿接金屬配件後，以**2**相同方法起針。

背面　起針

6 編織到與**3**等長時，預留7cm蠟線後剪斷，拉出纏繞在鉤針上的線。在距最後針目2cm處打單結，將剩餘的蠟線以穿線器塞入最後的針目，在單結後方3cm處再打一次單結。預留5mm蠟線後剪斷，以打火機燒融蠟線尾端。

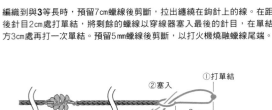

①打單結
②塞入
2cm
③預留3cm距離，打單結
④燒融收尾
5mm
※燒融收尾▶P.186

※在此以**058**進行圖文解說。**059**・**060**則是更換配件，以相同作法製作。

058

隔珠（10mm・金色）―――1顆
金屬串珠（圓形・3mm・金色）―1顆
金屬配件（葉形・35×20mm・
　金色）――――――――1個
蠟線（粗1mm・海軍藍）－約100cm×1條

059

金屬串珠a（角形・4mm・金色）――2顆
金屬串珠b（角形・2.5mm・金色）――2個
金屬配件a（六角管珠・5×15mm・
　金色）――――――――1個
金屬配件b（獅子・20×15mm・
　金色）――――――――1個
蠟線（粗1mm・紅色）――約100cm×1條

060

金屬串珠a（三角形・5mm・鍍銠）－2顆
金屬串珠b（角形・4mm・
　霧面銀色）―――――――2顆
金屬串珠c（正方形・4mm・鍍銠）－2顆
木串珠（圓形・8mm・白色）―――1顆
蠟線（粗1mm・象牙色）－約100cm×1條

〔使用工具〕
尺／鉤針／剪刀／打火機／穿線器／接著劑

---

m e m o

**增加編織長度，也能
作成多圈纏繞的手環**

繩結編織的手環，只要長度足夠，繞兩、三圈的戴法也很時尚！

061,062

SIZE: 手圍14cm

材料

1 對折不鏽鋼絲線穿接金屬環後，尾端穿過繩圈拉線收緊。另一側也同樣綁上不鏽鋼絲線。

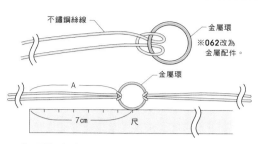

不鏽鋼絲線
金屬環
※062改為金屬配件。
金屬環

2 將1的金屬環中心對齊尺7cm的刻度上，測量金屬環框到尺頭的長度A。

A的長度＝061為5.7cm
　　　　＝062為6.15cm

A
7cm　　尺

4 不鏽鋼絲線兩端交叉穿接金屬串珠（不好穿接時，可以穿線器輔助）。於雙向環狀結後方3cm處，2條線一起打單結，保留1cm、剪斷不鏽鋼絲線。

3 以不鏽鋼絲線編織雙向環狀結直到A的長度。另一側也同樣編織雙向環狀結。

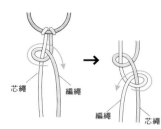

芯繩　　編繩

編繩　　芯繩

※雙向環狀結▶P.186⑤

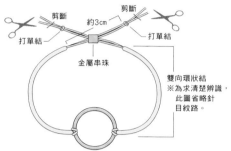

剪斷　　剪斷
約3cm
打單結　　　打單結
金屬串珠

雙向環狀結
※為求清楚辨識，此圖省略針目紋路。

※在此以061進行圖文解說。062則是更換配件，以相同作法製作。

061

金屬環（26mm・金色）————1個
金屬串珠（方形・3mm・霧面金色）
　　　　　　　　　　　————1顆
不鏽鋼絲線（0.7mm・灰色）－ 60cm×2條

062

金屬配件（鳥形・17×17mm・金色）
　　　　　　　　　　　————1個
金屬串珠（方形・3mm・霧面金色）
　　　　　　　　　　　————1顆
不鏽鋼絲線（0.7mm・亮藍色）
　　　　　　　　　　　————60cm×2條

〔使用工具〕
尺／剪刀／穿線器

063,064

SIZE: 手圍16cm

材料

1 爪座塗上接著劑，黏貼施華洛世奇材料。

施華洛世奇材料
爪座

2 以織帶繩穿接造型單圈＆金屬隔珠，如圖所示打結。拉緊繩結後剪掉多餘的繩子，結目塗接著劑固定。共作2條。

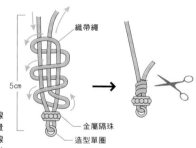

織帶繩
5cm
金屬隔珠
造型單圈

3 在2的織帶繩尾端打單結。如圖所示放在壓克力線的線束中央，另取固定線（壓克力線・6cm・分量外）打結固定後，將結目拉往內側隱藏＆對折線束，再以不鏽鋼絲線打繩頭結製作流蘇。另一條織帶繩也同樣作流蘇。

4 將3的織帶線兩端依P.34作品065・066作法4，在兩處打繩結。再以2的造型單圈串接1的爪座。

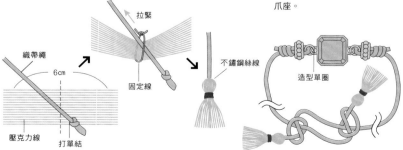

織帶繩
6cm
壓克力線　打單結

拉緊
固定線

不鏽鋼絲線
造型單圈

※在此以063進行圖文解說，064作法相同。

063

施華洛世奇材料（#4470・10mm・晶透夜銀色）————1顆
爪座（#4470用・附雙圈・10mm・金色）－1個
金屬隔珠（7mm・金色）————2個
造型單圈（1×5mm・金色）————2個
織帶繩（1.5mm・藍色）———30cm×2條
不鏽鋼絲線（0.6mm・復古金）
　　　　　　　　　　　———15cm×2條
壓克力線（藍色）——6cm×1／2束×2份

064

施華洛世奇材料（#4470・10mm・古典玫瑰色）————1顆
爪座（#4470用・附雙圈・10mm・金色）－1個
金屬隔珠（7mm・金色）————2個
造型單圈（1×5mm・金色）————2個
織帶繩（1.5mm・粉紅色）———30cm×2條
不鏽鋼絲線（0.6mm・復古金）
　　　　　　　　　　　———15cm×2條
壓克力線（粉紅色）
　　　　　　　———6cm×1／2束×2份

〔使用工具〕
基本工具（P.168）／尺／剪刀／接著劑

線的分量

1束……將一捆線束從線圈處剪開的量。
1／2束……將1束線剪成2等分。
※從線束剪取流蘇▶P.183⑲

065,066

材 料

1 取60cm繡線進行三股編。先在尾端1cm處打單結，以三條線編至45cm。

打單結
繡線60cm

45cm

以膠帶等黏貼固定

※三股編 ▶P.186③⑤

3 以1的三股編穿接金屬隔珠、2的流蘇，將膠帶固定端也打單結。

2 取50cm繡線纏繞5cm的紙板5圈，以穿接單圈＆金屬隔珠的15cm繡線在中心打結。剪開上下線圈處後取下紙板，對折繡線束，另取繡線（分量外）打繩頭結製作流蘇。共作2個。

單圈
金屬隔珠
繡線15cm

5cm

繡線50cm
※製作流蘇▶P.182⑱

繡線（分量外）

金屬隔珠

1的三股編繩
※為求清楚辨識，在此省略編紋

4 以三股編繩的兩端打上可以調整長度的活動結。

※在此以**065**進行圖文解說，**066**作法相同。

065

金屬隔珠（6×3mm・金色）————8顆
單圈（0.8×5mm・金色）————2個
繡線（25號・6股・粉紅色）
————60cm×3條、50cm×2條、
15cm×2條

066

金屬隔片（6×3mm・金色）
————8顆
單圈（0.8×5mm・金色）————2個
繡線（25號・6股・綠色）
————60cm×3條、50cm×2條、
15cm×2條

〔使用工具〕
尺／剪刀／紙板／膠帶

067,068

材 料

067

1 以單圈a・b串接金屬環＆吊飾，製作配件。

單圈a
金屬環
單圈b
吊飾

配件×1個

2 以C圈串接1的配件、錬子、彈簧扣與延長錬。

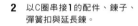

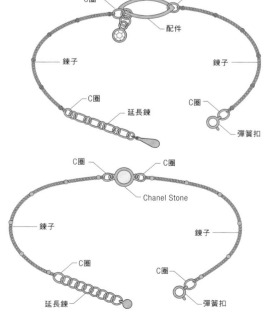

C圈
配件
C圈

錬子
錬子

C圈
C圈

延長錬
彈簧扣

068

Chanel Stone兩端的圓圈皆以C圈串接錬子，錬子尾端再以C圈分別串接延長錬＆彈簧扣。

C圈
C圈

Chanel Stone

錬子
錬子

C圈
C圈

延長錬
彈簧扣

067

金屬環（葉形・4×14mm・金色）—1個
吊飾（3mm・透明）————1個
單圈a（0.7×3.5mm・金色）————1個
單圈b（0.6×3mm・金色）————1個
C圈（0.55×3.5×2.5mm・金色）—4個
彈簧扣（金色）————1個
延長錬（金色）————1條
錬子（金色）————6.5cm×2條

068

Chanel Stone（圓環・5.5×5.5×2.5mm・紫色）————1顆
C圈（0.55×3.5×2.5mm・金色）—4個
彈簧扣（金色）————1個
延長錬（金色）————1條
錬子（金色）————6.5cm×2條

〔使用工具〕
基本工具（P.168）

069

SIZE：手圍20cm

材 料

1 製作配件。將沾有接著劑的羊眼釘插入棉珍珠孔中（配件A）。以T針串接金屬串珠＆擋珠後，折彎針頭（配件B）。

2 以2.5cm的錬子穿接金屬配件b，錬尾兩端以單圈串接配件A・B。

配件A×1個
羊眼釘
棉珍珠

配件B×1個
T針
擋珠
金屬串珠

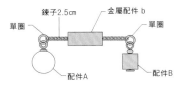

錬子2.5cm ── 金屬配件 b
單圈 ── 單圈
配件A ── 配件B

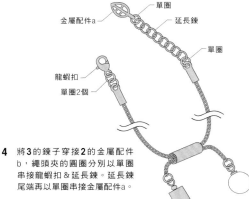

金屬配件a ── 單圈
延長錬
龍蝦扣
單圈2個
單圈

3 在18cm的錬子兩端裝上繩頭夾。

繩頭夾
錬子

※使用繩頭夾 ▶ P.179⑦

4 將**3**的錬子穿接**2**的金屬配件b，繩頭夾的圓圈分別以單圈串接龍蝦扣＆延長錬。延長錬尾端再以單圈串接金屬配件a。

069

棉珍珠（單孔・圓形・8mm・米黃色）
――――1顆
金屬串珠（四角形・4mm・霧面金色）
――――1顆
金屬配件a（葉形・附圈・10mm・金色）
――――1個
金屬配件b（圓管珠・3×7mm・
霧面金色）――――1個
繩頭夾（2mm用・霧面金色）――2個
擋珠（2mm・金色）――――1個
單圈（0.6×3mm・金色）――――6個
T針（0.6×15mm・金色）――――1根
羊眼釘（5.5×2mm・金色）――1個
龍蝦扣（金色）――――1個
延長錬（金色）――――1條
錬子（金色）― 2.5cm×1條、18cm×1條

〔使用工具〕
基本工具（P.168）／接著劑

 070

SIZE：手圍20cm

材 料

1 以沾有接著劑的羊眼釘插入棉珍珠孔中，製作配件。

2 錬子穿接吊飾，錬尾兩端安裝繩頭夾。

羊眼釘
捷克珍珠

配件×1個

繩頭夾
錬子

吊飾

※使用繩頭夾 ▶ P.179⑦

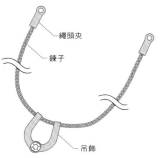

單圈
延長錬
單圈
金屬配件
配件
單圈

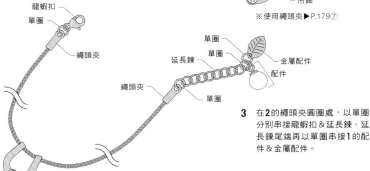

龍蝦扣
單圈
繩頭夾
延長錬
繩頭夾

3 在**2**的繩頭夾圓圈處，以單圈分別串接龍蝦扣＆延長錬。延長錬尾端再以單圈串接**1**的配件＆金屬配件。

070

吊飾（馬蹄鐵形・橫孔・9×8mm・
霧面金色）――――1個
金屬配件（葉形・10mm・金色）――1個
捷克珍珠（圓形・5mm・米黃色）――1顆
單圈（0.7×4mm・霧面金色）――4個
繩頭夾（2mm用・霧面金色）――2個
羊眼釘（5.5×2mm・金色）――1個
龍蝦扣（金色）――――1個
延長錬（霧面金色）――――1條
錬子（金色）――――18cm×1條

〔使用工具〕
基本工具（P.168）／接著劑

memo

**將延長錬
加上吊飾！**

只要在延長錬尾端串接珍珠或金屬吊飾，背後的身影也能魅力十足。珍珠可營造優雅感，葉形的金屬配件顯得文青有型，愛心金屬配件＆寶石則可展現可愛風格。隨自己的喜好變化吧！

035

材 料

1 製作配件。羊眼釘塗接著劑，插入施華洛世奇材料a的孔中（配件A）。T針穿接施華洛世奇材料b、金屬配件、擋珠，折彎針頭（配件B）。

羊眼釘
施華洛世奇材料a

擋珠
金屬配件
施華洛世奇材料b
T針

配件A×1個　　配件B×1個

2 皮繩兩端安裝繩頭夾。

※使用繩頭夾
▶P.179⑦

繩頭夾
皮繩

3 皮繩穿接金屬隔珠。以單圈a將配件A、單圈b串接的吊飾串接於鍊子上。最後以單圈a分別串接龍蝦扣、剪成3cm和0.5cm的延長鍊。

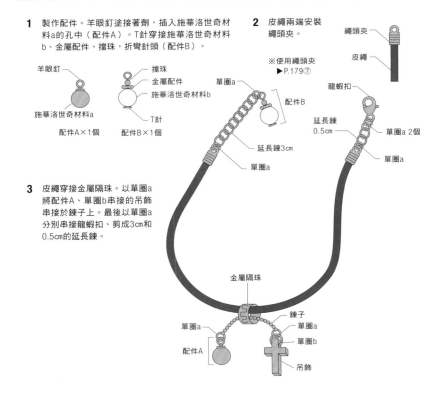

單圈a
配件B
延長鍊3cm
單圈a
龍蝦扣
延長鍊0.5cm
單圈a 2個
單圈a
金屬隔珠
鍊子
單圈a
單圈a
單圈b
配件A
吊飾

071

施華洛世奇材料a（#5810・5mm・復古金）————1顆
施華洛世奇材料b（#5810・5mm・粉杏核色）————1顆
金屬配件（雛菊・4mm・復古金）——1個
金屬隔珠（7×4mm・金色）————1個
吊飾（十字架・28×17mm・金色）—1個
單圈a（0.6×3mm・金色）————7個
單圈b（0.6×5mm・金色）————1個
T針（0.6×15mm・金色）————1根
繩頭夾（4mm用・復古金）————2個
擋珠（2.5mm・金色）————1顆
羊眼釘（5.5×2mm・金色）————1個
龍蝦扣（霧面金色）————1個
延長鍊（霧面金色）————1條
鍊子（金色）————2cm×1條
皮繩（4mm寬・黑色）————17.5cm×1條

〔 使 用 工 具 〕
基本工具（P.168）／接著劑

材 料

1 將2條鍊子b對齊，尾端安裝繩頭夾。

繩頭夾
鍊子b

※使用繩頭夾▶P.179⑦

2 以T針穿接串珠，折彎針頭製作配件。

配件A×1個
擋珠
金屬配件
施華洛世奇材料
T針

配件B×1個
擋珠
捷克棗珠
T針

3 將8條鍊子對折＆以AW勾住，依序穿接金屬隔珠＆擋珠，加工成吊飾。

AW
擋珠
金屬隔珠
鍊子a 8條
※吊飾加工▶P.178⑤

4 以1的鍊子穿接附銅片墜飾頭，再以單圈串接配件A・B、流蘇鍊、龍蝦扣、延長鍊。

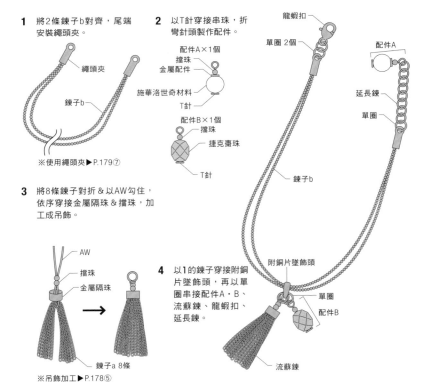

龍蝦扣
單圈 2個
配件A
延長鍊
單圈
鍊子b
附銅片墜飾頭
單圈
配件B
流蘇鍊

072

施華洛世奇材料（#5810・6mm・白色）————1顆
捷克棗珠（5mm・深咖啡角珠）————1顆
金屬配件（4mm・金色）————1個
金屬隔珠（4×2.3mm・金色）————1個
繩頭夾（2mm用・金色）————2個
擋珠（2.5mm・金色）————4個
單圈（0.6×3mm・霧面金色）————4個
T針（0.6×15mm・金色）————2根
附銅片墜飾頭（金色）————1個
龍蝦扣（金色）————1個
延長鍊（霧面金色）————1條
鍊子a（金色）————1.5cm×8條
鍊子b（0.6mm・金色）————19cm×2條
AW〔藝術銅線〕（#26・金色）
————10cm×1條

〔 使 用 工 具 〕
基本工具（P.168）

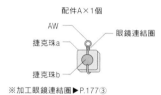

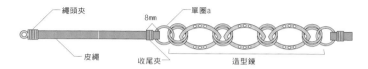

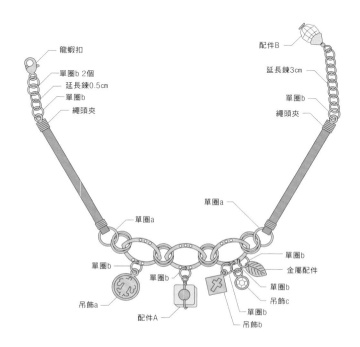

SIZE：踝圍20cm

材 料

1 如圖所示以AW穿接捷克珠 a・b，再加工眼鏡連結圈 作配件A。

配件A×1個

AW
眼鏡連結圈
捷克珠a
捷克珠b

※加工眼鏡連結圈▶P.177③

2 以T針穿接串珠，折彎針頭 製作配件B。

配件B×1顆

擋珠
花帽
捷克珠c
T針

3 先在皮繩一端安裝繩頭夾。以單圈a串接造型鍊後，將皮繩的另一端往內折8mm夾住單圈a， 再以收尾夾固定皮繩端。

繩頭夾
8mm
單圈a
皮繩
收尾夾
造型鍊

※使用繩頭夾▶P.179⑦

4 將剪成3cm・0.5cm的延長鍊、龍蝦扣、配件B，與**3**串接。最後如圖所示以單圈b 將配件A、吊飾a~c及金屬配件串接於造型鍊上。

龍蝦扣
單圈b 2個
延長鍊0.5cm
單圈b
繩頭夾

配件B
延長鍊3cm
單圈b
繩頭夾

單圈a
單圈a
單圈b
單圈b
單圈b
金屬配件
單圈b
吊飾a
吊飾c
單圈b
配件A
吊飾b

073

捷克珠a（平底方形切割・10mm・ 淺綠藍色）─────────1顆
捷克珠b（圓形・15mm・青銅色）── 1顆
捷克珠c（水滴形・7×5mm・黑鑽色） ─────────────────1顆
吊飾a（硬幣形・10mm・金色）──1個
吊飾b（方形十字架・10mm・霧面金色） ─────────────────1個
吊飾c（圓形・6×4mm・透明／金色） ─────────────────1個
金屬配件（葉形・10×6mm・復古金） ─────────────────1個
單圈a（1.2×8mm・金色）──────2個
單圈b（0.6×3mm・金色）──────9個
T針（0.6×15mm・金色）──────1根
收尾夾（霧面金色）────────2個
花帽（16mm・復古金）──────1個
繩頭夾（4mm用・金色）──────2個
擋珠（2mm・金色）───────1個
龍蝦扣（金色）─────────1個
延長鍊（金色）─────────1條
造型鍊（3連鍊圈・金色）── 7cm×1條
皮繩（4mm寬・褐色）──── 7cm×2條
AW〔藝術銅線〕（#24・不褪色黃銅） ────────────── 15cm×1條

〔使用工具〕
基本工具（P.168）

memo

活用單圈，就能 自由改變吊飾風格！

在此使用的造型鍊鍊圈上帶有穿 孔，所以能輕易地以單圈串接各 種吊飾。例如復古風金屬吊飾能 營造小女人的氣質，只串接星形 吊飾可打造搖滾風格，統一串接 金色調性的吊飾則會流露璀燦魅 力的印象。

借助鍾愛的花卉及配件，
隨著當天心情時而流行時而復古。
在喜歡的造型裡，封存的是一個小小世界！

封膠 飾品

RESIN ACCESSORIES

PART 2

from 074 to 133

096

CLOSE-UP
P.042

戴上甜美程度恰到好處的飾品，
為俐落的穿搭增添些許女人味。

083

CLOSE-UP
P.041

075

CLOSE-UP
P.040

102
CLOSE-UP
P.042

117
CLOSE-UP
P.044

112
CLOSE-UP
P.043

拆下皮革包上的流行吊飾，就能快速切換成熟大人風。

107
CLOSE-UP
P.043

運用塑膠鎖鏈製作流蘇，搭配運動風穿搭也能創造出輕盈氣息。

075 074
HOW TO MAKE
P.046

077 076
HOW TO MAKE
P.046

同屬天然素材的
壓花＆貝殼配件，
契合度極佳。

081
HOW TO MAKE
P.047

078
HOW TO MAKE
P.048

將UV膠混合白色＆
各色顏料，呈現柔
和色彩。

080 079
HOW TO MAKE
P.047

CONFINE THE

FLOWER

花 卉 封 膠 飾 品

紫色、白色、黃色、粉紅色……
五顏六色的乾燥花也變得晶瑩亮澤了！
以花瓣浮於水面般的畫面感，製作飾品如何呢？

087

HOW TO MAKE
P.048

084 083

以UV膠封入永生花。

HOW TO MAKE
P.047

089 088

HOW TO MAKE
P.049

086 085

HOW TO MAKE
P.048

082

HOW TO MAKE
P.047

091 090

HOW TO MAKE
P.049

將形狀各異的橢圓形配件
隨興地一字排開，個性十
足的髮夾完成！

戴上透明感的頸鍊，
營造如直接妝點於頸
部的視覺效果。

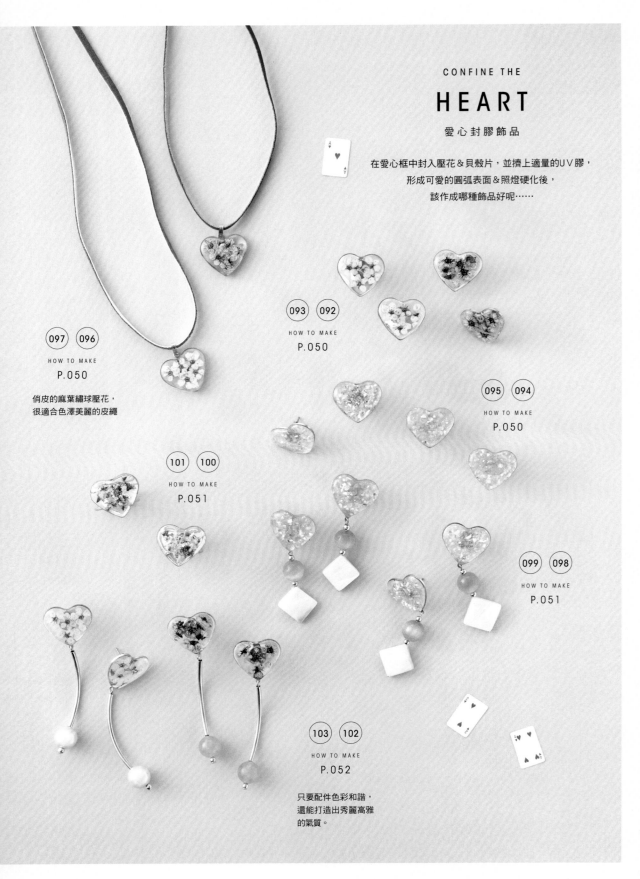

CONFINE THE

HEART

愛心封膠飾品

在愛心框中封入壓花＆貝殼片，並擠上適量的ＵＶ膠，
形成可愛的圓弧表面＆照燈硬化後，
該作成哪種飾品好呢……

093 092

HOW TO MAKE

P.050

097 096

HOW TO MAKE

P.050

俏皮的麻葉繡球壓花，
很適合色澤美麗的皮繩

095 094

HOW TO MAKE

P.050

101 100

HOW TO MAKE

P.051

099 098

HOW TO MAKE

P.051

103 102

HOW TO MAKE

P.052

只要配件色彩和諧，
還能打造出秀麗高雅
的氣質。

105 104

HOW TO MAKE
P.052

107 106

HOW TO MAKE
P.053

109 108

HOW TO MAKE
P.053

110

HOW TO MAKE
P.054

111

HOW TO MAKE
P.054

讓雙色UV膠的交界呈柔和暈染,是打造漂亮漸層色彩的竅門。

113 112

HOW TO MAKE
P.055

餅乾甜筒的格紋,
是放入配合造型框
裁剪的AW銅線!

CONFINE THE

NEON COLOR

霓虹色封膠飾品

霓虹配色是80年代時尚風格不可或缺的元素。
只要選一個與穿搭呈對比的跳色飾品,
就能展現反差風的時尚趣味。

CONFINE THE

STARS & THE MOON

星星・月亮封膠飾品

將星星＆月亮，
封存在令人聯想到宇宙與夜空的深色調內。
小小飾品中，蘊藏著神祕的宇宙劇場。

115 114
HOW TO MAKE
P.055

117 116
HOW TO MAKE
P.054

119 118
HOW TO MAKE
P.056

製作兩個半球形配件
後，在UV膠造型框內
灌入UV膠＆上下黏合
半球形配件，星球就誕
生了！

123 122
HOW TO MAKE
P.058

在星形UV膠造型
框上配置彷彿滿
溢而出的寶石

121 120
HOW TO MAKE
P.057

127 126
HOW TO MAKE
P.058

124
HOW TO MAKE
P.057

以偏大的壓克力配件
本體作為造型框＆灌
入UV膠，作出絕對吸
睛的存在感。

132
133 131
HOW TO MAKE
P.059

125
HOW TO MAKE
P.057

130 129 128
HOW TO MAKE
P.059

CONFINE THE

SPARKLING

閃 亮 的 飾 品

將亮晶晶的基本素材「亮片粉＆鐳射亮片」
大量封入UV膠內，
就能打造Disco風格的飾品。

製作封入鐳射亮片＆亮
片粉的配件，再掛接一
顆閃亮珍珠，是不是加
倍熠熠生輝呢？

074,075

SIZE: 作品 長3×寬3cm

材料

074

金屬環（橢圓形・11×13mm・金色）
——————————5個
壓花（隨喜好・白色系）————適量
美甲糖果紙（銀色）—————適量
髮夾五金配件（平面・10mm・金色）
———————————1個
UV膠 ——————————適量

075

金屬環（橢圓形・11×13mm・金色）
——————————5個
壓花（隨喜好・紫色系）————適量
美甲糖果紙（黃色）—————適量
髮夾五金配件（平面・10mm・金色）
———————————1個
UV膠 ——————————適量

〔使用工具〕
牙籤／底墊／UV燈

※在此以075進行圖文解說，074作法相同。

1 將金屬環毫無縫隙地在底墊上圍一個圓。

2 在每個金屬環內薄塗一層UV膠，連同底墊一起放在UV燈下，照燈30秒硬化。

3 將2薄塗一層UV膠後放上壓花，照UV燈30秒硬化。

4 將美甲糖果紙分散配置在3表面，以UV膠進行凸面灌膠。照UV燈2分鐘硬化。

5 以牙籤沾少量UV膠，塗在每個金屬圓環之間，照UV燈1分鐘硬化。背面也同樣塗UV膠後，照UV燈1分鐘硬化。

6 將5從底墊取下，在背面塗UV膠，放置在髮夾五金配件上，照UV燈1分鐘硬化。

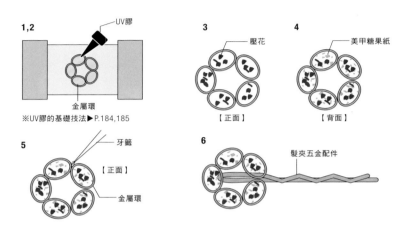

1,2 UV膠 金屬環
※UV膠的基礎技法▶P.184,185

3 壓花 【正面】

4 美甲糖果紙 【背面】

5 牙籤 【正面】 金屬環

6 髮夾五金配件

076,077

SIZE: 長5×寬2cm

材料

076

樹脂珍珠a（圓形・3mm・金色）——2顆
樹脂珍珠b（棗珠・6×3mm・金色）-2顆
花生珠（6×9mm・透明）———2顆
閉口環（圓形・20mm・金色）——2個
壓花a（隨喜好・紫色系）————適量
壓花b（隨喜好・白色系）————適量
貝殼配件（水滴形・13×18mm・池蝶貝）
———————————2個
單圈（0.8×4mm・金色）———2個
T針（0.7×45mm・金色）———2根
耳針（平面底座・8mm・金色）—1副
UV膠 ——————————適量

077

樹脂珍珠a（圓形・3mm・金色）——2顆
樹脂珍珠b（棗珠・6×3mm・金色）-2顆
花生珠（6×9mm・透明）———2顆
閉口環（圓形・20mm・金色）——2個
壓花a（隨喜好・白色系）————適量
壓花b（隨喜好・藍色系）————適量
貝殼配件（水滴形・13×18mm・池蝶貝）
———————————2個
單圈（0.8×4mm・金色）———2個
T針（0.7×45mm・金色）———2根
耳針（平面底座・8mm・金色）——1副
UV膠 ——————————適量

〔使用工具〕
基本工具（P.168）／牙籤／底墊／UV燈

※在此以076進行圖文解說，077作法相同。

1 製作配件A。將閉口環貼在底墊上。

2 將1框內薄塗一層UV膠，連同底墊放在UV燈下，照燈30秒硬化。

3 在2上薄塗一層UV膠，配置壓花a・b，照燈30秒硬化。

4 以UV膠凸面灌膠後，照UV燈2分鐘硬化。

5 將4從底墊取下。在背面以UV膠塗至平坦，照UV燈2分鐘硬化。

6 在5的背面塗UV膠後，放上耳針，照UV燈1分鐘硬化。

7 製作配件B。如圖所示以T針穿接串珠類，折彎針頭製作配件。

8 將配件B以單圈串接於耳扣上。另一隻耳環作法相同。

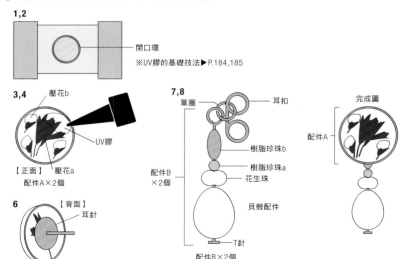

1,2 閉口環
※UV膠的基礎技法▶P.184,185

3,4 壓花b UV膠 【正面】 壓花a
配件A×2個

6 【背面】 耳針

7,8 單圈 耳扣 樹脂珍珠b 樹脂珍珠a 花生珠 貝殼配件 T針
配件B ×2個
配件B×2個

完成圖 配件A

079,080

SIZE: 作品 長2×寬1.4cm

材 料

※在此以079進行圖文解說，080作法相同。

1 將金屬配件貼在底墊上。

2 UV膠加入白色、藍色（080為黃色）色粉混合調色後，將金屬配件全面薄塗一層，連同底墊放在UV燈下，照燈2分鐘硬化。

3 在2上方薄塗1mm的UV膠，配置壓花，照UV燈3分鐘硬化。

4 UV膠混合金色亮片粉的色粉，以牙籤如描線般塗在3的表面，照UV燈30秒硬化。

5 以透明UV膠進行凸面灌膠後，照UV燈2分鐘硬化。

6 將5從底墊取下，整個背面塗一層透明UV膠，照燈30秒硬化。

7 背面再塗一層透明UV膠，放上戒台後，照UV燈2分鐘硬化。

079

金屬配件（橢圓形・20×1.4mm・金色）
———————————1個
壓花（隨喜好・紫色／黃色系）——適量
戒台（圓平面底座・8mm・金色）— 1個
色粉（白色、藍色、金色亮片粉）
————————————各適量
UV膠————————————適量

080

金屬配件（橢圓形・20×1.4mm・金色）
———————————1個
壓花（隨喜好・黃色／粉紅色系）– 適量
戒台（圓平面底座・8mm・金色）— 1個
色粉（白色、黃色、金色亮片粉）
————————————各適量
UV膠————————————適量

〔 使 用 工 具 〕
牙籤／底墊／UV燈

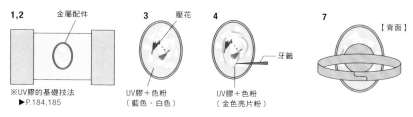

1,2 金屬配件
※UV膠的基礎技法 ▶P.184,185
3 壓花　UV膠＋色粉（藍色、白色）
4　牙籤　UV膠＋色粉（金色亮片粉）
7 【背面】

081,082

SIZE: 作品 長1.8×寬1.3cm

材 料

※在此以082進行圖文解說，081作法相同。

1 矽膠模具內灌入約3mm的UV膠，以牙籤挑美甲糖果紙放入膠內，連同底墊放在UV燈下，照燈2分鐘硬化。

2 將1薄塗一層UV膠，放上壓花後照UV燈30秒硬化。

3 以透明UV膠進行凸面灌膠後，照UV燈2分鐘硬化。

4 脫模取出作品，以筆刀削去毛邊。

5 在4的背面塗UV膠，黏上墜扣。再從上方以UV膠塗滿整面，照UV燈2分鐘硬化。

6 先以鐵絲頸鍊穿接5，兩側再分別穿接捷克珍珠。最後，頸鍊尾端以接著劑黏上鐵絲頸鍊的固定附件。

081

捷克珍珠（圓形・6mm・白色）——2顆
壓花（隨喜好・白色系）————適量
美甲糖果紙（白色）—————適量
墜扣（水滴形・5×2mm・金色）— 1個
鐵絲頸鍊（1圈・約10cm・金色）— 1個
UV膠————————————適量

082

捷克珍珠（圓形・6mm・白色）——2顆
壓花（隨喜好・紫色系）————適量
美甲糖果紙（白色）—————適量
墜扣（水滴形・5×2mm・金色）— 1個
鐵絲頸鍊（1圈・約10cm・金色）— 1個
UV膠————————————適量

〔 使 用 工 具 〕
矽膠模具（橢圓形・1.8×1.3mm）／
牙籤／UV燈／筆刀／接著劑

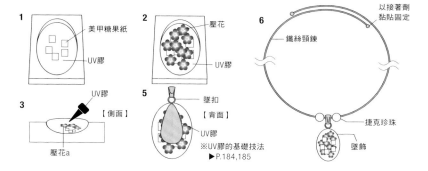

1 美甲糖果紙　UV膠
2 壓花　UV膠
3 UV膠　【側面】　壓花a
5 墜扣【背面】　UV膠　※UV膠的基礎技法 ▶P.184,185
6 以接著劑黏貼固定　鐵絲頸鍊　捷克珍珠　墜飾

083,084

SIZE: 作品　長2×寬2.4cm

材 料

※在此以083進行圖文解說，084作法相同。

1 將閉口環黏貼在底墊上，薄塗一層UV膠，連同底墊放在UV燈下，照燈30秒硬化。

2 以手指挑起永生花的花朵部分，配置在閉口環內，將表面以UV膠進行凸面灌膠。放在UV燈下，照燈2分鐘硬化。

3 將2從底墊取下。在背面以UV膠進行凸面灌膠後，照UV燈2分鐘硬化。

4 在3的背面塗抹UV膠，放上戒台，照UV燈2分鐘硬化。

083

閉口環（閃亮三角形・2×2.4mm・金色）
———————————1個
永生花（隨喜好・紫色系）———適量
戒台（方平面底座・2×7mm・金色）
———————————1個
UV膠————————————適量

084

閉口環（閃亮三角形・2×2.4mm・金色）
———————————1個
永生花（隨喜好・黃色系）———適量
戒台（方平面底座・2×7mm・金色）
———————————1個
UV膠————————————適量

〔 使 用 工 具 〕
牙籤／底墊／UV燈

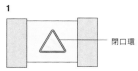

1 閉口環　※UV膠的基礎技法▶P.184,185

2,3 【背面】　UV膠

4 戒台　【背面】

085,086

SIZE：長4×寬2cm

材料

※在此以085進行圖文解說，086作法相同。

1 製作耳環主體。將閉口環a黏貼在底墊上。

2 以UV膠薄塗1整體，連同底墊放在UV燈下，照燈30秒硬化。

3 將2薄塗一層UV膠，放上永生花，照UV燈30秒硬化。

4 以透明UV膠進行凸面灌膠，照UV燈2分鐘硬化。

5 將4從底墊取下，背面塗抹UV膠，照UV燈2分鐘硬化。

6 背面再次塗抹UV膠，放上耳針，照UV燈1分鐘硬化。

7 製作耳扣。以T針穿接樹脂珍珠＆串珠，折彎針頭製作配件。

8 以單圈串接7、閉口環b、耳扣。另一隻耳環作法相同。

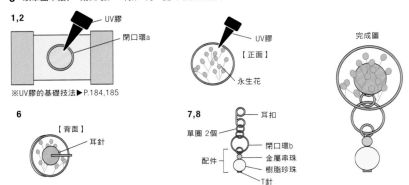

1,2
UV膠
閉口環a
※UV膠的基礎技法▶P.184,185

UV膠
【正面】
永生花

完成圖

6
【背面】
耳針

7,8
耳扣
單圈 2個
閉口環b
配件
金屬串珠
樹脂珍珠
T針

085

樹脂珍珠（圓形・10mm・亮粉紅色）
―――――2顆
金屬串珠（圓形・3.5mm・金色）――2顆
閉口環a（圓形・20mm・金色）――2個
閉口環b（圓形・15mm・金色）――2個
永生花（隨喜好・粉紅色系）――適量
單圈（0.8×5mm・金色）―――――4個
T針（0.7×20mm・金色）―――――2根
耳針（平面底座・8mm・金色）――1副
UV膠――――――――――――――適量

086

樹脂珍珠（圓形・10mm・黑色）――2顆
金屬串珠（圓形・3.5mm・金色）――2顆
閉口環a（圓形・20mm・金色）――2個
閉口環b（圓形・15mm・金色）――2個
永生花（隨喜好・綠色系）―――――適量
單圈（0.8×5mm・金色）―――――4個
T針（0.7×20mm・金色）―――――2根
耳針（平面底座・8mm・金色）――1副
UV膠――――――――――――――適量

〔使用工具〕
基本工具（P.168）／牙籤／底墊／UV燈

078,087

SIZE：手圍17cm

材料

※在此以087進行圖文解說，078作法相同。

1 製作配件A。將金屬環黏貼在底墊上，替整體薄塗一層UV膠，連同底墊放在UV燈下，照燈30秒硬化。

2 再度以UV膠薄塗1，將壓花分剪後放在上面，同樣放在UV燈下，照燈30秒硬化。

3 將UV膠混合色粉，以牙籤挑取少許，如畫圖般塗在2表面。

4 以UV膠進行凸面灌膠，再以牙籤輕輕攪拌3塗上的UV膠，放在UV燈下，照燈2分鐘硬化。

5 將4從底墊取下，整個背面塗抹UV膠，放上金屬配件。再從上方將整體塗滿UV膠，放在UV燈下，照燈2分鐘硬化。

6 製作配件B。以9針穿接金屬串珠＆捷克珍珠，折彎針頭。

7 如圖所示串接配件A、配件B、閉口環、彈簧扣、延長鍊。

1
UV膠
金屬環
※UV膠的基礎技法▶P.184,185

2
剪好的壓花

3
牙籤
【正面】

4
儘量讓表面凸起

5 配件A×1個
【背面】
UV膠
金屬配件

6 配件B×4個
9針
捷克珍珠
金屬串珠

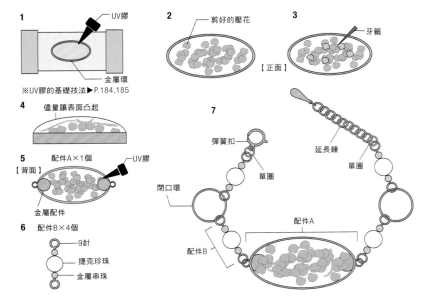

7
彈簧扣
單圈
延長鍊
單圈
閉口環
配件A
配件B

078

捷克珍珠（圓形・4mm・白色）――4顆
金屬串珠（圓形・2mm・金色）――8顆
閉口環（圓形・12mm・金色）――2個
金屬環（橢圓形・約38×23mm・金色）
――――――――――――――――1個
金屬配件（帶圈圓形底托・4mm・金色）
―――――――――――――2個
壓花（隨喜好・藍色系）―――――適量
單圈（0.6×3mm・金色）―――――2個
9針（0.6×30mm・金色）―――――4根
彈簧扣（金色）――――――――――1個
延長鍊（金色）――――――――――1條
色粉（金色亮片粉）―――――――適量
UV膠――――――――――――――適量

087

捷克珍珠（圓形・4mm・白色）――4顆
金屬串珠（圓形・2mm・金色）――8顆
閉口環（圓形・12mm・金色）――2個
金屬環（橢圓形・約38×23mm・金色）
――――――――――――――――1個
金屬配件（帶圈圓形底托・4mm・金色）
―――――――――――――2個
壓花（隨喜好・粉紅色系）―――――適量
單圈（0.6×3mm・金色）―――――2個
9針（0.6×30mm・金色）―――――4根
彈簧扣（金色）――――――――――1個
延長鍊（金色）――――――――――1條
色粉（金色亮片粉）―――――――適量
UV膠――――――――――――――適量

〔使用工具〕
基本工具（P.168）／牙籤／底墊／剪刀
／UV燈

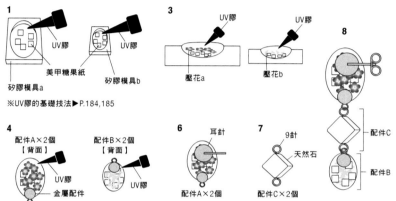

088,089

SIZE：長4.5×寬1.2cm

※在此以089進行圖文解說，088作法相同。

1 製作配件A·B。將矽膠模具a·b各灌入3mm的UV膠，以牙籤挑起美甲糖果紙放入矽膠模具內，照UV燈2分鐘硬化。
2 將1薄塗一層UV膠，分別配置壓花，照UV燈30秒硬化。
3 將矽膠模具都以UV膠進行凸面灌膠，照UV燈2分鐘硬化。
4 將3從底墊取下，以筆刀削去毛邊。
5 在4的背面塗抹UV膠，放上金屬配件。從上方將整體塗抹UV膠，照UV燈2分鐘硬化。
6 在配件A的背面塗抹UV膠，放上耳針，照UV燈2分鐘硬化。
7 製作配件C。以9針穿接天然石後，折彎針頭。
8 如圖所示串接配件A至C。另一隻耳環作法相同。

材 料

088

天然石（正方形·6mm·水晶）——2顆
金屬配件（帶圈圓形底托·4mm·
　金色）——————————4個
壓花（隨喜好·紫色＆白色系）—適量
美甲糖果紙（白色＆銀色）———適量
9針（0.6×30mm·金色）———2根
耳針（平面底座·8mm·金色）—1副
UV膠———————————適量

089

天然石（正方形·6mm·水晶）——2顆
金屬配件（帶圈圓形底托·4mm·
　鍍銠）——————————4個
壓花（隨喜好·藍色＆白色系）—適量
美甲糖果紙（白色＆銀色）———適量
9針（0.6×30mm·鍍銠）———2根
耳針（平面底座·8mm·鍍銠）—1副
UV膠———————————適量

〔使用工具〕
基本工具（P.168）／矽膠模具a（橢圓
形·1.8×1.3cm）／矽膠模具b（橢圓
形·1.3×1cm）／牙籤／筆刀／UV燈

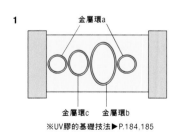

090,091

SIZE：長3.8×寬8.6cm

※在此以091進行圖文解說，090作法相同。

1 將金屬環a至c並排於底墊上，金屬環之間留些許空隙。
2 將1整體薄塗一層UV膠，以牙籤挑起混合色粉的UV膠，如描繪大理石紋路般稍微攪入顏色。連同底墊放入UV燈下，照燈30秒硬化。
3 將2薄塗一層UV膠，放上壓花後，以牙籤適量塗抹與2相同的著色UV膠，照UV燈30秒硬化。
4 以UV膠進行凸面灌膠，照UV燈2分鐘硬化。
5 將4從底墊取下，背面平均塗滿UV膠，照UV燈2分鐘硬化。
6 將5如圖所示排列在髮夾五金配件上，以接著劑黏貼固定。
7 在各配件＆髮夾五金配件之間塗入UV膠，照UV燈2分鐘硬化。

材 料

090

金屬環a（圓形·18mm·金色）——2個
金屬環b（橢圓形·38×23mm·金色）
—————————————1個
金屬環c（橢圓形·28×30mm·金色）
—————————————1個
壓花（隨喜好·粉紅色＆白色系）–適量
髮夾五金配件（80mm·金色）——1個
色粉（金色亮片粉）———————適量
UV膠———————————適量

091

金屬環a（圓形·18mm·金色）——2個
金屬環b（橢圓形·38×23mm·金色）
—————————————1個
金屬環c（橢圓形·28×30mm·金色）
—————————————1個
壓花（隨喜好·黃色＆白色系）—適量
髮夾五金配件（80mm·金色）——1個
色粉（金色亮片粉）———————適量
UV膠———————————適量

〔使用工具〕
牙籤／底墊／UV燈／接著劑

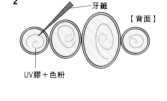

092～095

材 料

092,093

※在此以093進行圖文解說，092作法相同。
1 將金屬環黏貼在底墊上。
2 將1薄塗一層UV膠，連同底墊放在UV燈下，照燈30秒硬化。
3 將2薄塗一層UV膠，放上壓花後，照UV燈30秒硬化。
4 以UV膠進行凸面灌膠後，照UV燈2分鐘硬化。
5 將4從底墊取下，背面塗抹UV膠、放上耳針，照UV燈2分鐘硬化。另一隻耳環作法相同。

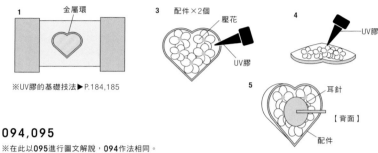

※UV膠的基礎技法▶P.184,185

094,095

※在此以095進行圖文解說，094作法相同。
作法與093相同，但將壓花更換成貝殼片。

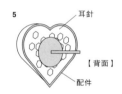

092

金屬環（心形・22mm・金色）────2個
壓花（隨喜好・藍色系）────適量
耳針（平面底座・8mm・鍍銠）──1副
UV膠────適量

093

金屬環（心形・22mm・鍍銠）────2個
壓花（隨喜好・白色系）────適量
耳針（平面底座・8mm・鍍銠）──1副
UV膠────適量

094

金屬環（心形・22mm・金色）────2個
貝殼片（亮黃色）────適量
耳針（平面底座・8mm・鍍銠）──1副
UV膠────適量

095

金屬環（心形・22mm・鍍銠）────2個
貝殼片（白色）────適量
耳針（平面底座・8mm・鍍銠）──1副
UV膠────適量

〔 使 用 工 具 〕
牙籤／底墊／UV燈

096,097

SIZE：鍊圍38cm

材 料

※在此以097進行圖文解說，096作法相同。
1 皮繩兩端斜剪2mm，使尾端呈尖頭狀。
2 製作與093相同的配件後，背面塗抹UV膠、放上金屬配件，照UV燈2分鐘硬化。
3 在1的皮繩兩端塗抹接著劑後安裝繩頭夾，以單圈分別串接龍蝦扣＆扣片。
4 將3裝上墜扣串接配件。

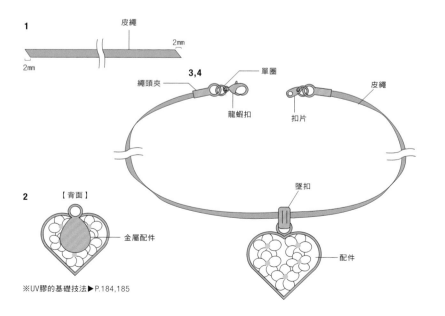

※UV膠的基礎技法▶P.184,185

096

金屬環（心形・22mm・金色）────1個
金屬配件（帶圈水滴形底托・6×13mm・
金色）────1個
壓花（隨喜好・藍色系）────適量
單圈（0.8×4mm・金色）────2個
墜扣（5×2mm・金色）────1個
繩頭夾（1.8mm・金色）────2個
皮繩（3mm寬・黃色）────35cm×1條
龍蝦扣（金色）────1個
扣片（金色）────1個
UV膠────適量

097

金屬環（心形・22mm・鍍銠）────1個
金屬配件（帶圈水滴形底托・6×13mm・
鍍銠）────1個
壓花（隨喜好・白色系）────適量
單圈（0.8×4mm・鍍銠）────2個
墜扣（5×2mm・鍍銠）────1個
繩頭夾（1.8mm・鍍銠）────2個
龍蝦扣（鍍銠）────1個
扣片（鍍銠）────1個
皮繩（3mm寬・藍色）────35cm×1條
UV膠────適量

〔 使 用 工 具 〕
基本工具（P.168）／剪刀／牙籤／底墊
／UV燈／接著劑

098,099

SIZE: 長5.5×寬2cm

※在此以098進行圖文解說，099作法相同。
1 製作與P.050作品093相同的配件（配件A）後，在背面塗抹UV膠、放上金屬配件，照UV燈2分鐘硬化。
2 將1從底墊取下，在背面塗抹UV膠、放上耳針，照UV燈2分鐘硬化。
3 製作配件B。以T針依序穿接貝殼配件、樹脂珍珠和天然石，然後折彎針頭。
4 串接配件A、B。另一隻耳環作法相同。

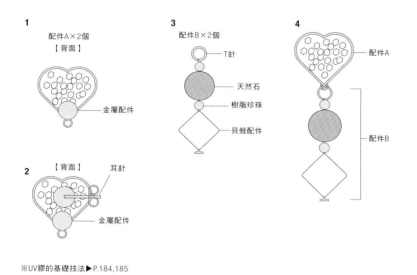

1
配件A×2個
【背面】

金屬配件

2
【背面】
耳針
金屬配件

3
配件B×2個
T針
天然石
樹脂珍珠
貝殼配件

4
配件A
配件B

※UV膠的基礎技法▶P.184,185

材 料

098
樹脂珍珠（圓形・3mm・銀色）——4顆
天然石（圓形・8mm・人工貓眼石／
　粉紅色）——2個
貝殼配件（正方形・16mm・池蝶貝）
——2個
貝殼片（白色）——適量
金屬環（心形・22mm・鍍銠）——2個
金屬配件（帶圈圓形底托・4mm・
　鍍銠）——2個
T針（0.7×45mm・鍍銠）——2根
耳針（平面底座・8mm・鍍銠）——1副
UV膠——適量

099
樹脂珍珠（圓形・3mm・金色）——4顆
天然石（圓形・8mm・人工貓眼石／
　橘色）——2個
貝殼配件（正方形・16mm・池蝶貝）
——2個
貝殼片（亮黃色）——適量
金屬環（心形・22mm・金色）——2個
金屬配件（帶圈圓形底托・4mm・
　金色）——2個
T針（0.7×45mm・金色）——2根
耳針（平面底座・8mm・金色）——1副
UV膠——適量

〔使用工具〕
基本工具（P.168）／牙籤／底墊／UV燈

100,101

SIZE: 作品 長1.6×寬2.2cm

※在此以100進行圖文解說，101作法相同。
1 將金屬環黏貼在底墊上。
2 以UV膠薄塗1整體，連同底墊放在UV燈下，照燈30秒硬化。
3 將2薄塗一層UV膠，放上壓花，照UV燈30秒硬化。
4 以牙籤挑起美甲糖果紙，分散配置於3後，以UV膠進行凸面灌膠，照UV燈2分鐘硬化。
5 將4從底墊取下。在背面以UV膠進行凸面灌膠，照UV燈2分鐘硬化。
6 背面塗抹UV膠、放上戒台，照UV燈2分鐘硬化。

1,2

金屬環

3,4
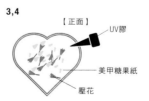
【正面】
UV膠
美甲糖果紙
壓花

※UV膠的基礎技法▶P.184,185

5

6
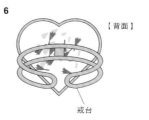
【背面】
戒台

材 料

100
金屬環（心形・22mm・金色）——1個
壓花（隨喜好・白色系）——適量
美甲糖果紙（黃色）——適量
戒台（方平面底座・2×7mm・金色）
——1個
UV膠——適量

101
金屬環（心形・22mm・金色）——1個
壓花（隨喜好・藍色系）——適量
美甲糖果紙（黃色）——適量
戒台（方平面底座・2×7mm・金色）
——1個
UV膠——適量

〔使用工具〕
牙籤／底墊／UV燈

102,103

SIZE: 長6.7×寬2.2cm

※在此以**103**進行圖文解說，**102**作法相同。

1 製作與P.050作品**093**相同的配件（配件A）。在背面塗抹UV膠、放上金屬配件a，照UV燈2分鐘硬化。
2 將1從底墊取下。在背面塗抹UV膠、放上耳針，照UV燈2分鐘硬化。
3 製作配件B。如圖所示以T針依序穿接樹脂珍珠a・b、天然石、金屬配件b，然後折彎針頭。
4 串接配件A・B。另一隻耳環作法相同。

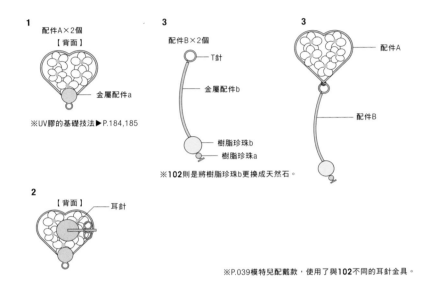

1
配件A×2個
【背面】
金屬配件a
※UV膠的基礎技法▶P.184,185

2
【背面】
耳針

3
配件B×2個
T針
金屬配件b
樹脂珍珠b
樹脂珍珠a
※**102**則是將樹脂珍珠b更換成天然石。

3
配件A
配件B
※P.039模特兒配戴款，使用了與**102**不同的耳針金具。

材 料

102

樹脂珍珠（圓形・3mm・金色）——2顆
天然石（圓形・10mm・紫玉）——2顆
金屬環（心形・22mm・金色）——2個
金屬配件a（帶圈圓形底托・4mm・
 金色）——2個
金屬配件b（彎管・1.5×35mm・金色）
——2個
壓花（隨喜好・藍色系）——適量
T針（0.7×65mm・金色）——2根
耳針（平面底座・8mm・金色）——1副
UV膠——適量

103

樹脂珍珠a（圓形・3mm・鍍鈰）——2顆
樹脂珍珠b（圓形・10mm・蜂蜜金色）
——2個
金屬環（心形・22mm・鍍鈰）——2顆
金屬配件a（帶圈圓形底托・4mm・
 鍍鈰）——2個
金屬配件b（彎管・1.5×35mm・鍍鈰）
——2個
壓花（隨喜好・白色系）——適量
T針（0.7×65mm・鍍鈰）——2根
耳針（平面底座・8mm・鍍鈰）——1副
UV膠——適量

〔 使 用 工 具 〕
基本工具（P.168）／牙籤／底墊／UV燈

104,105

SIZE: 長1.7 ×寬6.2cm

※在此以**104**進行圖文解說，**105**作法相同。

1 製作配件A・B。將混合著色劑（依圖下方的調色比例慢慢調至喜歡的顏色）的UV膠充分灌入矽膠模具a內，照UV燈30秒硬化。待硬化後脫模，以筆刀削去毛邊。
2 製作配件C。在矽膠模具b內灌入2mm的UV膠，放上金屬配件後，照UV燈30秒硬化。
3 將UV膠混入貝殼片，灌滿**2**的矽膠模具，照UV燈2分鐘硬化。脫模後，以筆刀削去毛邊。
4 將金屬環黏貼在底墊上。整體薄塗一層UV膠，放上配件c，照UV燈2分鐘硬化後，從底墊取下。
5 將髮夾五金配件塗上UV膠，如圖所示黏貼配件A至C與樹脂珍珠，照UV燈2分鐘硬化。

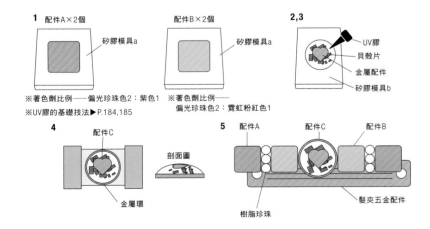

1
配件A×2個
矽膠模具a
配件B×2個
矽膠模具a
※著色劑比例——偏光珍珠色2：紫色1
※UV膠的基礎技法▶P.184,185
※著色劑比例——
 偏光珍珠色2：霓虹粉紅色1

2,3
UV膠
貝殼片
金屬配件
矽膠模具b

4
配件C
剖面圖
金屬環

5
配件A
配件C
配件B
樹脂珍珠
髮夾五金配件

材 料

104

樹脂珍珠（無孔・圓形・3mm・白色）
——6顆
金屬環（圓形・17mm・金色）——1個
金屬配件（心形・8mm・金色）——1個
貝殼片（混色）——適量
髮夾五金配件（約55mm・金色）——1個
UV膠——適量
著色劑（偏光珍珠色、紫色、
 霓虹粉紅色）——各適量

105

樹脂珍珠（無孔・圓形・3mm・白色）
——6個
金屬環（圓形・17mm・金色）——1個
金屬配件（心形・8mm・金色）——1個
貝殼片（混色）——適量
髮夾五金配件（約55mm・金色）——1個
UV膠——適量
著色劑（偏光珍珠色、霓虹綠色、
 霓虹黃色）——各適量

〔 使 用 工 具 〕
矽膠模具a（鑽石切割四方形・1×1cm）
／矽膠模具b（圓形・1.5cm）／牙籤／
底墊／UV燈／筆刀

106,107

SIZE: 長度6.5cm

材料

※在此以106進行圖文解說，107作法相同。

1 製作配件。在矽膠模具內灌入3mm的UV膠，配置美甲彩珠後，照UV燈30秒硬化。

2 UV膠混合著色劑後，如圖所示灌至1的1/2，另外1/2灌入透明UV膠。以牙籤使分界線暈染開來，照UV燈2分鐘硬化。從矽膠模具脫模後，以筆刀削去毛邊。

3 在配件上下對角（厚實處）以手工鑽打孔，將羊眼釘沾UV膠後插入孔內，照UV燈30秒硬化。

4 以單圈將配件串接上塑膠鍊條、金屬配件、耳針。另一隻耳環作法相同。

106

金屬配件（長條形・橫孔・5×20mm・
　銀色）————————————2個
美甲彩珠（1mm・銀色）————6個
單圈（0.6×3mm・鍍銠）————6個
羊眼釘（7.5×5mm・鍍銠）————4個
耳針（圓珠帶圈・鍍銠）————1副
塑膠鍊條（透明藍色）————4cm×2條
UV膠————————————適量
著色劑（霓虹粉紅色）————適量

107

金屬配件（長條形・橫孔・
　5×20mm・銀色）————————2個
美甲彩珠（1mm・銀色）————6顆
單圈（0.6×3mm・鍍銠）————6個
羊眼釘（7.5×5mm・鍍銠）————4個
耳針（圓珠帶圈・鍍銠）————1副
塑膠鍊條（透明藍色）————4cm×2條
UV膠————————————適量
著色劑（霓虹黃色）————適量

〔使用工具〕
基本工具（P.168）／矽膠模具（四方
形・1.5×1.5cm）／牙籤／UV燈／筆刀
／手工鑽／接著劑

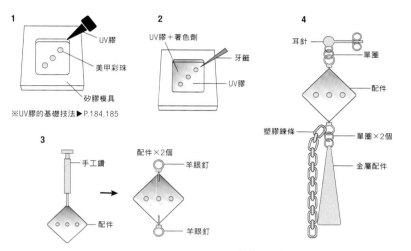

※UV膠的基礎技法▶P.184,185

※P.039模特兒配戴款，使用了與107不同的耳針金具。

108,109

SIZE: 作品　長1.8×寬1.3cm

材料

※在此以109進行圖文解說，108作法相同。

1 在矽膠模具內灌入1mm的UV膠，放上金屬配件＆鐳射亮片，照UV燈1分鐘硬化。

2 將UV膠分別混合霓虹橘、霓虹黃色的著色劑備用，如圖所示分次灌入1的1/3，再以牙籤讓分界線暈染開來，照UV燈2分鐘硬化。

3 UV膠混合偏光珍珠色著色劑，灌滿2後，照UV燈2分鐘硬化。

4 從矽膠模具內脫模，以筆刀削去毛邊。背面塗抹UV膠、放上戒台，照UV燈2分鐘硬化。

108

金屬配件（蝴蝶結・6×3mm・金色）
————————————1個
鐳射亮片（白色）————適量
偏光珍珠色著色劑（白色）————適量
戒台（平面底座・8mm・金色）——1個
UV膠————————————適量
著色劑（霓虹粉紅色、青色）——各適量

109

金屬配件（蝴蝶結・6×3mm・金色）
————————————1個
鐳射亮片（白色）————適量
偏光珍珠色著色劑（白色）————適量
戒台（平面底座・8mm・金色）——1個
UV膠————————————適量
著色劑（霓虹橘色、霓虹黃色）–各適量

〔使用工具〕
矽膠模具（橢圓形寶石切割・1.8×1.3cm）
／牙籤／筆刀／UV燈

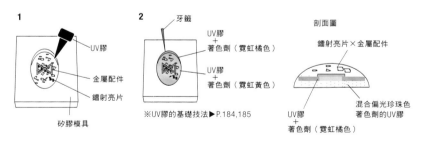

※UV膠的基礎技法▶P.184,185

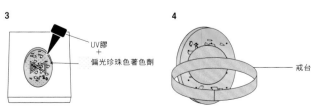

110,111

SIZE: 鍊圍33cm

材 料

※在此以**111**進行圖文解說，**110**作法相同。

1 在矽膠模具內薄塗一層UV膠，放入金屬配件＆美甲彩珠，照UV燈1分鐘硬化。

2 將UV膠混合著色劑後，從矽膠模具邊緣灌入，再在中央滴1滴無調色UV膠作出透明效果後，照UV燈1分鐘硬化。硬化完成後，從矽膠模具脫模，以筆刀削去毛邊。

3 將**2**黏在底墊上，在心形外圍塗抹UV膠，配置一圈樹脂珍珠，照UV燈30秒硬化。

4 將**3**從底墊取下，在心形上方以手工鑽打孔，插入沾有UV膠的羊眼釘，照UV燈30秒硬化。

5 如圖所示以鐵絲頸鍊穿接串珠、取單圈串接配件，頸鍊尾端再以接著劑黏上鐵絲頸鍊的固定附件。

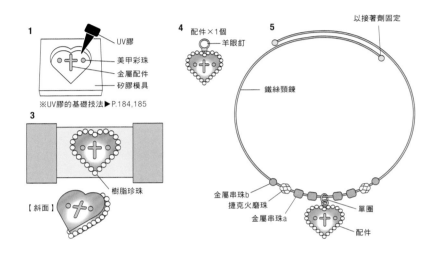

110

樹脂珍珠（無孔・圓形・2mm・白色）
――――――――――――――24顆
捷克火磨珠（3mm・透明）――――2顆
金屬串珠a（方珠・3mm・金色）――4顆
金屬串珠b（圓形・2mm・金色）――2顆
金屬配件（十字形・5mm・金色）―1個
單圈（0.6×3mm・金色）――――1個
美甲彩珠（1mm・金色）――――2個
鐵絲頸鍊（1圈・0.7×33cm・金色）―1個
羊眼釘（7×2mm・金色）――――1個
UV膠――――――――――――適量
著色劑（霓虹橘色）――――――適量

111

樹脂珍珠（無孔・圓形・2mm・白色）
――――――――――――――24顆
捷克火磨珠（3mm・透明）――――2顆
金屬串珠a（方珠・3mm・金色）――4顆
金屬串珠b（圓形・2mm・金色）――2顆
金屬配件（十字形・5mm・金色）―1個
單圈（0.6×3mm・金色）――――1個
美甲彩珠（1mm・金色）――――2個
鐵絲頸鍊（1圈・0.7×33cm・金色）―1個
羊眼釘（7×2mm・金色）――――1個
UV膠――――――――――――適量
著色劑（霓虹粉紅色）―――――適量

〔使用工具〕
基本工具（P.168）／矽膠模具（心形・1.8×1.8cm）／底墊／牙籤／UV燈／筆刀／手工鑽／接著劑

116,117

SIZE: 鍊圍37cm

材 料

※在此以**116**進行圖文解說，**117**作法相同。

1 將UV膠混合亮片粉後，灌滿吊墜底托，照UV燈1分鐘硬化。

2 以UV膠將**1**進行凸面灌膠，放上鐳射亮片a・b，照UV燈2分鐘硬化。

3 金屬環斜放在**2**上，在金屬環與**2**的縫隙塗入少量UV膠，照UV燈2分鐘硬化。背面也同樣用塗抹少量UV膠，照UV燈2分鐘硬化。

4 以墜扣串接**3**與鍊子，鍊子兩端以單圈串接彈簧扣＆延長鍊。

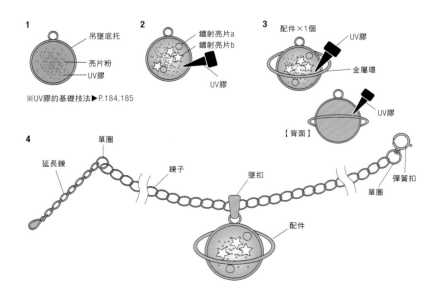

116

金屬環（橢圓形・8×18mm・金色）―1個
亮片粉（金色）―――――――――適量
鐳射亮片a（圓形）――――――――2片
鐳射亮片b（星形）――――――――3片
單圈（3mm・金色）―――――――2個
墜扣（弧形・3×6mm・金色）―――1個
龍蝦扣（金色）――――――――――1個
彈簧扣（金色）――――――――――1個
延長鍊（金色）――――――――――1個
吊墜底托（帶圈・10mm・金色）――1條
鍊子（金色）――――――――35cm×1條
UV膠―――――――――――――適量
著色劑（青色）――――――――――適量

117

金屬環（橢圓形・8×18mm・金色）―1個
亮片粉（金色）―――――――――適量
鐳射亮片a（圓形）――――――――2片
鐳射亮片b（星形）――――――――3片
單圈（3mm・金色）―――――――2個
墜扣（弧形・3×6mm・金色）―――1個
龍蝦扣（金色）――――――――――1個
彈簧扣（金色）――――――――――1個
延長鍊（金色）――――――――――1條
吊墜底托（帶圈・10mm・金色）――1個
鍊子（金色）――――――――35cm×1條
UV膠―――――――――――――適量
著色劑（藍色）――――――――――適量

〔使用工具〕
基本工具（P.168）／牙籤／UV燈

112,113

SIZE: 作品　長4.7×寬3.4cm

材 料

※在此以113進行圖文解說，112作法相同。

1 製作配件A。將UV膠造型框黏貼在底墊上。

2 調製2種著色UV膠，如圖所示薄塗在UV膠造型框內，照UV燈2分鐘硬化。
　※112的著色UV膠混合比例
　冰淇淋…UV膠＋著色劑（白色1：霓虹粉紅色1）
　甜筒…UV膠＋著色劑（白色1：霓虹橘色1）

3 以2調製的著色UV膠灌滿造型框，冰淇淋的部分放入鐳射亮片，甜筒部分放入配合形狀裁切的AW，照UV燈2分鐘硬化。

4 以UV膠進行凸面灌膠，照UV燈3分鐘硬化。

5 製作配件B至D。以T針分別穿接壓克力串珠a至c，折彎針頭。

6 如圖所示將配件A至D串接在包鍊上。

112

壓克力串珠a（心形・12mm・薰衣草色）
　　　　　　　　　　　　　　　　　　1個
壓克力串珠b（心形・12mm・薄荷綠色）
　　　　　　　　　　　　　　　　　　1個
壓克力串珠c（心形・12mm・淺粉紅色）
　　　　　　　　　　　　　　　　　　1個
鐳射亮片（混色）─────────適量
UV膠造型框（冰淇淋形・34×47mm・
　金色）───────────────1個
單圈（1×5mm・金色）──────1個
T針（0.6×20mm・金色）─────3根
包鍊（金色）──────────1個
AW〔藝術銅線〕（#20・金色）
　　　　　　　　　　　　4cm×1條
UV膠───────────────適量
著色劑（白色、霓虹綠色、
　霓虹橘色）───────────各適量

113

壓克力串珠a（心形・12mm・粉紅色）
　　　　　　　　　　　　　　　　　1個
壓克力串珠b（心形・12mm・白色）─1個
壓克力串珠c（心形・12mm・橘色）─1個
鐳射亮片（粉紅色）───────適量
UV膠造型框（冰淇淋形・34×47mm・
　金色）───────────────1個
單圈（1×5mm・金色）──────1個
T針（0.6×20mm・金色）─────3根
包鍊（金色）──────────1個
AW〔藝術銅線〕（#20・金色）
　　　　　　　　　　　　4cm×1條
UV膠───────────────適量
著色劑（白色、霓虹粉紅色、
　霓虹橘色）───────────各適量

〔使用工具〕
基本工具（P.168）／牙籤／底墊／UV燈

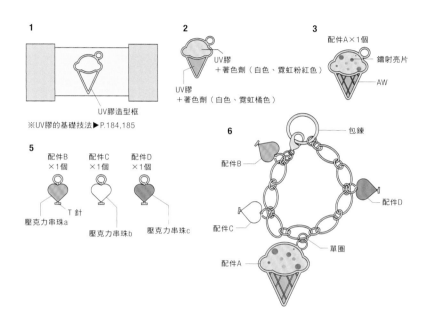

1

※UV膠的基礎技法▶P.184,185

2

UV膠
＋著色劑（白色、霓虹粉紅色）

UV膠
＋著色劑（白色、霓虹橘色）

3

配件A×1個

鐳射亮片

AW

6

包鍊

配件B

配件D

配件C

單圈

配件A

5

配件B　配件C　配件D
×1個　　×1個　　×1個

T針

壓克力串珠a

壓克力串珠b　壓克力串珠c

114,115

SIZE: 作品　長1.5×寬1.5cm

材 料

※在此以114進行圖文解說，115作法相同。

1 將UV膠造型框黏貼在底墊上。

2 將UV膠分別混合粉紅色（115為青色）、紫色著色劑，各灌入UV膠造型框一半，以牙籤讓分界線暈染開來，照UV燈1分鐘硬化。

3 以UV膠灌滿2後，放入金屬配件、鐳射亮片和樹脂珍珠，照UV燈1分鐘硬化。

4 將3從底墊取下，背面塗抹UV膠，放上髮夾五金配件後，照UV燈1分鐘硬化。

114

樹脂珍珠（無孔・圓形・1mm・白色）
　　　　　　　　　　　　　　　　　4個
金屬配件（月形・5×4mm・金色）─1個
UV膠造型框（星形・15mm・金色）─1個
鐳射亮片（星形）───────2個
髮夾五金配件（平面・10mm・金色）─1個
UV膠───────────────適量
著色劑（粉紅色、紫色）─────各適量

115

樹脂珍珠（無孔・圓形・1mm・白色）
　　　　　　　　　　　　　　　　　4個
金屬配件（月形・5×4mm・金色）─1個
UV膠造型框（星形・15mm・金色）─1個
鐳射亮片（星形）───────2個
髮夾五金配件（平面・10mm・金色）─1個
UV膠───────────────適量
著色劑（青色、紫色）──────各適量

〔使用工具〕
牙籤／底墊／UV燈

1

UV膠造型框

※UV膠的基礎技法▶P.184,185

2

【正面】

UV膠＋著色劑（粉紅色）

UV膠＋著色劑（紫色）

3

配件

【正面】

樹脂珍珠

鐳射亮片

金屬配件

4

髮夾五金配件

材料

※在此以118進行圖文解說，119作法相同。

1　製作配件A。在矽膠模具內灌入2mm混合著色劑的UV膠，加入鐳射亮片後，照UV燈30秒硬化。

2　以著色UV膠灌滿矽膠模具，照UV燈30秒硬化。從矽膠模具內脫模後，以筆刀削去毛邊。共作2個。

3　將UV膠造型框黏貼在底墊上。以混入少量亮粉的UV膠薄塗整體，放上1個2的配件後，連同底墊放在UV燈下照30秒硬化。

4　將3反過來放在底墊上，塗上混入少量亮片的UV膠後，放上另一個半球配件，照UV燈30秒硬化。

5　以手工鑽在4的頂點打孔，插入沾有UV膠的羊眼釘，照UV燈30秒硬化。

6　如圖所示以單圈串接配件A、金屬配件、鍊子5.5cm和耳針。

7　製作配件B。將UV膠造型框b黏貼在底墊上，以著色UV膠調製深、淺色的著色UV膠，各灌入UV膠造型框一半，再以牙籤讓分界處暈染開來，照UV燈2分鐘硬化。

8　製作配件C。將1.5cm的AW稍微折彎後如圖所示排列在底墊上，以混入亮片粉的UV膠灌至AW的高度，照UV燈2分鐘硬化。

9　製作配件D。將配件B・C從底墊取下，配件B背面塗抹UV膠，與配件C黏合後，照UV燈30秒硬化。

10　以單圈串接9、金屬配件、鍊子3.5cm和耳針。

118

金屬配件（圓形・6mm・金色）――――2個
亮片粉（銀色）――――――――――適量
鐳射亮片（隨喜好）――――――――適量
UV膠造型框a（圓形・20mm・金色）－1個
UV膠造型框b（星形・1.2mm・金色）－1個
單圈（0.6×3mm・金色）―――――4個
羊眼釘（7×2mm・金色）――――――1個
耳針（圓形帶圈・金色）―――――――1副
鍊子（金色）－5.5cm×1條、3.5cm×1條
AW【藝術銅線】（＃30・金色）
　　　　　　　　　　――1.5cm×3條
UV膠――――――――――――――適量
著色劑（藍色）―――――――――――適量

119

金屬配件（圓形・6mm・金色）――――2個
亮片粉（銀色）――――――――――適量
鐳射亮片（隨喜好）――――――――適量
UV膠造型框a（圓形・20mm・金色）－1個
UV膠造型框b（星形・1.2mm・金色）－1個
單圈（0.6×3mm・金色）―――――4個
羊眼釘（7×2mm・金色）――――――1個
耳針（圓珠帶圈・金色）―――――――1副
鍊子（金色）－5.5cm×1條、3.5cm×1條
AW【藝術銅線】（＃30・金色）
　　　　　　　　　　――1.5cm×3條
UV膠――――――――――――――適量
著色劑（青色）―――――――――――適量

〔使用工具〕
基本工具（P.168）／牙籤／矽膠模具（球體・1.5cm）／底墊／筆刀／手工鑽／UV燈

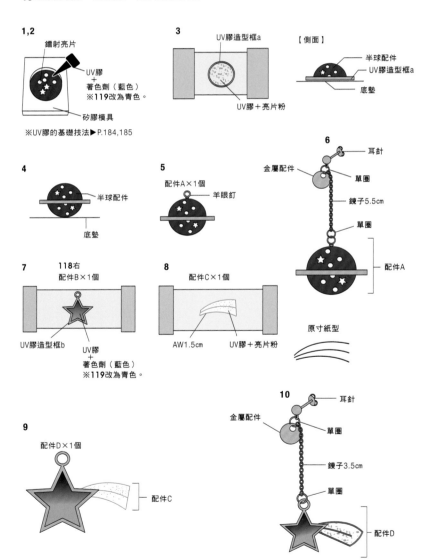

※UV膠的基礎技法▶P.184,185

memo

球體
究竟該如何製作？

先製作2顆半球，以UV膠黏合兩平面，就能作出漂亮的球體。

056

120,121

SIZE: 作品 長5.5×寬2.5cm

材 料

※在此以120進行圖文解說，121作法相同。

1 將UV膠造型框黏貼在底墊上。

2 將UV膠分別混合藍色、黑色（121為青色、藍色）著色劑，在UV膠造型框中各灌入一半，再以牙籤讓分界線暈染開來，連同底墊放在UV燈下，照燈1分鐘硬化。

3 將2的UV膠造型框灌滿UV膠，放上金屬配件a、亮片粉、鐳射亮片，照UV燈1分鐘硬化。

4 將3從底墊取下。背面塗抹UV膠，放上金屬配件b，照UV燈1分鐘硬化。

5 如圖所示以單圈將吊飾、迷你流蘇和配件A串接在包鍊上。

120

金屬配件a（月形・5mm・金色）	1個
金屬配件b（帶圈圓形底托・10mm・金色）	1個
亮片粉（金色）	適量
鐳射亮片（隨喜好）	適量
UV膠造型框（鏡子形・5.5×2.5cm・金色）	1個
吊飾（星形・帶圈・5mm・金色）	1個
單圈（0.6×3mm・金色）	2個
包鍊（金色）	1個
迷你流蘇（18mm・海軍藍）	1個
UV膠	適量
著色劑（藍色、黑色）	適量

121

金屬配件a（月形・5mm・金色）	1個
金屬配件b（帶圈圓形底托・10mm・鍍銠）	1個
亮片粉（金色）	適量
鐳射亮片（隨喜好）	適量
UV膠造型框（鏡子形・5.5×2.5cm・鍍銠）	1個
吊飾（星形・帶圈・5mm・金色）	1個
單圈（0.6×3mm・鍍銠）	2個
包鍊（鍍銠）	1個
迷你流蘇（18mm・藍色）	1個
UV膠	適量
著色劑（青色、藍色）	適量

〔使用工具〕
基本工具（P.168）／牙籤／底墊／UV燈

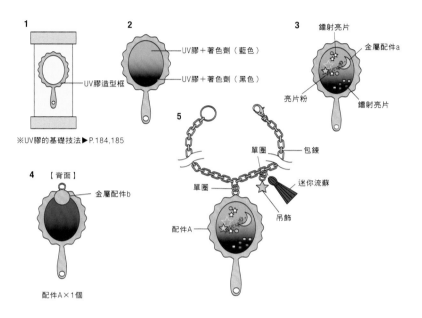

1 UV膠造型框

※UV膠的基礎技法▶P.184,185

2 UV膠＋著色劑（藍色）／UV膠＋著色劑（黑色）

3 鐳射亮片／金屬配件a／亮片粉／鐳射亮片

4 【背面】 金屬配件b
配件A×1個

5 單圈／包鍊／單圈／迷你流蘇／吊飾／配件A

124,125

SIZE: 長4×寬3cm

材 料

※在此以124進行圖文解說，125作法相同。

1 將UV膠造型框黏貼在底墊上。

2 以混合著色劑的UV膠灌滿UV膠造型框，以牙籤放上鐳射亮片後，連同底墊放在UV燈下，照燈2分鐘硬化。

3 將2從底墊取下。背面塗抹UV膠，配置金屬配件＆耳針後，照UV燈1分鐘硬化。

4 將金屬配件的圓圈串接上2個單圈，毛球線打平結繫在單圈上後，剪去多餘的線。另一隻耳環作法相同。

※平結打法▶P.186㉟

124

金屬配件（帶圈圓形底托・10mm・鍍銠）	2個
鐳射亮片（隨喜好）	適量
UV膠造型框（星形・25mm・鍍銠）	2個
單圈（0.6×3mm・鍍銠）	4個
耳針（平面底座・4mm・鍍銠）	1副
毛球（15mm・象牙色）	2個
UV膠	適量
著色劑（粉紅色、白色）	適量

125

金屬配件（帶圈圓形底托・10mm・金色）	2個
鐳射亮片（隨喜好）	適量
UV膠造型框（星形・25mm・金色）	2個
單圈（0.6×3mm・金色）	4個
耳針（平面底座・4mm・金色）	1副
毛球（15mm・灰色）	2個
UV膠	適量
著色劑（黑色）	適量

〔使用工具〕
基本工具（P.168）／牙籤／底墊／剪刀／UV燈

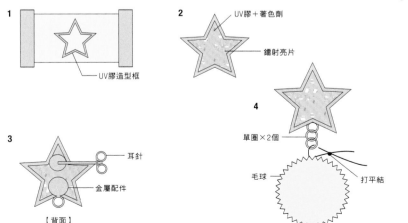

1 UV膠造型框

2 UV膠＋著色劑／鐳射亮片

3 耳針／金屬配件／【背面】

4 單圈×2個／毛球／打平結

122,123

SIZE：長3×寬1.7cm

材 料

122

樹脂珍珠a（無孔・圓形・5mm・白色）-2顆
樹脂珍珠b（無孔・圓形・3mm・白色）-4顆
金屬串珠a（圓形・4mm・金色）——2顆
金屬串珠b（圓形・3mm・金色）——2顆
金屬配件（圓形帶圈・6mm・金色）-1個
玻璃爪鑽a（欖尖形・10×5mm・透明）-2顆
玻璃爪鑽b（圓形・4mm・海軍藍）-2顆
亮片粉（銀色）————適量
閃亮碎片（金色・銀色）————適量
美甲彩珠（1mm・金色）————適量
UV膠造型框a（星形・帶圈・10mm・鍍銠）-2個
UV膠造型框b（圓形・帶圈・1.7mm・鍍銠）-2個
單圈（0.7×3mm・鍍銠）————2個
耳夾（平面底座・8mm・金色）——1副
UV膠————適量
著色劑（藍色、黑色）————各適量

123

樹脂珍珠a（無孔・圓形・5mm・白色）-2顆
樹脂珍珠b（無孔・圓形・3mm・白色）-4顆
金屬串珠a（圓形・4mm・金色）——2顆
金屬串珠b（圓形・3mm・金色）——2顆
金屬配件（圓形帶圈・6mm・金色）-1個
玻璃爪鑽a（欖尖形・10×5mm・透明）-2顆
玻璃爪鑽b（圓形・4mm・海軍藍）-2顆
亮片粉（金色）————適量
閃亮碎片（金色）————適量
美甲彩珠（1mm・金色）————適量
UV膠造型框a（星形・帶圈・10mm・鍍銠）-2個
UV膠造型框b（圓形・帶圈・1.7mm・金色）-2個
單圈（0.7×3mm・金色）————2個
耳夾（平面底座・8mm・金色）——1副
UV膠————適量
著色劑（粉紅色、黑色）————各適量

〔 使 用 工 具 〕
基本工具（P.168）／牙籤／底墊／UV燈

※在此以123進行圖文解說，122作法相同。

1 製作配件A。將UV膠造型框a黏貼在底墊上，整體薄塗一層UV膠，連同底墊放在UV燈下，照燈1分鐘硬化。

2 為了讓UV膠溢出框外，在UV膠造型框a內灌一坨直徑10mm、與框高齊平的圓形UV膠。然後如圖所示配置配件，照UV燈2分鐘硬化。從上方再薄塗一層UV膠，照燈1分鐘硬化。

3 將2從底墊取下，背面塗抹UV膠，配置耳針＆金屬配件，照UV燈2分鐘硬化。

4 製作配件B。將UV膠造型框b黏貼在底墊上，整體薄塗一層UV膠後，照UV燈1分鐘硬化。

5 以混合著色劑＆亮片粉的UV膠灌滿UV膠造型框，再放上閃亮碎片＆美甲彩珠，照UV燈2分鐘硬化。

6 以UV膠進行凸面灌膠，照UV燈1分鐘硬化。

7 將6從底墊取下，背面塗抹UV膠，照UV燈2分鐘硬化。

8 以單圈串接配件A・B。以相同作法另一隻耳環。

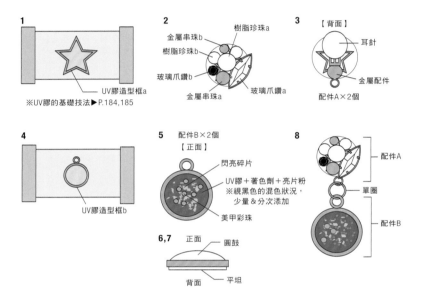

126,127

SIZE：作品　直徑3.5cm

材 料

126

樹脂珍珠（無孔・圓形・4mm・白色）-16顆
壓克力配件（圓環・35mm・米色）-1個
亮片粉（金色）————適量
金蔥粉（金色）————適量
髮圈五金配件（平面底座・13mm・金色）
————1個
UV膠————適量

127

樹脂珍珠（無孔・圓形・4mm・白色）-16顆
壓克力配件（圓環・35mm・米色）-1個
亮片粉（銀色）————適量
金蔥粉（銀色）————適量
髮圈五金配件（平面底座・13mm・金色）
————1個
UV膠————適量

〔 使 用 工 具 〕
牙籤／底墊／UV燈

※在此以126進行圖文解說，127作法相同。

1 將壓克力配件黏貼在底墊上。

2 將混合亮片粉＆金蔥粉的UV膠灌至壓克力配件1/2，連同底墊放在UV燈下，照燈2分鐘硬化。

3 以UV膠在2內灌至與壓克力配件齊平的高度後，放入樹脂珍珠，照UV燈1分鐘硬化。

4 將3從底墊取下，背面塗抹UV膠，與髮圈五金配件的平面底座貼合，照UV燈1分鐘硬化。

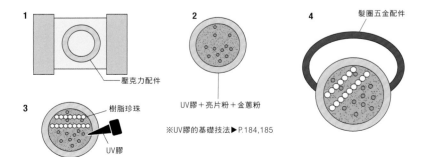

128～130

SIZE：長4×寬1.2cm

材 料

※在此以**128**進行圖文解說，**129**、**130**作法相同。

1 製作配件A。將免鑽孔羊眼釘擺在底墊上，再疊上UV膠造型框黏貼固定。
2 將混合亮片粉的UV膠灌至UV膠造型框1/2，放上鐳射亮片，照UV燈2分鐘硬化。
3 以UV膠進行凸面塗膠，照UV燈2分鐘硬化。待硬化後從底墊上取下。
4 製作配件B。以T針穿接閃亮珍珠，折彎針頭。
5 串接配件A・B。在配件A背面塗抹UV膠，貼上耳夾，照UV燈1分鐘硬化。另一隻耳環作法相同。

128

閃亮珍珠（圓形・12mm・銀色）── 2顆
亮片粉（粉紅色）────── 適量
鐳射亮片（圓形・粉紅色系）── 適量
UV膠造型框（長方形・20mm×7mm・鍍銠）── 2個
T針（0.7×20mm・鍍銠）── 2根
免鑽孔羊眼釘（8×4mm・鍍銠）── 2個
耳夾（平面底座・3mm・鍍銠）── 1副
UV膠 ───────── 適量

129

閃亮珍珠（圓形・12mm・黑色）── 2顆
亮片粉（紫色）────── 適量
鐳射亮片（圓形・紫色系）── 適量
UV膠造型框（長方形・20mm×7mm・鍍銠）── 2個
T針（0.7×20mm・鍍銠）── 2根
免鑽孔羊眼釘（8×4mm・鍍銠）── 2個
耳夾（平面底座・3mm・鍍銠）── 1副
UV膠 ───────── 適量

130

閃亮珍珠（圓形・12mm・白色）── 2顆
亮片粉（極光色）────── 適量
鐳射亮片（圓形・粉彩混色）── 適量
UV膠造型框（長方形・20mm×7mm・鍍銠）── 2個
T針（0.7×20mm・鍍銠）── 2根
免鑽孔羊眼釘（8×4mm・鍍銠）── 2個
耳夾（平面底座・3mm・鍍銠）── 1副
UV膠 ───────── 適量

〔使用工具〕
基本工具（P.168）／牙籤／底墊／UV燈

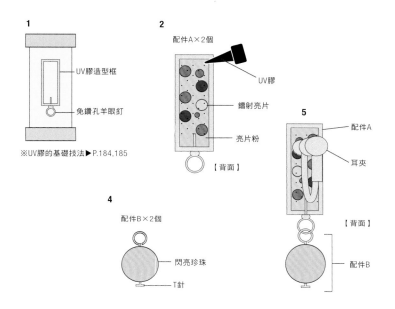

1
UV膠造型框
免鑽孔羊眼釘
※UV膠的基礎技法▶P.184,185

2
配件A×2個
UV膠
鐳射亮片
亮片粉
【背面】

4
配件B×2個
閃亮珍珠
T針

5
配件A
耳夾
【背面】
配件B

131～133

SIZE：作品 長1×寬1.2cm

材 料

※在此以**133**進行圖文解說，**131**、**132**作法相同。

1 製作配件A。將金屬環a黏貼在底墊上。
2 以UV膠進行凸面灌膠後，連同底墊放在UV燈下，照燈6分鐘硬化。待硬化後從底墊上取下。
3 製作配件B。將金屬環b比照**1**黏貼在底墊上，以UV膠進行凸面灌膠，再放上貝殼碎片，以牙籤分散配置於全體。
4 照UV燈5至7分鐘硬化，待硬化後從底墊上取下。
5 在配件A・B背面薄塗一層UV膠，照UV燈5分鐘硬化。
6 如圖所示重疊配件A・B，在表面塗上UV膠，照UV燈5分鐘硬化。
7 在**6**的背面塗抹UV膠，黏貼戒台，照UV燈2分鐘硬化。

131

貝殼碎片（藍色、綠色）──── 各適量
金屬環a（圓形・4mm・金色）── 1個
金屬環b（圓形・9mm・金色）── 1個
戒台（平面底座・5mm・金色）── 1個
UV膠 ───────── 適量

132

貝殼碎片（白色、黃色）──── 各適量
金屬環a（圓形・4mm・金色）── 1個
金屬環b（圓形・9mm・金色）── 1個
戒台（平面底座・5mm・金色）── 1個
UV膠 ───────── 適量

133

貝殼碎片（粉紅色、紫色）──── 各適量
金屬環a（圓形・4mm・金色）── 1個
金屬環b（圓形・9mm・金色）── 1個
戒台（平面底座・5mm・金色）── 1個
UV膠 ───────── 適量

〔使用工具〕
牙籤／底墊／UV燈

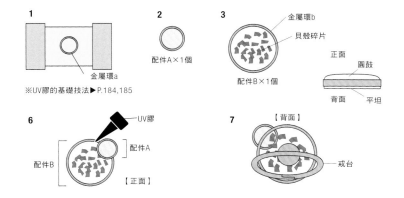

1
金屬環a
※UV膠的基礎技法▶P.184,185

2
配件A×1個

3
金屬環b
貝殼碎片
配件B×1個
正面
圓鼓
背面
平坦

6
UV膠
配件A
配件B
【正面】

7
【背面】
戒台

大氣場 飾品

IMPACT ACCESSORIES

戴上主角等級的大氣場飾品，
為常規搭配增添個性。利用信手挑選的飾品，
改變一成不變的印象吧！

136　HOW TO MAKE P.070

儘管是大分量感的耳勾式耳
環，利用透明串珠也能醞釀出
輕盈感。

137　HOW TO MAKE P.070

霧面色×白珍珠的優雅組合。

138　HOW TO MAKE P.071

壓克力長管珠也能製作流蘇！

139　HOW TO MAKE P.071

利用圓珠，打造與眾不同的造
型流蘇。

134　HOW TO MAKE P.070

加入大顆的長方形串珠，
締造摩登風韻。

135　HOW TO MAKE P.070

透明圓珠就算偏大也很有
女人味。

假日的休閒穿搭，
就選大卻輕巧的耳環
來增添女人味。

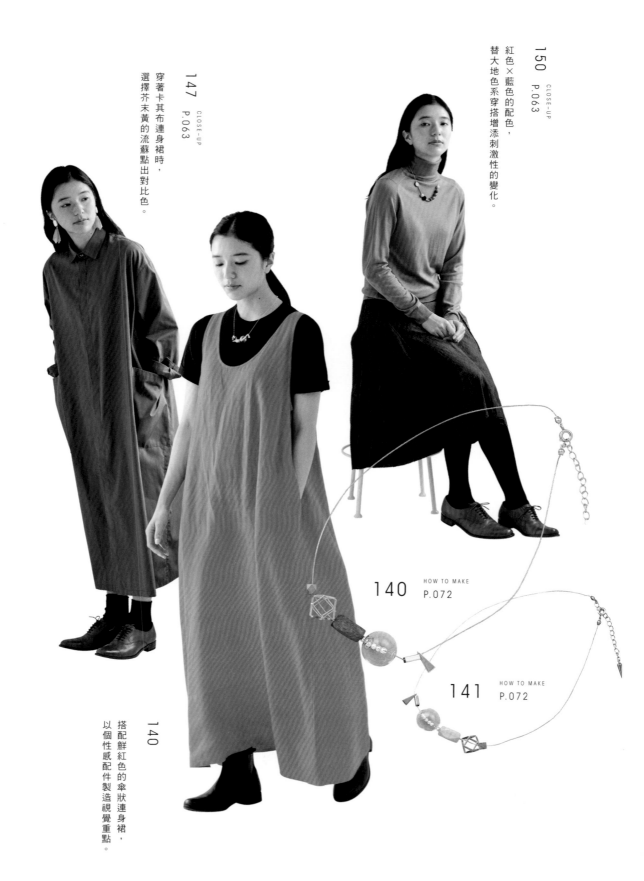

150 P.063 CLOSE-UP

紅色×藍色的配色，替大地色系穿搭增添刺激性的變化。

147 P.063 CLOSE-UP

穿著卡其布連身裙時，選擇芥末黃的流蘇點出對比色。

140 HOW TO MAKE P.072

141 HOW TO MAKE P.072

140

搭配鮮紅色的傘狀連身裙，以個性感配件製造視覺重點。

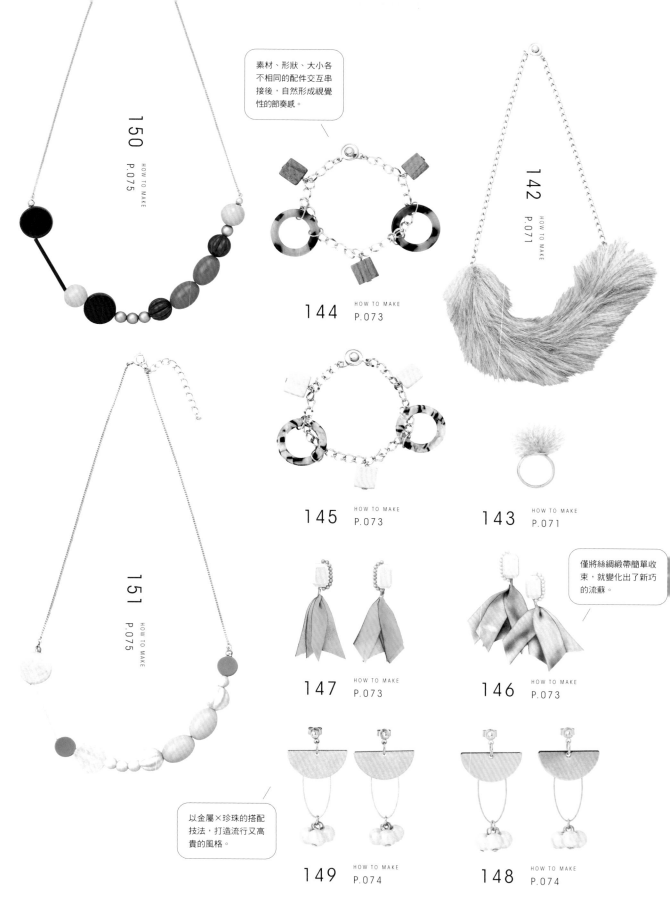

150
HOW TO MAKE
P.075

素材、形狀、大小各
不相同的配件交互串
接後，自然形成視覺
性的節奏感。

142
HOW TO MAKE
P.071

144
HOW TO MAKE
P.073

145
HOW TO MAKE
P.073

143
HOW TO MAKE
P.071

僅將絲綢緞帶簡單收
束，就變化出了新巧
的流蘇。

151
HOW TO MAKE
P.075

147
HOW TO MAKE
P.073

146
HOW TO MAKE
P.073

以金屬×珍珠的搭配
技法，打造流行又高
貴的風格。

149
HOW TO MAKE
P.074

148
HOW TO MAKE
P.074

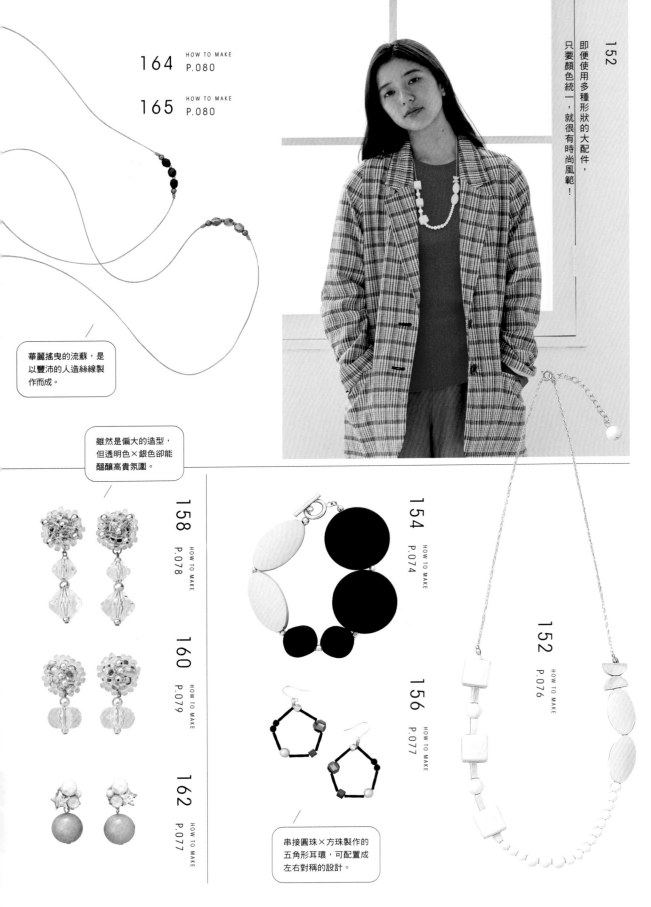

164 HOW TO MAKE P.080

165 HOW TO MAKE P.080

華麗搖曳的流蘇,是
以豐沛的人造絲線製
作而成。

即便使用多種形狀的大配件,
只要顏色統一,就很有時尚風範!

152

雖然是偏大的造型,
但透明色×銀色卻能
醞釀高貴氛圍。

158 HOW TO MAKE P.078

154 HOW TO MAKE P.074

152 HOW TO MAKE P.076

160 HOW TO MAKE P.079

156 HOW TO MAKE P.077

162 HOW TO MAKE P.077

串接圓珠×方珠製作的
五角形耳環,可配置成
左右對稱的設計。

159
HOW TO MAKE
P.078

161
HOW TO MAKE
P.079

163
HOW TO MAKE
P.077

深綠色＆金色是很速配的顏色組合，可締造出豪華感。

白色配件搭配淺色調，就會營造可愛印象。

153
HOW TO MAKE
P.076

157
HOW TO MAKE
P.077

155
HOW TO MAKE
P.074

165
以顯眼分量感的流蘇，
為焦糖色棉質連身裙的胸前增添華麗。

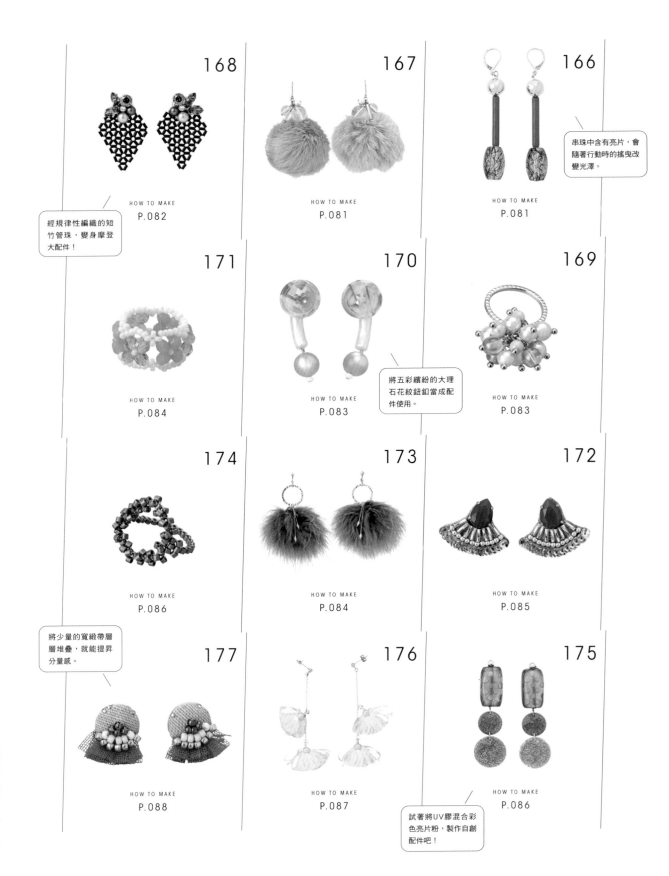

168

HOW TO MAKE
P.082

經規律性編織的短
竹管珠，變身摩登
大配件！

167

HOW TO MAKE
P.081

166

HOW TO MAKE
P.081

串珠中含有亮片，會
隨著行動時的搖曳改
變光澤。

171

HOW TO MAKE
P.084

170

HOW TO MAKE
P.083

將五彩繽紛的大理
石花紋鈕釦當成配
件使用。

169

HOW TO MAKE
P.083

174

HOW TO MAKE
P.086

173

HOW TO MAKE
P.084

172

HOW TO MAKE
P.085

將少量的寬緞帶層
層堆疊，就能提昇
分量感。

177

HOW TO MAKE
P.088

176

HOW TO MAKE
P.087

175

HOW TO MAKE
P.086

試著將UV膠混合彩
色亮片粉，製作自創
配件吧！

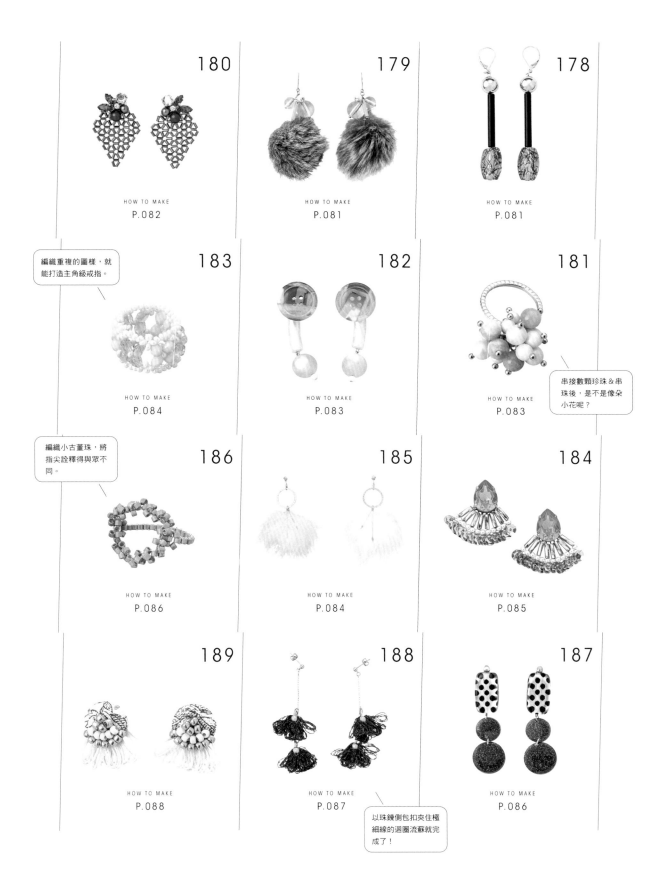

180

HOW TO MAKE
P.082

179

HOW TO MAKE
P.081

178

HOW TO MAKE
P.081

編織重複的圖樣，就
能打造主角級戒指。

183

HOW TO MAKE
P.084

182

HOW TO MAKE
P.083

181

HOW TO MAKE
P.083

串接數顆珍珠＆串
珠後，是不是像朵
小花呢？

編織小古董珠，將
指尖詮釋得與眾不
同。

186

HOW TO MAKE
P.086

185

HOW TO MAKE
P.084

184

HOW TO MAKE
P.085

189

HOW TO MAKE
P.088

188

HOW TO MAKE
P.087

187

HOW TO MAKE
P.086

以珠鍊側包扣夾住極
細線的迴圈流蘇就完
成了！

以布包覆蜂巢網片後，利用刺繡拓展創造性。

192
HOW TO MAKE
P.089

191
HOW TO MAKE
P.089

190
HOW TO MAKE
P.087

愛心大配件×許多寶石，自然流露奢華感。

195
HOW TO MAKE
P.090

194
HOW TO MAKE
P.090

193
HOW TO MAKE
P.089

197
HOW TO MAKE
P.091

196
HOW TO MAKE
P.090

偏長的流蘇帶有成熟韻味，與寶石也很相配。

199
HOW TO MAKE
P.092

198
HOW TO MAKE
P.092

使用金屬色木串珠，打造不會過偏天然風韻的手鍊。

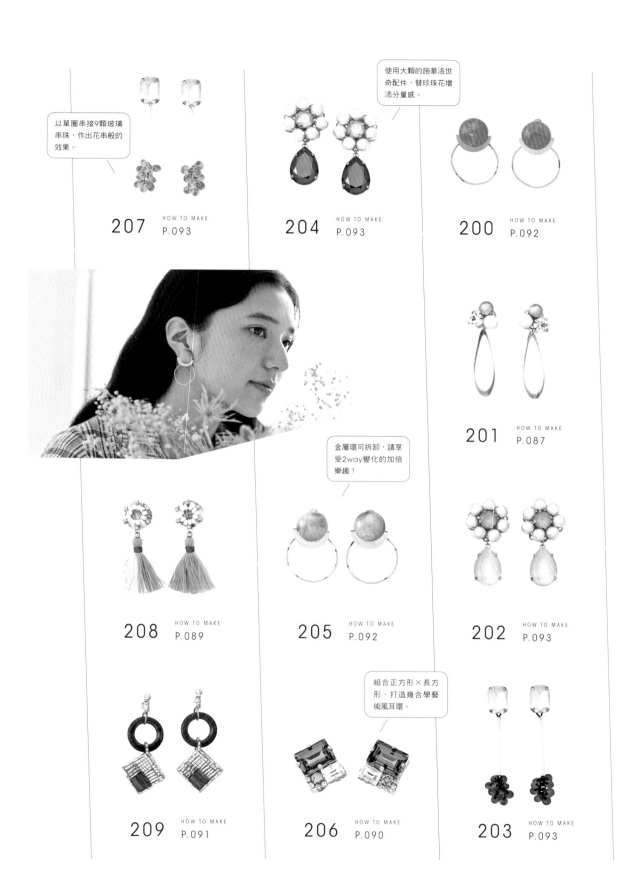

以單圈串接9顆玻璃串珠，作出花串般的效果。

207　HOW TO MAKE P.093

使用大顆的施華洛世奇配件，替珍珠花增添分量感。

204　HOW TO MAKE P.093

200　HOW TO MAKE P.092

201　HOW TO MAKE P.087

金屬環可拆卸，請享受2way變化的加倍樂趣！

208　HOW TO MAKE P.089

205　HOW TO MAKE P.092

202　HOW TO MAKE P.093

209　HOW TO MAKE P.091

組合正方形×長方形，打造幾合學藝術風耳環。

206　HOW TO MAKE P.090

203　HOW TO MAKE P.093

134,135

SIZE：手圍17.5cm

材 料

1 以彈力線穿接擋珠於一端＆壓扁固定，剪掉多餘的線。再從另一端穿接夾線頭，包住擋珠後閉合。

擋珠　←　夾線頭

※使用夾線頭▶P.178⑥
因彈力線較粗＆極具彈性，穿接擋珠時無須交叉對穿。

2 以彈力線穿接串珠，再依序穿接夾線頭＆擋珠。依1相同作法固定擋珠，剪斷多餘的彈力線，最後閉合夾線頭。

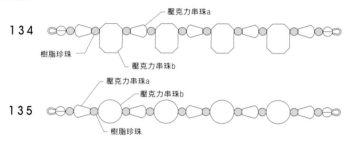

134
壓克力串珠a
樹脂珍珠
壓克力串珠b

135
壓克力串珠a
壓克力串珠b
樹脂珍珠

3 以單圈在兩端的夾線頭處，分別串接彈簧扣＆延長鍊。

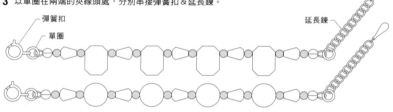

彈簧扣
單圈
延長鍊

134

樹脂珍珠（圓形・6mm・鍍鈍）	10顆
壓克力串珠a（10×7mm・透明）	5顆
壓克力串珠b（16×13mm・透明）	4顆
彈簧扣（鍍鈍）	1個
夾線頭（鍍鈍）	2個
擋珠（鍍鈍）	2個
單圈（0.8×4mm・鍍鈍）	2個
延長鍊（鍍鈍）	1條
彈力線（0.8mm・透明）	20cm×1條

135

樹脂珍珠（圓形・6mm・鍍鈍）	10顆
壓克力串珠a（10×7mm・透明）	5顆
壓克力串珠b（圓形・12mm・透明）	4顆
彈簧扣（鍍鈍）	1個
夾線頭（鍍鈍）	2個
擋珠（鍍鈍）	2個
單圈（0.8×4mm・鍍鈍）	2個
延長鍊（鍍鈍）	1條
彈力線（0.8mm・透明）	20cm×1條

〔使用工具〕
基本工具（P.168）

136,137

SIZE：136 長5.5×寬4cm　137 長5×寬3cm

材 料

1 將AW對折，變成2股銅線。　**2** 如圖穿接串珠後，收合銅線扭轉固定，再加工成眼鏡連結圈。

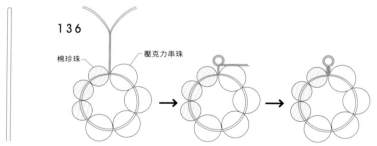

136
棉珍珠
壓克力串珠

※加工眼鏡連結圈▶P.177③

3 以單圈串接耳針。另一隻耳環作法相同。

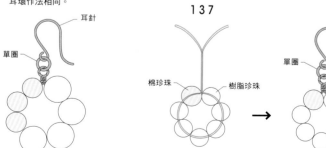

耳針
單圈

137
耳針
棉珍珠
樹脂珍珠
單圈

136

棉珍珠（圓形・12mm・白色）	6顆
壓克力串珠（圓形・14mm・透明）	8顆
單圈（0.8×6mm・鍍鈍）	2個
耳針（勾式・銀色）	1副
AW〔藝術銅線〕（#30・不褪色銀色）	30cm×2條

137

棉珍珠（圓形・12mm・白色）	2顆
樹脂珍珠（圓形・10mm・霧面灰色）	12顆
單圈（0.8×6mm・鍍鈍）	2個
耳針（勾式・銀色）	1副
AW〔藝術銅線〕（#30・不褪色銀色）	30cm×2條

〔使用工具〕
基本工具（P.168）

※P.061模特兒配戴款，使用了與136不同的耳針金具。

138,139

SIZE: **138** 長5.5×寬2.5cm　**139** 長8.5×寬2.5cm

1 以9針・T針穿接串珠，折彎針頭製作配件。

2 如圖所示以單圈串接各配件。另一隻耳環作法相同。

138

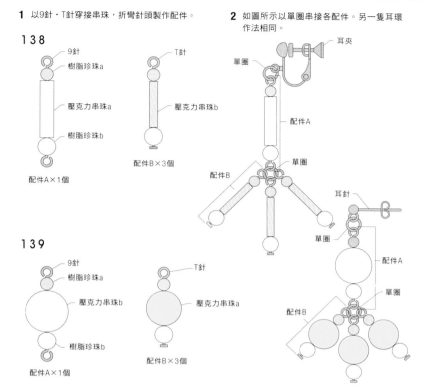

9針
樹脂珍珠a

壓克力串珠a

樹脂珍珠b

配件A×1個

T針

壓克力串珠b

配件B×3個

配件A

配件B

單圈

耳夾

單圈

耳針

單圈

配件A

單圈

配件B

139

9針
樹脂珍珠a

壓克力串珠b

樹脂珍珠b

配件A×1個

T針

壓克力串珠a

配件B×3個

材 料

138

樹脂珍珠a（圓形・4mm・銀色）——8顆
樹脂珍珠b（圓形・6mm・銀色）——8顆
壓克力串珠a（圓管珠・20×4mm・
　透明）——2顆
壓克力串珠b（六角管珠・26×6mm・
　透明）——6個
單圈（0.8×4mm・鍍銠）——4個
T針（0.7×45mm・鍍銠）——6根
9針（0.6×65mm・鍍銠）——2根
耳夾（帶圈・鍍銠）——1副

139

壓克力串珠a（圓形・10mm・透明）
　——6顆
壓克力串珠b（圓形・12mm・透明）
　——2顆
樹脂珍珠a（圓形・4mm・銀色）——8顆
樹脂珍珠b（圓形・6mm・銀色）——8顆
單圈（0.8×4mm・鍍銠）——4個
T針（0.7×45mm・鍍銠）——6根
9針（0.6×65mm・鍍銠）——2根
耳針（圓球帶圈・鍍銠）——1副

〔使用工具〕
基本工具（P.168）

142,143

SIZE: **142** 鍊圍46cm　**143** 作品 2.5cm

142

1 在人造皮草背面塗布用接著劑，將
2.5cm寬邊對折黏合，並以曬衣夾加
強固定數處，靜置待乾。

2 以打孔錐在1的兩端打洞，分別串接
單圈a。

3 再以單圈b串接鍊子，鍊子尾端串接
暗釦頭。

人造皮草

黏合處

單圈a

黏合處

143

1 以斜剪鉗將絨毛球的圈環剪掉。

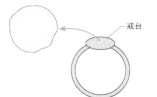

絨毛球

2 戒台塗上接著劑，與絨毛球背面黏合。
戒台避免傾斜擺放，直立靜置至乾燥。

戒台

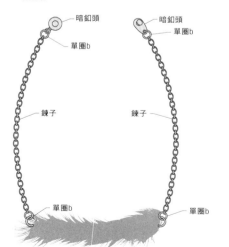

暗釦頭
單圈b

暗釦頭
單圈b

鍊子

鍊子

單圈b

單圈b

材 料

142

人造皮草（2.5×15cm・灰色）——1個
單圈a（0.8×6mm・金色）——2個
單圈b（0.7×4mm・金色）——4個
鍊子（金色）——14cm×2條
暗釦頭（金色）——1組

143

絨毛球（帶圈・直徑25mm・灰色）—1個
戒台（平面底座・金色）——1個

〔使用工具〕
基本工具（P.168）／接著劑／布用接著
劑／曬衣夾／保麗龍

---

memo

**以保麗龍簡便製作
戒指的靜置乾燥台**

將保麗龍割一道切口，即可直立
插入戒指，靜待乾燥。或使用海
綿也OK。

140,141

SIZE: 鍊圍45cm

材　料

1 在鍊子a一端穿入擋珠後壓扁，再從另一端穿接夾線頭，包住擋珠後閉合。

```
鍊子a
擋珠
夾線頭
```

※使用夾線頭▶P.178⑥
因鍊子較粗，穿接擋珠時無須
交叉對穿。

2 以鍊子a穿接各配件＆串珠後，鍊子a尾端與1作法相同，以擋珠＆夾線頭收尾。

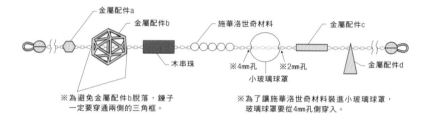

```
金屬配件a
金屬配件b
施華洛世奇材料
金屬配件c
木串珠
※4mm孔    ※2mm孔
小玻璃球罩
金屬配件d
```

※為避免金屬配件b脫落，鍊子
一定要穿通兩側的三角框。

※為了讓施華洛世奇材料裝進小玻璃球罩，
玻璃球罩要從4mm孔側穿入。

3 兩端夾線頭分別以單圈串接彈簧扣及鍊子b，鍊子b另一端再以單圈串接金屬配件e。

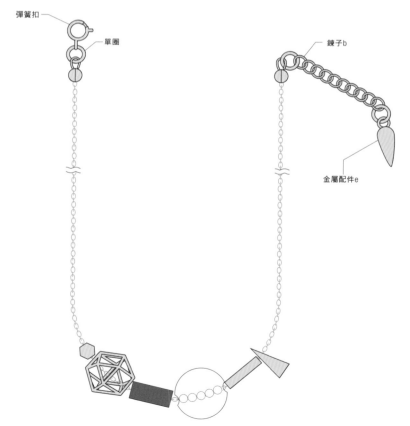

```
彈簧扣
單圈
鍊子b
金屬配件e
```

※在此以140進行圖文解說，141作法相同。

140

施華洛世奇材料（#5810・3mm・白色）── 5顆
木串珠（角柱・16×8mm・褐色）── 1顆
金屬配件a（角形・5mm・金色）── 1個
金屬配件b（立方體・13×15×15mm・
　金色）──1個
金屬配件c（角管珠・3×8mm・金色）
────────────────────1個
金屬配件d（三角形・12×5mm・金色）
────────────────────1個
金屬配件e（冰柱形・13×4mm・金色）
────────────────────1個
小玻璃球罩（對孔・18mm）──── 1個
單圈（0.6×3mm・金色）───── 3個
夾線頭（金色）────────── 2個
擋珠（金色）──────────── 2個
彈簧扣（金色）────────── 1個
鍊子a（金色）──── 40.5cm×1條
鍊子b（金色）──────── 5cm×1條

141

施華洛世奇材料（#5810・3mm・白色）── 5顆
木串珠（角柱・16×8mm・白木珠）- 1顆
金屬配件a（角形・5mm・鍍銠）── 1個
金屬配件b（立方體・13×15×15mm・
　鍍銠）──1個
金屬配件c（角管珠・3×8mm・鍍銠）
────────────────────1個
金屬配件d（三角形・12×5mm・鍍銠）
────────────────────1個
金屬配件e（冰柱形・13×4mm・鍍銠）
────────────────────1個
小玻璃球罩（對孔・18mm）──── 1顆
單圈（0.6×3mm・鍍銠）───── 3個
夾線頭（鍍銠）────────── 2個
擋珠（鍍銠）──────────── 2個
彈簧扣（鍍銠）────────── 1個
鍊子a（鍍銠）──── 40.5cm×1條
鍊子b（鍍銠）──────── 5cm×1條

〔使用工具〕
基本工具（P.168）

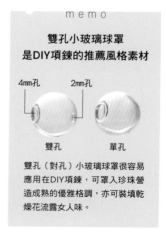

memo

**雙孔小玻璃球罩
是DIY項鍊的推薦風格素材**

```
4mm孔    2mm孔
雙孔      單孔
```

雙孔（對孔）小玻璃球罩很容易
應用在DIY項鍊，可罩入珍珠營
造成熟的優雅格調，亦可裝填乾
燥花流露女人味。

1 將壓克力配件串接在鍊子上。以C圈在距鍊尾3.5cm處的鍊圈上串接壓克力配件。

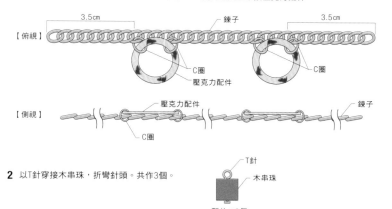

【俯視】　3.5cm　　　鍊子　　　3.5cm
C圈
壓克力配件
C圈

【側視】　壓克力配件　　　鍊子
C圈

2 以T針穿接木串珠，折彎針頭。共作3個。

T針
木串珠
配件×3個

3 將木串珠配件串接在鍊子上，鍊子兩端以單圈串接暗釦頭。

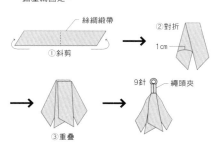

暗釦頭
單圈
配件
暗釦頭
單圈

※在此以**144**進行圖文解說，**145**作法相同。

材　料

144
壓克力配件（圓環・24mm・玳瑁花紋）
　　　　　　　　　　　　　　　　　　2顆
木串珠（方形・10×4mm・巴戎木）- 3顆
單圈（0.7×4mm・金色）————— 2個
C圈（0.7×6×8mm・金色）———— 4個
T針（0.8×26mm・金色）———— 3條
暗釦頭（金色）———————— 1組
鍊子（金色）—————— 15.5cm×1條

145
壓克力配件（圓環・24mm・
　大理石紋路）—————————— 2顆
木串珠（方形・10×4mm・白木珠）- 3顆
單圈（0.7×4mm・鍍銠）———— 2個
C圈（0.7×6×8mm・鍍銠）——— 4個
T針（0.8×26mm・鍍銠）———— 3條
暗釦頭（鍍銠）———————— 1組
鍊子（鍍銠）————— 15.5cm×1條

〔使用工具〕
基本工具（P.168）

146,147　　　SIZE: 長8×寬1.5cm

1 以AW穿接10顆客旭珍珠。

客旭珍珠
●●●●●●●●●●

2 如圖所示以1的AW穿過木珍珠孔，再以尖嘴鉗將尾端牢牢扭轉固定在單邊孔的底部。留下3mm後剪斷，把剩餘鐵絲拉入木串珠孔內。

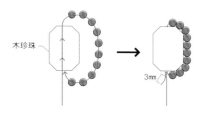

木珍珠
3mm

3 客旭珍珠塗抹接著劑，黏貼在木珍珠上加強固定。在背面側以接著劑黏上金屬配件＆耳針。

【背面】
耳針
金屬配件

4 斜剪絲綢緞帶後，讓兩端交錯1cm對折。製作2組絲帶後交錯重疊，將對折邊塞入繩頭夾內，再以尖嘴鉗壓扁固定。

絲綢緞帶
②對折
①斜剪
1cm
③重疊
9針　繩頭夾

※使用繩頭夾▶P.179⑦

5 以單圈串接金屬配件的掛圈。另一隻耳環以左右對稱的配置製作。

【背面】

耳針
金屬配件
單圈

※在此以**146**進行圖文解說，**147**作法相同。

材　料

146
木珍珠（長方形・12×8mm・白色）- 2顆
客旭珍珠（圓形・3mm・粉紅色）- 20顆
金屬配件（帶圈圓形底托・6mm・金色）
　　　　　　　　　　　　　　　　　2個
絲綢緞帶（14mm寬・灰粉色）
　　　　　　　　　　　　12cm×4條
單圈（0.6×3mm・金色）———— 2個
繩頭夾（3mm・金色）————— 2個
耳針（平面底座・金色）———— 1副
AW〔藝術銅線〕（#24・金色）
　　　　　　　　　　　12cm×2條

147
木珍珠（長方形・12×8mm・白色）- 2顆
客旭珍珠（圓形・3mm・灰色）—— 20顆
金屬配件（帶圈圓形底托・6mm・金色）
　　　　　　　　　　　　　　　　　2個
絲綢緞帶（寬14mm・黃褐色）
　　　　　　　　　　　　12cm×4條
單圈（0.6×3mm・金色）———— 2個
繩頭夾（3mm・金色）————— 2個
耳針（平面底座・金色）———— 1副
AW〔藝術銅線〕（#24・金色）
　　　　　　　　　　　12cm×2條

〔使用工具〕
基本工具（P.168）／接著劑

148,149

SIZE: 長3.5×寬2cm

材 料

1 以T針穿接棉珍珠，折彎針頭。

T針
棉珍珠

配件×3個

2 以單圈a串接金屬配件a與T針配件。

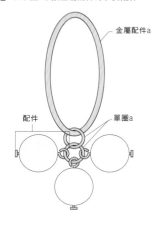

金屬配件a

配件
單圈a

3 以單圈b串接金屬配件b與耳針。另一隻耳環作法相同。

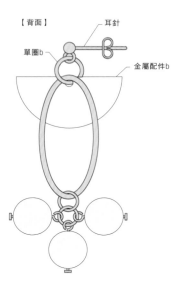

【背面】
耳針
單圈b
金屬配件b

※在此以**148**進行圖文解說，**149**作法相同。

148

棉珍珠（圓形・6mm・淺褐色）——6顆
金屬配件a（橢圓形・25×11mm・金色）
——————————————————2個
金屬配件b（半圓片・10.5×21mm・金色）
——————————————————2個
T針（0.6×20mm・金色）————6根
單圈a（0.7×4mm・金色）————4個
單圈b（0.7×5mm・金色）————2個
耳針（圓珠帶圈・金色）————1副

149

棉珍珠（圓形・6mm・淺褐色）——6顆
金屬配件a（橢圓形・25×11mm・
　鍍銠）——————————————2個
金屬配件b（半圓片・10.5×21mm・
　鍍銠）——————————————2個
單圈a（0.7×4mm・鍍銠）————4個
單圈b（0.7×5mm・鍍銠）————2個
T針（0.6×20mm・鍍銠）————6根
耳針（圓珠帶圈・鍍銠）————1副

〔 使用工具 〕
基本工具（P.168）

 # 154,155

SIZE: 手圍19cm

材 料

1 以串珠鋼絲線穿接擋珠後，再次交叉對穿，並於線的尾端壓扁。塗上接著劑、剪斷多餘鋼絲線，再從另一端穿入夾線頭，以夾線頭包住擋珠並夾合。

擋珠
夾線頭

※使用夾線頭▶P.178⑥

2 以串珠鋼絲線穿接珠類。最後依序穿入夾線頭、擋珠，採用1相同方法固定擋珠＆剪斷多餘鋼絲線後，以夾線頭包住擋珠並夾合。

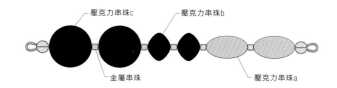

壓克力串珠c
壓克力串珠b
金屬串珠
壓克力串珠a

3 以單圈將兩端夾線頭的圓環串接上OT扣。

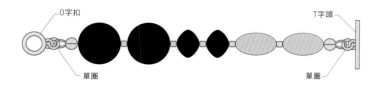

O字扣
T字頭
單圈
單圈

※在此以**154**進行圖文解說，**155**作法相同。

154

金屬串珠（方形・2.5mm・金色）——5顆
壓克力串珠a（橢圓片・30×16mm・
　霧面灰色）————————————2顆
壓克力串珠b（變形珠・16×30mm・
　霧面黑色）————————————2顆
壓克力串珠c（圓片・30mm・
　霧面黑色）————————————2顆
OT扣（金色）——————————1組
單圈（0.6×3mm・金色）————2個
擋珠（金色）——————————2顆
夾線頭（金色）—————————2個
串珠鋼絲線（0.38mm・白色）
————————————約22cm×1條

155

金屬串珠（方形・2.5mm・霧面金色）－5顆
壓克力串珠a（橢圓片・30×16mm・
　霧面亮藍色）———————————2顆
壓克力串珠b（變形珠・16×30mm・
　霧面薄荷綠色）——————————2顆
壓克力串珠c（圓片・30mm・
　霧面亮藍色）———————————2顆
OT扣（復古黃銅色）————1組
單圈（0.6×3mm・復古黃銅色）—2個
擋珠（復古黃銅色）————2顆
夾線頭（復古黃銅色）————2個
串珠鋼絲線（0.38mm・白色）
————————————約22cm×1條

〔 使用工具 〕
基本工具（P.168）

150,151

SIZE: 鍊圍48cm

材　料

1 以串珠鋼絲線穿接擋珠後，再次交叉對穿，並於線的尾端壓扁擋珠＆剪斷多餘的鋼絲線。再從串珠鋼絲線另一端穿入夾線頭，包住擋珠並夾合。

擋珠　　←　夾線頭

※使用夾線頭▶P.178⑥

2 以串珠鋼絲線穿接各串珠。最後依序穿入夾線頭、擋珠，採用1相同方法固定擋珠＆剪斷多餘鋼絲線後，以夾線頭包住擋珠並夾合。

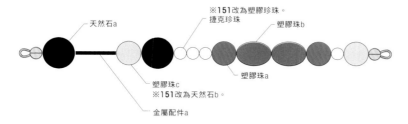

※151改為塑膠珍珠。
捷克珍珠
天然石a
塑膠珠b
塑膠珠a
塑膠珠c
※151改為天然石b。
金屬配件a

3 將2條鍊子以單圈分別串接在兩端夾線頭的圓環上。1條鍊子a以單圈串接彈簧扣，另1條鍊子a則以單圈串接鍊子b後，再加1個單圈串接金屬配件b。

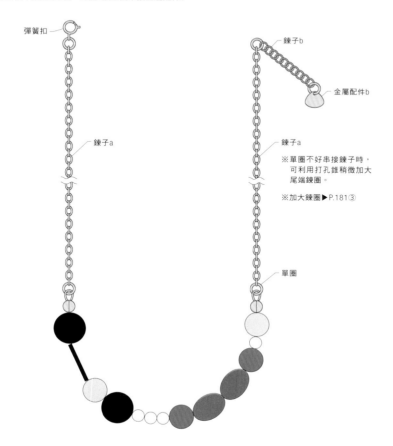

彈簧扣
鍊子b
金屬配件b
鍊子a
鍊子a
※單圈不好串接鍊子時，可利用打孔錐稍微加大尾端鍊圈。
※加大鍊圈▶P.181③
單圈

※在此以**150**進行圖文解說，**151**作法相同。

150

捷克珍珠（圓形・6mm・霧面褐金色）
――――――――――4顆
天然石a（錢幣形・16mm・縞瑪瑙）
――――――――――2顆
塑膠珠a（直刻紋球形・12mm・藍色）
――――――――――2顆
塑膠珠b（碗豆形・17×12mm・紅色）
――――――――――2顆
塑膠珠c（圓形・12mm・亮藍色）――2顆
金屬配件a（圓管珠・2×30mm・黑色）
――――――――――1個
金屬配件b（金屬片・6×5mm・霧面金色）――――――――1個
單圈（0.6×3mm・金色）――――5個
夾線頭（3mm・金色）――――――2個
擋珠（金色）――――――――――2顆
彈簧扣（金色）―――――――――1個
鍊子a（金色）―――――14.5cm×2條
鍊子b（金色）――――――5cm ×1條
串珠鋼絲線（0.38mm・銀色）
――――――――約20cm ×1條

151

塑膠珍珠（圓形・6mm・白色）――4顆
天然石a（錢幣形・16mm・粉晶）――2個
天然石b（錢幣形・10mm・綠松石）–2個
塑膠珠a（直刻紋球形・12mm・白色）
――――――――――2顆
塑膠珠b（豌豆形・17×12mm・亮藍色）
――――――――――2顆
金屬配件a（圓管珠・2×30mm・白色）
――――――――――1個
金屬配件b（金屬片・6×5mm・霧面銀色）
――――――――――1個
單圈（0.6×3mm・鍍銠）――――5個
夾線頭（3mm・鍍銠）――――――2個
擋珠（鍍銠）――――――――――2個
彈簧扣（鍍銠）―――――――――1個
鍊子a（鍍銠）―――――14.5cm×2條
鍊子b（鍍銠）――――――5cm ×1條
串珠鋼絲線（0.38mm・銀色）
――――――――約20cm ×1條

〔 使 用 工 具 〕
基本工具（P.168）

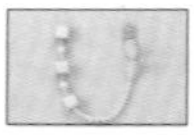

152,153

SIZE: 鍊圍67cm

1 以串珠鋼絲線穿接擋珠後，再次交叉對穿，並於線的尾端壓扁。塗上接著劑、剪斷多餘鋼絲線，再從另一端穿入夾線頭，以夾線頭包住擋珠並夾合。

※使用夾線頭▶P.178⑥

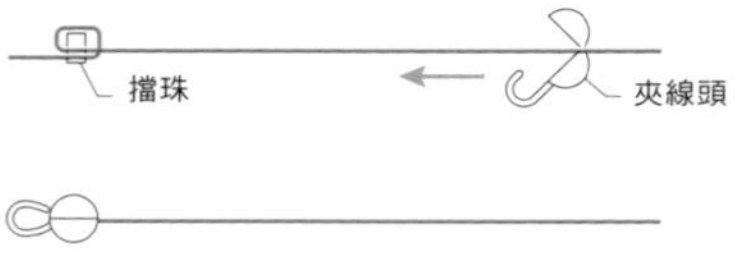
擋珠
夾線頭

2 以串珠鋼絲線穿接珠類。最後依序穿入夾線頭、擋珠，採用1相同方法固定擋珠＆剪斷多餘鋼絲線後，以夾線頭包住擋珠並夾合。

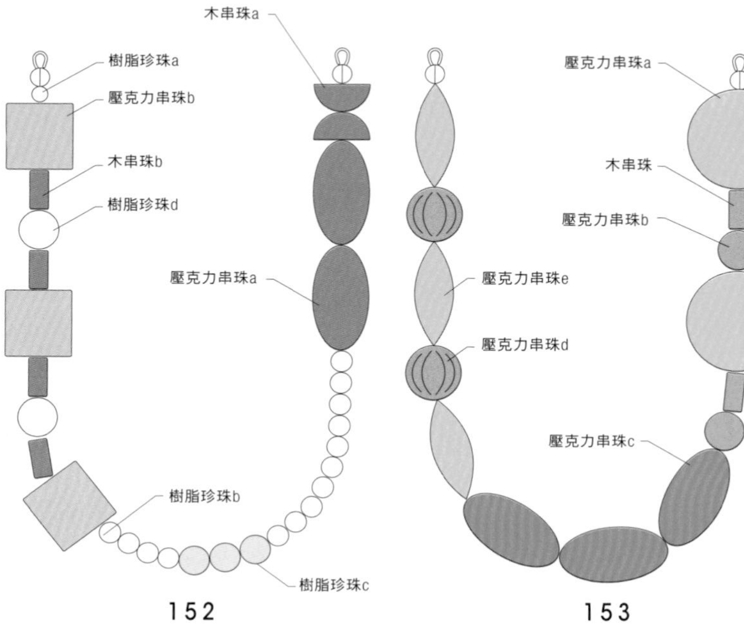
木串珠a
樹脂珍珠a
壓克力串珠b
木串珠b
樹脂珍珠d
壓克力串珠a
樹脂珍珠b
樹脂珍珠c
152
壓克力串珠a
木串珠
壓克力串珠b
壓克力串珠e
壓克力串珠d
壓克力串珠c
153

3 以單圈將項鍊兩端的夾線頭各自串接上1條鍊子a後，1條鍊子a的尾端以單圈串接彈簧扣，另1條鍊子a尾端則以單圈串接鍊子b。另以T針穿接串珠後折彎針頭，串接於鍊子b尾端。

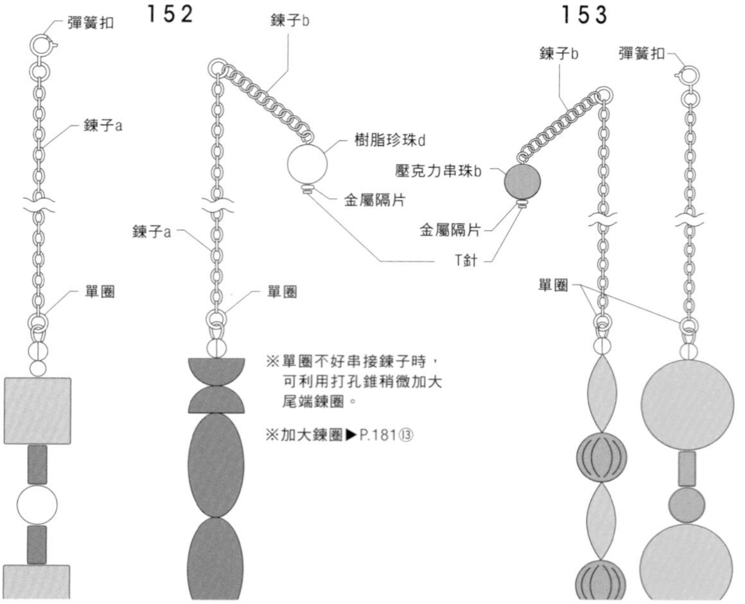
152
彈簧扣
鍊子a
單圈
鍊子b
樹脂珍珠d
金屬隔片
鍊子a
單圈
※單圈不好串接鍊子時，
可利用打孔錐稍微加大
尾端鍊圈。
※加大鍊圈▶P.181⑬
153
鍊子b
彈簧扣
壓克力串珠b
金屬隔片
T針
單圈

材料

152

- 樹脂珍珠a（圓形・4mm・霧面白色）——1顆
- 樹脂珍珠b（圓形・6mm・霧面白色）——14顆
- 樹脂珍珠c（圓形・8mm・霧面白色）——3顆
- 樹脂珍珠d（圓形・10mm・霧面白色）——3顆
- 壓克力串珠a（橢圓片・30×16mm・霧面灰白色）——2顆
- 壓克力串珠b（正方形・16mm・霧面灰白色）——3顆
- 木串珠a（半圓形・20×8mm・白色）——2顆
- 木串珠b（四角柱・4×10mm・白色）——4顆
- 單圈（0.7×4mm・霧面銀色）——4個
- T針（0.6×20mm・霧面銀色）——1根
- 擋珠（霧面銀色）——2顆
- 夾線頭（霧面銀色）——2個
- 金屬隔片（0.3×3mm・鍍銠）——1顆
- 彈簧扣（霧面銀色）——1個
- 鍊子a（霧面銀色）——18.3cm×2條
- 鍊子b（霧面銀色）——6cm×1條
- 串珠鋼絲線（0.38mm・白色）——40cm×1條

153

- 壓克力串珠a（圓片・30mm・霧面紅色）——2顆
- 壓克力串珠b（圓形・12mm・霧面紅色）——3顆
- 壓克力串珠c（橢圓片・30×16mm・霧面紅色）——3顆
- 壓克力串珠d（扭轉形・23×11mm・霧面紅色）——3顆
- 壓克力串珠e（南瓜形・16mm・霧面紅色）——2顆
- 木串珠（四角柱・4×10mm・紅色）－2顆
- 單圈（0.7×4mm・霧面金色）——4個
- T針（0.6×20mm・霧面黑色）——1根
- 擋珠（霧面金色）——2顆
- 夾線頭（霧面金色）——2個
- 金屬隔片（0.3×3mm・金色）——1顆
- 彈簧扣（霧面黑色）——1個
- 鍊子a（霧面黑色）——18.3cm×2條
- 鍊子b（霧面黑色）——6cm ×1條
- 串珠鋼絲線（0.38mm・白色）——40cm ×1條

〔使用工具〕

基本工具（P.168）／接著劑

156,157

SIZE: 長5×寬3cm

1 在距AW尾端2.5cm處繞1個圈當作吊環，再從另一端穿接配件。

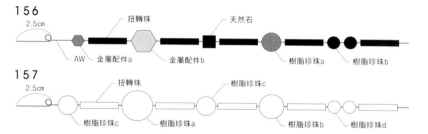

156
- 2.5cm
- 扭轉珠
- 天然石
- AW
- 金屬配件a
- 金屬配件b
- 樹脂珍珠a
- 樹脂珍珠b

157
- 2.5cm
- 扭轉珠
- 樹脂珍珠c
- 樹脂珍珠c
- 樹脂珍珠a
- 樹脂珍珠b
- 樹脂珍珠d

2 將AW稍微調整成五角環的形狀，然後加工成眼鏡連結圈。
※加工眼鏡連結圈▶P.177③

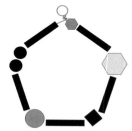

3 打開耳針的環，串接AW的吊環。另一隻耳環以左右對稱的配置製作。

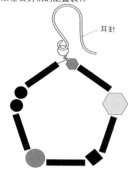

耳針

※在此以156進行圖文解說，157則是更換配件以相同作法製作。

材 料

156

樹脂珍珠a（圓形・6mm・霧面灰色）— 2顆
樹脂珍珠b（圓形・4mm・霧面黑色）— 4顆
天然石（立方體・4mm・霧面黑色）— 2個
扭轉珠（2×12mm・霧面黑色）— 10顆
金屬配件a（六角・4mm・霧面銀色）
　　　　　　　　　　　　　　　　— 2個
金屬配件b（變形珠・8mm・鍍銠）— 2個
耳針（勾式・金色）— 1副
AW〔藝術銅線〕（#24・不褪色黃銅）
　　　　　　　　　　　　　— 15cm×2根

157

樹脂珍珠a（圓形・10mm・霧面白色）- 2顆
樹脂珍珠b（圓形・8mm・霧面白色）— 2顆
樹脂珍珠c（圓形・6mm・霧面白色）— 4顆
樹脂珍珠d（圓形・4mm・霧面白色）— 4顆
扭轉珠（2×12mm・霧面白色）— 10顆
耳針（勾式・霧面銀色）— 1副
AW〔藝術銅線〕（#24・不褪色銀色）
　　　　　　　　　　　　　— 15cm×2條

〔使用工具〕
基本工具（P.168）

162,163

SIZE: 長3.5×寬1.5cm

1 將施華洛世奇材料鑲在爪座上。

施華洛世奇a
施華洛世奇b
爪座a
爪座b

※固定爪座▶P.180⑪

2 以T針穿接石頭串珠，折彎針頭製作配件。

T針
石頭串珠
配件×1個

3 以接著劑將串珠類黏貼在花帽上。

棉珍珠
樹脂珍珠
施華洛世奇a
施華洛世奇b
花帽

※因為最後還要串接石頭串珠配件，要在中央下方留一個花帽鑲孔。

4 接著劑乾燥後，以UV膠填補縫隙，照UV燈2分鐘硬化。

5 以單圈串接花帽＆2製作的T針配件。

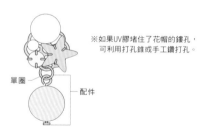

單圈
配件

※如果UV膠堵住了花帽的鑲孔，可利用打孔錐或手工鑽打孔。

6 在5的背面塗抹UV膠，黏貼花帽＆耳針，照UV燈2分鐘硬化。另一隻耳環以左右對稱的配置製作。

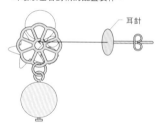

耳針

※在此以162進行圖文解說，163作法相同。

材 料

162

施華洛世奇材料a（#4745・10mm・透明）— 2顆
施華洛世奇材料b（#1088・6mm・
　　透明粉末灰色）— 2顆
棉珍珠（單孔・圓形・8mm・白色）- 2顆
樹脂珍珠（單孔・圓形・4mm・白色）- 2個
石頭串珠（16mm・粉紅色）— 2個
爪座a（#4745用・10mm・金色）— 2個
爪座b（#1088用・6mm・金色）— 2個
花帽（12mm・金色）— 2個
單圈（3mm・金色）— 2個
T針（26mm・金色）— 2根
耳針（平面底座6mm・金色）— 1副
UV膠 — 適量

163

施華洛世奇材料a（#4745・10mm・透明）— 2顆
施華洛世奇材料b（#1088・6mm・
　　透明粉末灰色）— 2顆
棉珍珠（單孔・圓形・8mm・白色）- 2顆
樹脂珍珠（單孔・圓形・4mm・白色）- 2顆
石頭串珠（16mm・紫色）— 2顆
爪座a（#4745用・10mm・金色）— 2個
爪座b（#1088用・6mm・金色）— 2個
花帽（12mm・金色）— 2個
單圈（3mm・金色）— 2個
T針（26mm・金色）— 2根
耳針（平面底座6mm・金色）— 1副
UV膠 — 適量

〔使用工具〕
基本工具（P.168）／接著劑／牙籤／UV燈

158,159

SIZE: 長6×寬2.3cm

1 蠶絲線穿接擋珠後以尖嘴鉗壓扁，從另一端穿針並從蜂巢網片背面往中央縫孔穿出至正面。

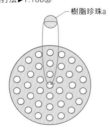

蜂巢網片
擋珠

2 如圖所示穿接串珠。所有串珠穿接完成後，將蠶絲線打平結固定。
※平結打法▶P.186㉟

樹脂珍珠a

穿過中央縫孔。

壓克力串珠a

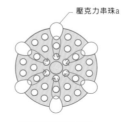

穿接第1段的每個縫孔。

玻璃串珠

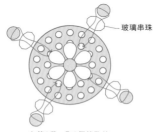

在第2段，取2個縫孔的間隔進行穿接。

補滿第2段未穿接串珠的縫孔。

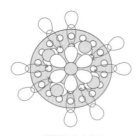

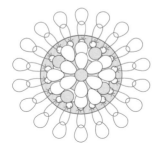

穿接第3段的每個縫孔。

3 取單圈串接壓克力串珠a後，放置在耳針底座上，壓夾爪扣固定。

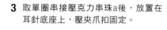
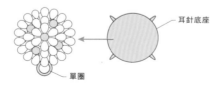

耳針底座

單圈

※固定蜂巢網片▶P.180⑩

5 以**3**加上的單圈串接配件。另一隻耳環作法相同。

4 以T針穿接串珠，折彎針頭製作配件。

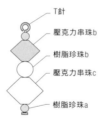

T針
壓克力串珠b
樹脂珍珠b
壓克力串珠c
樹脂珍珠a

※在此以**158**進行圖文解說，**159**作法相同。

材 料

158

樹脂珍珠a（圓形・4mm・銀色）── 14顆
樹脂珍珠b（圓形・6mm・銀色）── 2顆
壓克力串珠a（勾玉形・4mm・透明）
　　　　　　　　　　　　　　──約64顆
壓克力串珠b（算盤形・13×10mm・
　透明）───────────2顆
壓克力串珠c（算盤形・20×16mm・
　透明）───────────2顆
玻璃串珠（鈕釦切割・4mm・透明）
　　　　　　　　　　　　　　──8顆
單圈（0.8×4mm・鍍銠）────2個
T針（0.7×45mm・鍍銠）───2根
擋珠（鍍銠）────────2個
耳針（附蜂巢網片・15mm・鍍銠）─1副
蠶絲線（1號・透明）──────適量

159

樹脂珍珠a（圓形・4mm・金色）── 14顆
樹脂珍珠b（圓形・6mm・金色）── 2顆
壓克力串珠a（勾玉形・4mm・綠色）
　　　　　　　　　　　　　　──約64顆
壓克力串珠b（算盤形・13×10mm・
　綠色）───────────2顆
壓克力串珠c（算盤形・20×16mm・
　綠色）───────────2顆
玻璃串珠（鈕釦切割・4mm・綠色）-8顆
單圈（0.8×4mm・金色）────2個
T針（0.7×45mm・金色）───2根
擋珠（金色）────────2個
耳針（附蜂巢網片・15mm・金色）─1副
蠶絲線（1號・透明）──────適量

〔 使用工具 〕
基本工具（P.168）／縫針／剪刀

蜂巢網片的段數算法

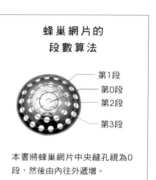

第1段
第0段
第2段
第3段

本書將蜂巢網片中央縫孔視為0段，然後由內往外遞增。

160,161

SIZE: 長4×寬2.5cm

材　料

1 蠶絲線穿接擋珠後以尖嘴鉗壓扁，從另一端穿針並從蜂巢網片背面往中央縫孔穿出至正面。

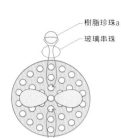

蜂巢網片
擋珠

2 如圖所示穿接串珠。所有串珠穿接完成後，將蠶絲線打平結固定。
※平結打法▶P.186㉟

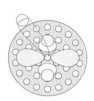

捷克珠

從中央穿出後，穿接第1段縫孔。

樹脂珍珠a
玻璃串珠

穿接第1段的縫孔。

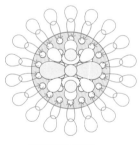

穿過中央縫孔。

壓克力串珠a

如圖所示穿接第2段未被遮住的縫孔。

穿接第3段所有縫孔。

160

樹脂珍珠a（圓形・4mm・銀色）——8顆
樹脂珍珠b（圓形・8mm・銀色）——2顆
壓克力串珠a（勾玉形・4mm・透明）
　　　　　　　　　　　　　　約48顆
壓克力串珠b（鈕釦切割・18×12mm・
　透明）——————————2顆
玻璃串珠（鈕釦切割・4mm・透明）
　　　　　　　　　　　　　　——4顆
捷克珠（水滴形・6×9mm・透明）
　　　　　　　　　　　　　　——4顆
單圈（0.8×4mm・鍍銠）——2個
T針（0.7×45mm・鍍銠）——2根
擋珠（金色）——————————2個
耳針（附蜂巢網片・15mm・鍍銠）—1副
蠶絲線（1號・透明）——————適量

161

樹脂珍珠a（圓形・4mm・金色）——8顆
樹脂珍珠b（圓形・6mm・金色）——2顆
壓克力串珠a（勾玉形・4mm・綠色）
　　　　　　　　　　　　　　約48顆
壓克力串珠b（鈕釦切割・18×12mm・
　綠色）——————————2顆
玻璃串珠（鈕釦切割・4mm・綠色）—4顆
捷克珠（水滴形・6×9mm・綠色）—4顆
單圈（0.8×4mm・金色）————2個
T針（0.7×45mm・金色）————2根
擋珠（金色）——————————2個
耳針（附蜂巢網片・15mm・金色）—1副
蠶絲線（1號・透明）——————適量

〔使用工具〕
基本工具（P.168）／縫針／剪刀

3 取單圈串接壓克力串珠a後，放置在耳針底座上，壓夾爪扣固定。

耳針底座

單圈

※固定蜂巢網片▶P.180⑩

5 以3加上的單圈串接配件。
　另一隻耳環作法相同。

4 以T針穿接珠類，折彎針頭製作配件。

T針
樹脂珍珠b
壓克力串珠b
樹脂珍珠a

※在此以160進行圖文解說，161作法相同。

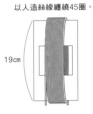

164,165

SIZE：鍊圍70cm

1 如圖所示以不鏽鋼絲線穿接串珠，並打結固定。
※平結打法▶P.186㉟

2 製作流蘇

以人造絲線纏繞45圈。

19cm

↓

使用**1**穿接串珠的不鏽鋼絲線Ⓐ和Ⓑ於中央打結，剪掉線尾拿下紙板。

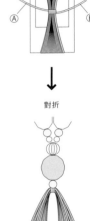

Ⓐ　　　Ⓑ

↓

對折

3 以不鏽鋼絲線打繩頭結。最後將流蘇線尾剪齊。

不鏽鋼絲線 25cm

※製作流蘇▶P.182⑱

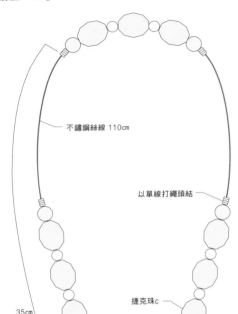

不鏽鋼絲線 110cm

以單線打繩頭結

捷克珠c

35cm

捷克珠b

塑膠珠a
塑膠珠c

塑膠珠b

捷克珠a

Ⓐ　　　　Ⓑ

（以單線打繩頭結）
①繞一個圈，再以線如圖示纏繞。

②線尾穿過下面的圈。

③線的兩端分別往上下拉緊。

※在此以**164**進行圖文解說，**165**作法相同。

材 料

164

捷克珠a（多面切割形・14mm・黑色）
―――――――――1顆
捷克珠b（多面切割形・8mm・黑色）
―――――――――6顆
捷克珠c（多面切割形・6mm・黑色）
―――――――――9顆
銅珠a（圓形・3mm・復古金）―――7顆
銅珠b（條紋圓球形・5mm・復古金）
―――――――――1顆
銅珠c（圓形・2.5mm・復古金）―― 14顆
人造絲線（2mm・黑色）―― 900cm ×1條
不鏽鋼絲線（0.8mm・復古金）
――――――― 110cm×1條、25cm ×1條

165

捷克珠a（多面切割形・14mm・粉紅色）
―――――――――1顆
捷克珠b（多面切割形・8mm・粉紅色）
―――――――――6顆
捷克珠c（多面切割形・6mm・粉紅色）
―――――――――9顆
銅珠a（圓形・3mm・復古金）―――7顆
銅珠b（條紋圓球形・5mm・復古金）
―――――――――1顆
銅珠c（圓形・2.5mm・復古金）―― 14顆
人造絲線（2mm・粉紅色）―― 900cm×1條
不鏽鋼絲線（0.8mm・復古金）
――――――― 110cm×1條、25cm ×1條

〔使用工具〕
基本工具（P.168）／紙板

m e m o

以單線打繩頭結
固定串珠

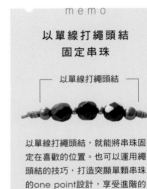

以單線打繩頭結

以單線打繩頭結，就能將串珠固定在喜歡的位置。也可以運用繩頭結的技巧，打造突顯單顆串珠的one point設計，享受進階的串珠樂趣。

166,178

SIZE：長6×寬1.5cm

材 料

1 以T針穿接串珠，折彎針頭。

2 以單圈串接耳針。另一隻耳環作法相同。

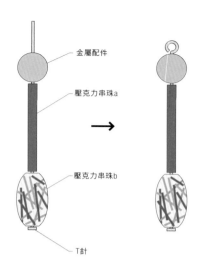

- 金屬配件
- 壓克力串珠a
- 壓克力串珠b
- T針

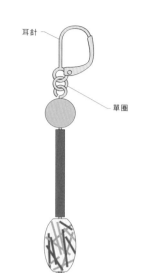

- 耳針
- 單圈

166

壓克力串珠a（圓管珠・30mm・紅色）
——————2顆
壓克力串珠b（酒桶形・20×10mm・
亮片）——————2顆
金屬配件（圓形・10mm・金色）——2個
單圈（0.8mm・金色）——————2個
T針（0.7×75mm・金色）————2根
耳針（法式耳勾・金色）————1副

178

壓克力串珠a（圓管珠・30mm・黑色）
——————2顆
壓克力串珠b（酒桶形・20×10mm・
亮片）——————2顆
金屬配件（圓形・10mm・金色）——2個
單圈（0.8mm・銀色）——————2個
T針（0.7×75mm・銀色）————2根
耳針（法式耳勾・銀色）————1副

〔使用工具〕
基本工具（P.168）

※在此以166進行圖文解說，178作法相同。

 # 167,179

SIZE：長8×寬5cm

材 料

1 造型T針＆T針分別穿接金屬配件，再以圓嘴鉗折彎針頭製作配件，並以單圈串接在一起。

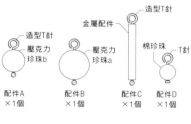

- 造型T針
- 金屬配件
- 壓克力珍珠b
- 壓克力珍珠a
- 棉珍珠
- T針
- 配件A ×1個
- 配件B ×1個
- 配件C ×1個
- 配件D ×1個

2 利用打孔錐加大鍊圈，再以單圈a串接絨毛球。

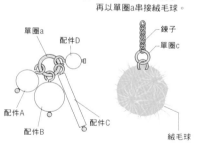

- 單圈a
- 配件D
- 鍊子
- 單圈c
- 配件A
- 配件B
- 配件C
- 絨毛球

3 以單圈b串接2與配件。

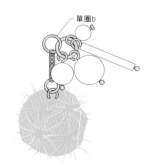

- 單圈b

4 以單圈c串接耳針。另一隻耳環作法相同。

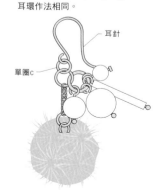

- 耳針
- 單圈c

167

絨毛球（帶圈・直徑50mm・粉紅色）— 2顆
壓克力珍珠a（12mm・透明）————2顆
壓克力珍珠b（10mm・透明）————2顆
棉珍珠（圓形・6mm・白色）————2顆
金屬配件（圓管珠・2×15mm・金色）— 2個
單圈a（0.7×5mm・金色）————2個
單圈b（0.7×4mm・金色）————2個
單圈c（0.6×3mm・金色）————4個
造型T針（圓形・0.6×30mm・金色）—6根
T針（0.6×20mm・金色）————2根
鍊子（金色）————2.5cm×2條
耳針（勾式・金色）————1副

179

絨毛球（帶圈・直徑50mm・灰色）— 2顆
壓克力珍珠a（12mm・透明）————2顆
壓克力珍珠b（10mm・透明）————2顆
棉珍珠（圓形・6mm・白色）————2顆
金屬配件（圓管珠・2×15mm・金色）— 2個
單圈a（0.7×5mm・金色）————2個
單圈b（0.7×4mm・金色）————2個
單圈c（0.6×3mm・金色）————4個
造型T針（圓形・0.6×30mm・金色）—6根
T針（0.6×20mm・金色）————2根
鍊子（金色）————2.5cm×2條
耳針（勾式・金色）————1副

〔使用工具〕
基本工具（P.168）

※在此以167進行圖文解說，179作法相同。

材 料

1 取100cm串珠編織線編織珠子。編織完畢後，將線尾打結固定。

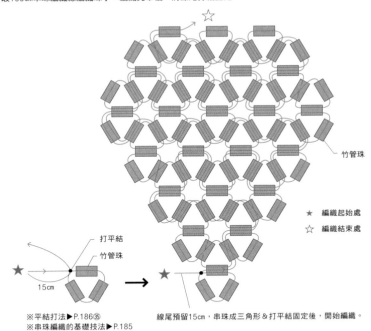

竹管珠

★ 編織起始處
☆ 編織結束處

打平結
竹管珠

15cm

★ → ★

※平結打法▶P.186㉟
※串珠編織的基礎技法▶P.185

線尾預留15cm，串珠成三角形＆打平結固定後，開始編織。

2 取蠶絲線30cm，將1的編織品固定在耳夾的蜂巢網片上。

蜂巢網片

3 將施華洛世奇材料a、b、e鑲在爪座上。
※固定爪座▶P.180⑪

施華洛世奇材料b
施華洛世奇材料a
施華洛世奇材料e

168

施華洛世奇材料a（#4320・10×5mm・黑鑽色）————2顆
施華洛世奇材料b（#4320・8×4mm・黑鑽色）————2顆
施華洛世奇材料c（#5810・6mm・白金色）————2顆
施華洛世奇材料d（#5810・5mm・絲褐色）————2顆
施華洛世奇材料e（#1088・SS29・科羅拉多黃玉色）————2顆
竹管珠（1分竹・黑色）————140顆
爪鑽（圓形・3mm・透明）————2顆
爪座a（#4320用・10×5mm・金色）－2個
爪座b（#4320用・8×4mm・金色）－2個
爪座c（#1088用・SS29・金色）————2個
耳夾（附蜂巢網片・10mm・金色）－1副
串珠編織線（#20・黑色）－100cm×2條
蠶絲線（3號・透明）
————30cm×2條、50cm×2條

180

施華洛世奇材料a（#4320・10×5mm・猩紅色）————2顆
施華洛世奇材料b（#4320・8×4mm・猩紅色）————2顆
施華洛世奇材料c（#5810・6mm・波爾多紅色）————2顆
施華洛世奇材料d（#5810・5mm・絲褐色）————2顆
施華洛世奇材料e（#1088・SS29・金銅綠色）————2顆
竹管珠（1分竹・青銅色）————140顆
爪鑽（圓形・3mm・透明）————2顆
爪座a（#4320用・10×5mm・金色）－2個
爪座b（#4320用・8×4mm・金色）－2個
爪座c（#1088用・SS29・金色）————2個
耳夾（附蜂巢網片・10mm・金色）－1副
串珠編織線（#20・金色）－100cm×2條
蠶絲線（3號・透明）
————30cm×2條、50cm×2條

〔使用工具〕
基本工具（P.168）／刺繡針／剪刀

4 取蠶絲線50cm，將爪鑽＆其餘珠類固定在2上方後，卡回耳夾的底座上，壓夾爪扣固定。

※固定蜂巢網片▶P.180⑩

施華洛世奇材料b
施華洛世奇材料e
施華洛世奇材料a
施華洛世奇材料d
爪鑽
施華洛世奇材料c

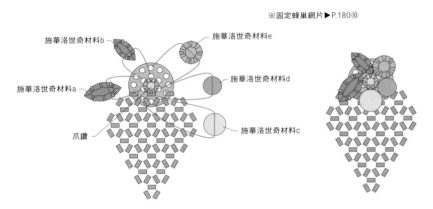

※在此以**168**進行圖文解說，**180**作法相同。

169,181

SIZE:作品　長2×寬1.5cm

1 以造型T針穿接串珠，折彎針頭製作配件。

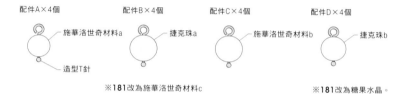

配件A×4個　　配件B×4個　　配件C×4個　　配件D×4個

施華洛世奇材料a　　捷克珠a　　施華洛世奇材料b　　捷克珠b

造型T針

※181改為施華洛世奇材料c　　※181改為糖果水晶。

2 以單圈a串接所有配件。

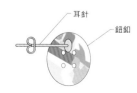

單圈a

配件A　　配件D
配件B　　配件C

×4個

3 以單圈b串接戒台。

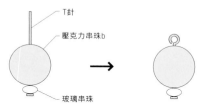

單圈b

戒台

※在此以169進行圖文解說，181則是更換配件以相同作法製作。

材　料

169

施華洛世奇材料a（#5810・5mm・
　珠光白色）————————4顆
施華洛世奇材料b（#5810・6mm・
　珠光白色）————————4顆
捷克珠a（圓形・6mm・香檳光澤色）
　—————————————4顆
捷克珠b（圓形・4mm・香檳光澤色）
　—————————————4顆
單圈a（0.8×4mm・金色）————4個
單圈b（0.8×4.5mm・金色）———1個
造型T針（0.6×30mm・金色）——16根
戒台（帶圈・金色）——————1個

181

施華洛世奇材料a（#5810・4mm・
　珠光白色）————————4顆
施華洛世奇材料b（#5810・6mm・
　珠光白色）————————4顆
施華洛世奇材料c（#5810・5mm・
　珠光白色）————————4顆
糖果水晶（圓形・6mm・蜜桃薄荷綠染色）
　—————————————4顆
單圈a（0.8×4mm・金色）————4個
單圈b（0.8×4.5mm・金色）———1個
造型T針（0.6×30mm・金色）——16根
戒台（帶圈・金色）——————1個

〔使用工具〕
基本工具（P.168）

170,182

SIZE:長8.5×寬3cm

1 在鈕釦背面的上方位置塗接著劑，黏接耳針。

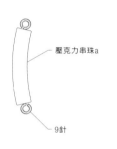

耳針　　鈕釦

2 以T針穿接玻璃串珠→壓克力串珠b，折彎
針頭。

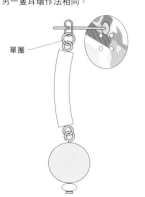

T針

壓克力串珠b

玻璃串珠

3 以9針穿接壓克力串珠a，折彎針頭。

壓克力串珠a

9針

4 依序串接配件後，以單圈串接耳扣。
另一隻耳環作法相同。

單圈

※在此以170進行圖文解說，182作法相同。

材　料

170

壓克力串珠a（彎管形・35mm・白色）
　—————————————2顆
壓克力串珠b（圓形・16mm・藍色）–2顆
玻璃串珠（0.3×0.4mm・白色）——2顆
鈕釦（圓形・25mm・大理石紋）——2個
單圈（0.8×6mm・金色）————2個
9針（0.7×51mm・金色）————2根
T針（0.7×30mm・金色）————2根
耳針（平面底座・8mm・金色）——1副

182

壓克力串珠a（彎管形・35mm・白色）
　—————————————2顆
壓克力串珠b（圓形・16mm・
　蜜桃月亮色）———————2顆
玻璃串珠（0.3×0.4mm・白色）——2顆
鈕釦（圓形・25mm・大理石紋）——2個
單圈（0.8×6mm・金色）————2個
9針（0.7×51mm・金色）————2根
T針（0.7×30mm・金色）————2根
耳針（平面底座・8mm・金色）——1副

〔使用工具〕
基本工具（P.168）／接著劑

171,183

SIZE：戒圍5cm

材　料

1 取70cm蠶絲線如圖所示編織。★＝編織起始處（70cm蠶絲線的中心）

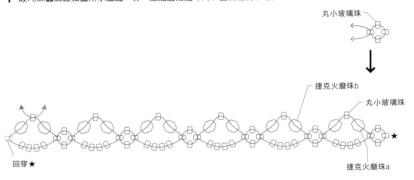

丸小玻璃珠→

捷克火磨珠b

丸小玻璃珠

回穿★

捷克火磨珠a

2 如圖所示將1繼續加珠編織，最後將蠶絲線打平結固定。

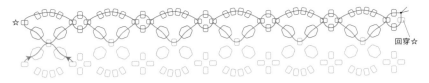

☆

回穿☆

※平結打法▶P.186㉟

※在此以171進行圖文解說，183作法相同。

171
丸小玻璃珠（象牙白色）――――102顆
捷克火磨珠a（4mm・蛋白綠色）―― 12顆
捷克火磨珠b（4mm・橄欖石色AB）
――――――――――――― 12顆
蠶絲線（3號・透明）――――70cm×1條

183
丸小玻璃珠（珍珠白色）――――102顆
捷克火磨珠a（4mm・香檳光澤色）― 12顆
捷克火磨珠b（4mm・亮玫瑰色AB）― 12顆
蠶絲線（3號・透明）――――70cm×1條

〔使用工具〕
剪刀

173,185

SIZE：長11×寬6cm

材　料

1 以單圈串接皮草毛球＆金屬配件。

金屬配件

單圈a

皮草毛球

2 折彎造型T針的針端，與1的單圈a串接。

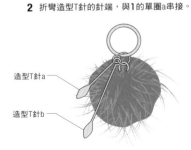

造型T針a

造型T針b

3 以單圈b串接耳夾，再加上單圈a與金屬配件串接。
另一隻耳環作法相同。

耳夾

單圈b

單圈a

※在此以173進行圖文解說，185作法相同。

173
皮草毛球（帶圈・直徑6cm・灰色）−2顆
金屬配件（圓環形・2.5mm・金色）−2個
造型T針a（矛形・0.7×36mm・金色）
――――――――――――――2根
造型T針b（矛形・0.7×51mm・金色）
――――――――――――――2根
單圈a（1×6mm・金色）――――4個
單圈b（0.7×4mm・金色）――――2個
耳夾（圓球帶圈・金色）――――――1副

185
白色
皮草毛球（帶圈・直徑6cm・白色）−2顆
金屬配件（圓環形・2.5mm・金色）−2個
造型T針a（矛形・0.7×36mm・金色）
――――――――――――――2根
造型T針b（矛形・0.7×51mm・金色）
――――――――――――――2根
單圈a（1×6mm・金色）――――4個
單圈b（0.7×4mm・金色）――――2個
耳夾（圓球帶圈・金色）――――――1副

〔使用工具〕
基本工具（P.168）／接著劑

SIZE：長3×寬3cm

材　料

1 將不織布貼在接著襯上。

- 接著襯
- 不織布

※黏合不織布＆接著襯
▶P.181⑮

2 在爪座背面塗接著劑，貼在1的不織布上。

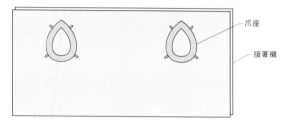

- 爪座
- 接著襯

3 接著劑乾燥後，將2的爪座止縫在不織布上。

4 將施華洛世奇材料鑲在爪座上，以尖嘴鉗壓夾爪扣固定。

- 施華洛世奇材料

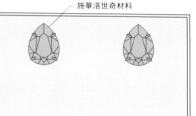

5 取2股繡線，依序鏽上扭轉珠、珍珠、閃光亮片。

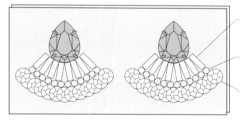

- 扭轉珠（使用2股繡線。並使扇形外圍儘量符合縫上12顆珍珠時的幅度）

- 珍珠（取1股線進行釘線繡）
  ※釘線繡（直線）▶P.188㊴

- 閃光亮片（取1股線進行亮片連續繡）
  ※亮片連續繡▶P.188㊵

6 外圍保留1mm後剪下。再另外剪一塊比作品外圍大1cm的無接著襯不織布，以接著劑黏合於作品背面。

7 待接著劑乾燥後，將無接著襯不織布的留邊剪掉，在背面以接著劑黏貼耳夾。另一隻耳環作法相同。

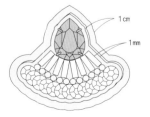

- 1cm
- 1mm

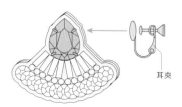

- 耳夾

※在此以**172**進行圖文解說，**184**作法相同。

172

施華洛世奇材料（#4320・14×10mm・
　加勒比亞藍蛋白色）——————2顆
珍珠（圓形・2mm・白色）————24顆
閃光亮片（龜甲・5mm・銀色）——26片
扭轉珠（2×6mm・銀色）————16顆
爪座（#4320用・14×10mm・銀色）
　—————————————————2個
耳夾（平面底座・8mm・銀色）——1副
不織布（5×10cm・灰色）————2片
繡線（25號・灰色）——————適量
接著襯（5×10cm）————————1片

184

施華洛世奇材料（#4320・14×10mm・
　太平洋蛋白色）————————2顆
珍珠（圓形・2mm・白色）————24顆
閃光亮片（龜甲・5mm・金色）——26片
扭轉珠（2×6mm・金色）————16顆
爪座（#4320用・14×10mm・金色）
　—————————————————2個
耳夾（平面底座・8mm・金色）——1副
不織布（5×10cm・米色）————2片
繡線（25號・米色）——————適量
接著襯（5×10cm）————————1片

〔 使用工具 〕
基本工具（P.168）／接著劑／刺繡針／剪刀／熨斗

〔 側視圖 〕

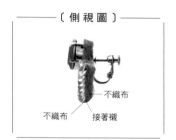

- 不織布
- 不織布
- 接著襯

m e m o

**使亮片
呈現花瓣感**

- 凹面朝上
- 閃光亮片
- 不織布

雖然龜甲閃光亮片在刺繡時多半是凹面朝上，但想像如反過來讓凸面朝上，像在畫圓般刺繡，就能呈現出如花瓣之感。

174,186

SIZE: 戒圍 3cm

1 取80cm鸞絲線如圖所示編織。
　　★＝編織起始處（80cm鸞絲線的中心）

2 如圖所示，從1繼續以同一條鸞絲線加珠編織，最後將鸞絲線打平結。

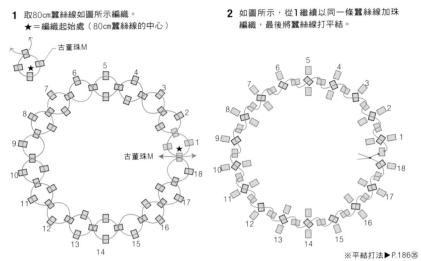

古董珠M

古董珠M

※平結打法▶P.186㉟

3 製作戒圍。另取新的鸞絲線，在1如圖所示2顆串珠之間加珠編織，最後將鸞絲線打平結固定。
　　★＝編織起始處（50cm鸞絲線的中心）

※在此以**174**進行圖文解說，**186**作法相同。

材料

174

古董珠M（銀色）——————89顆
鸞絲線（3號・透明）
　　　———80cm×1條、50cm×1條

186

古董珠M（金色）——————89顆
鸞絲線（3號・透明）
　　　———80cm×1條、50cm×1條

〔使用工具〕
剪刀

m e m o

**可自由調整戒圍，
每根手指頭都能戴！**

因戒圍也是編織而成，所以可以依自己的戒圍尺寸製作。採用同色系表現高雅格調，或以對比色增添設計感，享受百變的搭配樂趣吧！

175,187

SIZE: 長6×寬2cm

1 分別在矽膠模具內放入亮片粉，然後灌入UV膠混合，照UV燈5分鐘硬化。

2 從矽膠模具內脫模後，以筆刀削去毛邊。確實硬化後，以手工鑽打孔。

1.5cm
綠色
※**187**改為紅色。

2cm
灰色
※**187**改為藍色。

打2個孔

打1個孔

手工鑽

3 取1根T針剪下2cm，串接UV膠配件。

4 以T針依序穿接玻璃串珠→壓克力串珠，然後折彎針頭，串接3的UV膠配件。

5 在壓克力串珠背面以接著劑黏貼耳針。另一隻耳環作法相同。

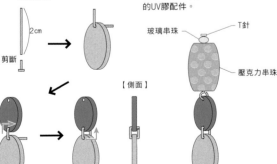

2cm

剪斷

【側面】

T針

玻璃串珠

壓克力串珠

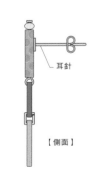

耳針

【側面】

※在此以**175**進行圖文解說，**187**作法相同。

※UV膠的基礎技法▶P.184,185

材料

175

壓克力串珠（2.5cm×1.2cm・紫色）- 2顆
玻璃串珠（0.3cm・金色）————2顆
T針（0.7×51mm・金色）————4根
耳針（平面底座・8mm・金色）——1副
亮片粉（綠色、灰色）—————適量
UV膠————————————適量

187

壓克力串珠（2.5cm×1.2cm・黑色）- 2顆
玻璃串珠（0.3cm・金色）————2顆
T針（0.7×51mm・金色）————4根
耳針（平面底座・8mm・金色）——1副
亮片粉（紅色、藍色）—————適量
UV膠————————————適量

〔使用工具〕
基本工具（P.168）／接著劑／矽膠模具（圓形・直徑1.5cm／直徑2cm）／牙籤／UV燈／手工鑽／筆刀

176,188

SIZE：長7.5×寬3cm

1 製作2個流蘇。

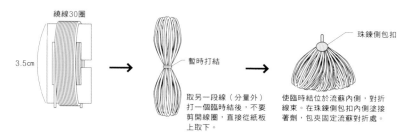

繞線30圈

3.5cm

暫時打結

取另一段線（分量外）打一個臨時結後，不要剪開線圈，直接從紙板上取下。

珠鍊側包扣

使臨時結位於流蘇內側，對折線束。在珠鍊側包扣內側塗接著劑，包夾固定流蘇對折處。

2 以單圈串接流蘇＆鍊子。

鍊子

單圈

3 以單圈將另一個流蘇串接在鍊子正中央，再以單圈串接耳針。另一隻耳環作法相同。

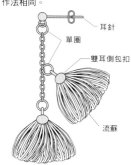

耳針

單圈

雙耳側包扣

流蘇

※在此以**176**進行圖文解說，**188**作法相同。　※製作流蘇▶P.182⑱

材料

176

單圈（0.5×3.5mm・洋白）――――6個
珠鍊側包扣（2mm・金色）――――4個
鍊子（金色）――――――――5cm×2條
耳針（圓球帶圈・金色）――――1副
極細毛線（極細馬海毛・白色）

――――――――――850cm×1條

188

單圈（0.5×3.5mm・洋白）――――6個
珠鍊側包扣（2mm・金色）――――4個
鍊子（金色）――――――――5cm×2條
耳針（圓球帶圈・金色）――――1副
極細毛線（花色紗線・紫色系）

――――――――――850cm×1條

〔使用工具〕
基本工具（P.168）／紙板／接著劑

190,201

SIZE：長4.2×寬1.3cm

1 蠶絲線兩端分別穿過鏤空配件背面最外側的孔，其中一端線預留8cm，然後打平結。

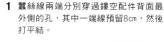

鏤空配件

2 以較長端的蠶絲線穿接施華洛世奇材料＆棉珍珠，再往1穿孔處的對側孔穿入，以預留的蠶絲線在背面打平結，剪斷多餘的線。

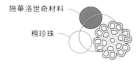

施華洛世奇材料

棉珍珠

3 以接著劑黏貼爪鑽，填補空隙。

爪鑽

4 以接著劑將耳針黏貼在鏤空配件的背面。

【背面】

耳針

5 待完全乾燥後，以單圈串接金屬配件＆鏤空配件。另一隻耳環以左右對稱的配置製作。

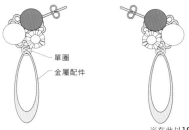

單圈

金屬配件

※在此以**190**進行圖文解說，**201**作法相同。

材料

190

施華洛世奇材料（#5810・6mm・斑斕深藍色）――――2顆
棉珍珠（圓形・6mm・白色）――――2顆
爪鑽（7mm・透明／鍍銠）――――2個
金屬配件（橢圓形・30×10mm・3mm・鍍銠）――――2個
鏤空配件（10mm・鍍銠）――――2個
單圈（0.6×3mm・鍍銠）――――2個
耳針（平面底座・4mm・鍍銠）――――1副
蠶絲線（2號・透明）――――30cm×2條

201

施華洛世奇材料（#5810・6mm・斑斕亮藍色）――――2顆
棉珍珠（圓形・6mm・白色）――――2個
爪鑽（7mm・透明／金色）――――2個
金屬配件（橢圓形・30×10mm・3mm・金色）――――2個
鏤空配件（10mm・金色）――――2個
單圈（0.6×3mm・金色）――――2個
耳針（平面底座・4mm・金色）――――1副
蠶絲線（2號・透明）――――30cm×2條

〔使用工具〕
基本工具（P.168）／剪刀／接著劑

材 料

1 將亞麻布擺在耳針的蜂巢網片上，縫上串珠。

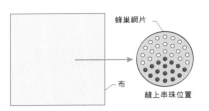

蜂巢網片

布

縫上串珠位置

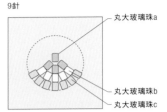

9針

丸大玻璃珠a

丸大玻璃珠b
丸大玻璃珠c

※**189**將丸大玻璃珠a改為丸大玻璃珠c。

177

丸大玻璃珠a（紫色）	8顆
丸大玻璃珠b（白色）	10顆
丸大玻璃珠c（金色）	14顆
亞麻布（2.5×2.5cm・自然色）	2片
耳針（附蜂巢網片・15mm・金色）	1副
蕾絲（6mm寬・粉紅色）	28cm×2條
縫線	適量

189

丸大玻璃珠b（白色）	10顆
丸大玻璃珠c（金色）	22顆
亞麻布（2.5×2.5cm・自然色）	2片
耳針（附蜂巢網片・15mm・金色）	1副
亞麻紗線（白色）	70cm×2條
縫線	適量

〔 使 用 工 具 〕
縫針／紙板／剪刀

2 在蜂巢網片外圍預留1cm的亞麻布，剪下。沿布邊縫一圈後，在蜂巢網片背面將線收緊。

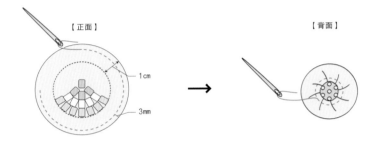

【正面】

1cm

3mm

【背面】

3 取3.5cm的紙板，以蕾絲繞4圈製作流蘇。

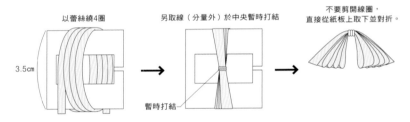

以蕾絲繞4圈

3.5cm

另取線（分量外）於中央暫時打結

暫時打結

不要剪開線圈，
直接從紙板上取下並對折。

※**189**將蕾絲改為亞麻紗線，纏繞20圈。
※製作流蘇▶P.182⑱

memo

蜂巢網片
是穿針縫繡的定位好物

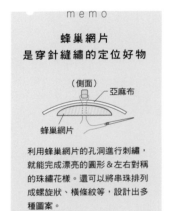

（側面）
亞麻布

蜂巢網片

利用蜂巢網片的孔洞進行刺繡，
就能完成漂亮的圓形＆左右對稱
的珠繡花樣。還可以將串珠排列
成螺旋狀、橫條紋等，設計出多
種圖案。

4 以縫線將蕾絲接縫在蜂巢網片背面，然後卡回耳針的底座上，壓夾爪扣固定。

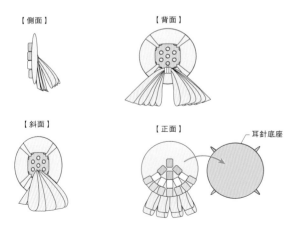

【側面】

【背面】

【斜面】

【正面】

耳針底座

※固定蜂巢網片▶P.180⑩
※在此以**177**進行圖文解說，**189**則是更換配件以相同作法製作。

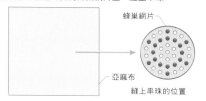 # 191,208

SIZE：長5×寬1.5cm

1 將亞麻布放在耳針的蜂巢網片上，縫上串珠。

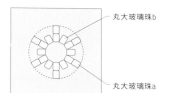

蜂巢網片

丸大玻璃珠b

亞麻布

縫上串珠的位置

丸大玻璃珠a

2 在蜂巢網片外圍預留1cm的亞麻布，剪下。沿布邊縫一圈後，在蜂巢網片背面將線收緊（參考P.088步驟**2**）。然後卡回耳針的底座上，壓夾爪扣固定。
※固定蜂巢網片▶P.180⑩

3 製作流蘇。

取3色的1/4束壓克力線，並排整齊。

7cm

※從線束剪取流蘇▶P.183⑲

以不鏽鋼絲線穿接單圈&丸大玻璃珠a後，於壓克力線中央打結。

單圈
不鏽鋼絲線10cm
丸大玻璃珠a

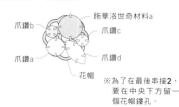

以15cm不鏽鋼絲線打繩頭結。
※製作流蘇▶P.182⑱

4 將流蘇串接在串珠上。另一隻耳環作法相同。

※在此以**191**進行圖文解說，**208**作法相同。

191

丸大玻璃珠a（金色）	14顆
丸大玻璃珠b（白色）	24顆
單圈（0.5×3.5mm・金色）	2個
耳針（附蜂巢網片・13mm・金色）	1副
亞麻布（2.5×2.5cm・淡藍色）	2片
不鏽鋼絲線（0.6mm・復古金）	
	10cm×2條、15cm×2條
壓克力線（藍色、灰色、白色）	
	7cm×1/4×2束
縫線	適量

208

丸大玻璃珠a（金色）	14顆
丸大玻璃珠b（白色）	24顆
單圈（0.5×3.5mm・金色）	2個
耳針（附蜂巢網片・13mm・金色）	1副
亞麻布（2.5×2.5cm・淡綠色）	2片
不鏽鋼絲線（0.6mm・復古金）	
	10cm×2條、15cm×2條
壓克力線（綠色、灰色、白色）	
	各7cm×1/4×2束
縫線	適量

〔使用工具〕
基本工具（P.168）／剪刀

192,193

SIZE：長4.5×寬2cm

材 料

1 將施華洛世奇材料a鑲在爪座上。

施華洛世奇材料a

爪座

※固定爪座▶P.180⑪

2 以單圈a串接施華洛世奇材料b。

單圈a
施華洛世奇材料b

3 以接著劑把施華洛世奇材料a&爪鑽黏貼在花帽上，等待乾燥。

施華洛世奇材料a
爪鑽b
爪鑽c
爪鑽a
爪鑽d
花帽

※為了在最後串接**2**，要在中央下方留一個花帽鏤孔。

4 以UV膠填補縫隙，照UV燈2分鐘硬化。

5 以2個單圈b串接2製作的配件&花帽。

單圈b

施華洛世奇材料b

※如果UV膠堵住花帽的鏤孔，可以用打孔錐或手工鑽重新打孔。

6 在5的背面塗抹UV膠，黏貼耳針&照UV燈2分鐘硬化。另一隻耳環以左右對稱的配置製作。

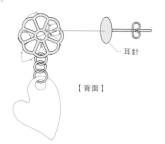

耳針

〔背面〕

※在此以**192**進行圖文解說，**193**作法相同。

192

施華洛世奇材料a（#1088・8mm・太平洋蛋白色）	2顆
施華洛世奇材料b（#6261・27mm・透明AB）	2顆
爪鑽a（6mm・白蛋白）	2顆
爪鑽b（4mm・白蛋白）	2顆
爪鑽c（4mm・透明AB）	2顆
爪鑽d（欖尖形・10×5mm・透明）	2顆
爪座（#1088用・8mm・金色）	2個
花帽（12mm・金色）	2個
單圈a（6mm・金色）	2個
單圈b（3mm・金色）	4個
耳針（平面底座・8mm・金色）	1副
UV膠	適量

193

施華洛世奇材料a（#1088・8mm・深灰色）	2顆
施華洛世奇材料b（#6261・27mm・黑色）	2顆
爪鑽a（6mm・黑色）	2顆
爪鑽b（4mm・黑色）	2顆
爪鑽c（4mm・透明AB）	2顆
爪鑽d（欖尖形・10×5mm・透明）	2顆
爪座（#1088用・8mm・金色）	2個
花帽（12mm・金色）	2個
單圈a（6mm・金色）	2個
單圈b（3mm・金色）	4個
耳針（平面底座・8mm・金色）	1副
UV膠	適量

〔使用工具〕
基本工具（P.168）／牙籤／UV燈／接著劑

194,206

SIZE: 長2.2×寬2.2cm

1 將施華洛世奇材料鑲在爪座上。

施華洛世奇材料a　　施華洛世奇材料b　　施華洛世奇材料c

※固定爪座▶P.180⑪

2 在鏤空配件正面塗抹接著劑，黏貼1。
其餘空間塗抹接著劑，黏貼爪鍊。

施華洛世奇材料a　　　　施華洛世奇材料c

鏤空配件
施華洛世奇材料b

爪鍊

3 在鏤空配件背面以接著劑黏貼耳夾。
另一隻耳環以左右對稱的配置製作。

【背面】

耳夾

※在此以194進行圖文解說，206作法相同。

195,196

SIZE: 長8×寬1.2cm

1 以T珍穿接棉珍珠＆木串珠，折彎針頭。
再將木串珠以接著劑黏在耳夾上。

棉珍珠

T針a

T針b

3 以2的單圈串接所有配件。另一隻耳環作法相同。

2 製作流蘇。

將2色蠶絲毛線一起繞紙板5圈。

12cm

暫時打結

取另一段線（分量外）暫時打結後，不要剪斷開線圈，直接從紙板上取下。

單圈

不鏽鋼絲線

穿過單圈，對折。

對折線束後，以串珠鋼絲在頭端偏下方打繩頭結。

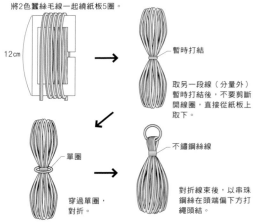

單圈

※在此以195進行圖文解說，196作法相同。　　※製作流蘇▶P.182⑱

材　料

194

施華洛世奇材料a（#4527・14×10mm・
流金幻影色）　　　　　　　　2顆
施華洛世奇材料b（#1088・4mm・
太平洋蛋白色）　　　　　　　2顆
施華洛世奇材料c（#4527・8×6mm・
透明）　　　　　　　　　　　2顆
爪座a（#4527用・14×10mm・
流金幻影色）　　　　　　　　2個
爪座b（#1088用・4mm・金色）　　2個
爪座c（#4527用・8×6mm・金色）－2個
爪鍊（正方形・2×2mm透明）　4顆×2條
鏤空配件（16×16mm・金色）　　2個
耳夾（平面底座・8mm・金色）　　1副

206

施華洛世奇材料a（#4527・14×10mm・
淺碧綠色）　　　　　　　　　2顆
施華洛世奇材料b（#1088・4mm・
淺黃水晶色）　　　　　　　　2顆
施華洛世奇材料c（#4527・8×6mm・
透明）　　　　　　　　　　　2個
爪座a（#4527用・14×10mm・
流金幻影色）　　　　　　　　2個
爪座b（#1088用・4mm・金色）　　2個
爪座c（#4527用・8×6mm・金色）－2個
爪鍊（正方形・2×2mm透明）　4顆×2條
鏤空配件（16×16mm・金色）　　2個
耳夾（平面底座・8mm・金色）　　1副

〔使用工具〕
基本工具（P.168）／接著劑

材　料

195

棉珍珠（圓形・8mm・米色）　　2顆
木串珠（長方形・13×19mm・深藍色）
　　　　　　　　　　　　　　2顆
單圈（8mm・金色）　　　　　　2個
T針a（0.7×30mm・金色）　　　2根
T針b（0.7×20mm・金色）　　　2根
不鏽鋼絲線（0.6mm・復古金）
　　　　　　　　　　　15cm×2條
蠶絲毛線（藍色、綠色）－120cm×2條
耳夾（平面底座・8mm・金色）　　1副

196

棉珍珠（圓形・8mm・淺褐色）　　2顆
木串珠（長方形・13×19mm・金色）
　　　　　　　　　　　　　　2顆
單圈（8mm・金色）　　　　　　2個
T針a（0.7×30mm・金色）　　　2根
T針b（0.7×20mm・金色）　　　2根
不鏽鋼絲線（0.6mm・復古金）
　　　　　　　　　　　15cm×2條
蠶絲毛線（白色、金色）－120cm×2條
耳夾（平面底座・8mm・金色）　　1副

〔使用工具〕
基本工具（P.168）／接著劑／紙板／剪刀

197,209

SIZE: 長6.5×寬3cm

材 料

1 黏合不織布＆接著襯。

接著襯
不織布

2 以粉土筆繪製邊長22mm的正方形。

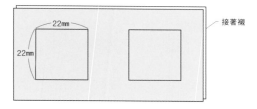

22mm
22mm
接著襯

3 取2股繡線如圖所示刺繡。

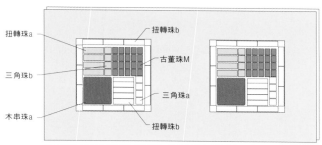

扭轉珠a
三角珠b
木串珠a
扭轉珠b
古董珠M
三角珠a
扭轉珠b

※木串珠a要先在背面塗抹接著劑，貼在不織布上再繡上固定。

※珠繡的基礎技法▶P.187,188

4 四周預留1至2mm後剪下。

1至2mm

5 以無接著襯的不織布剪下比作品外圍大1cm的形狀，再以接著劑與4黏合，待乾後將多餘的外圍剪掉。

1cm

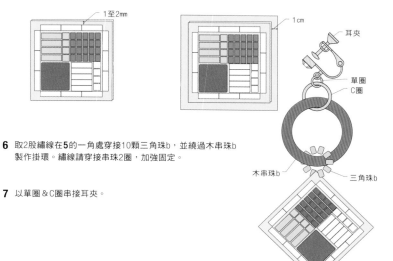

耳夾
單圈
C圈
木串珠b
三角珠b

6 取2股繡線在5的一角處穿接10顆三角珠b，並繞過木串珠b製作掛環。繡線請穿接串珠2圈，加強固定。

7 以單圈＆C圈串接耳夾。

※在此以197進行圖文解說，209作法相同。

197

扭轉珠a（2×6mm・金色）	8顆
扭轉珠b（2×6mm・銀色）	34顆
三角珠a（2.5mm・銀色）	8顆
三角珠b（2.5mm・金色）	28顆
木串珠a（方片形・10×10mm・褐色）	2顆
木串珠b（圓環形・25mm・褐色）	2顆
古董珠M（綠松色）	40顆
單圈（0.7×3.5mm・金色）	2個
C圈（10×8mm・金色）	2個
耳夾（鑲鑽・帶圈・金色）	1副
不織布（深藍色）	4×8cm×2片
繡線（25號・深藍色）	100cm×2條
接著襯	4×8cm×1片

209

扭轉珠a（2×6mm・金色）	8顆
扭轉珠b（2×6mm・銀色）	34顆
三角珠a（2×5mm・銀色）	8顆
三角珠b（2×5mm・金色）	28顆
木串珠a（方片形・10×10mm・褐色）	2顆
木串珠b（圓環形・25mm・褐色）	2顆
古董珠M（象牙色）	40顆
單圈（0.7×3.5mm・金色）	2個
C圈（10×8mm・金色）	2個
耳夾（鑲鑽・帶圈・金色）	1副
不織布（芥末黃色）	4×8cm×2片
繡線（25號・芥末黃色）	100cm×2條
接著襯	4×8cm×1片

〔使用工具〕
基本工具（P.168）／刺繡針／接著劑／粉土筆／剪刀／熨斗

〔側面圖〕
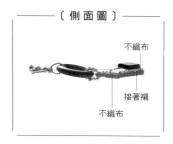
不織布
接著襯
不織布

198,199

材 料

1 以9針穿接木串珠，折彎針頭。

※199改為木串珠b。

2 以單圈如圖所示串接4條鍊子。

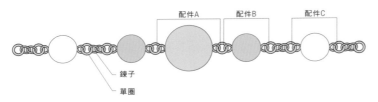

3 兩端以單圈串接暗釦頭。

※在此以198進行圖文解說，199作法相同。

198
木串珠a（錢幣形・26mm・金色）── 1顆
木串珠b（圓片形・15mm・裸粉紅色）
──────────────────── 2顆
木串珠c（圓片形・15mm・白色）── 2顆
單圈（0.7×4mm・金色）───── 10個
9針（0.7×40mm・金色）───── 5條
鍊子（金色）────── 2鍊圈×4條
暗釦頭（金色）──────────── 1組

199
木串珠a（錢幣形・26mm・銀色）── 1顆
木串珠b（圓片形・15mm・白色）── 4個
單圈（0.7×4mm・銀色）───── 10個
9針（0.7×40mm・銀色）───── 5根
鍊子（銀色）────── 2鍊圈×4根
暗釦頭（銀色）──────────── 1組

〔 使 用 工 具 〕
基本工具（P.168）

 200,205

材 料

1 在壓克力串珠背面塗接著劑，黏貼金屬片。

2 以接著劑黏貼耳夾。

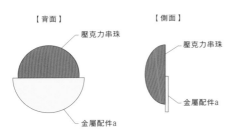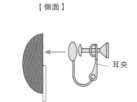

3 將金屬配件b掛在耳夾上。
　　另一隻耳環作法相同。

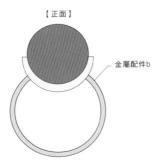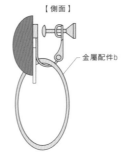

※在此以200進行圖文解說，205作法相同。

200
壓克力串珠（圓凸面形・18mm・
　珊瑚橘色MB）───────── 2顆
金屬配件a（半圓金屬片・21×10.5mm・
　金色）─────────── 2個
金屬配件b（圓環形・30mm・金色）- 2個
耳夾（平面底座・5mm・金色）── 1副

205
壓克力串珠（圓凸面形・18mm・
　Lt.灰色MB）──────── 2顆
金屬配件a（半圓金屬片・21×10.5mm・
　金色）─────────── 2個
金屬配件b（圓環形・30mm・金色）- 2個
耳夾（平面底座・金色）───── 1副

〔 使 用 工 具 〕
基本工具（P.168）／接著劑

SIZE：長4×寬2cm

材料

1 將施華洛世奇材料鑲在爪座上。

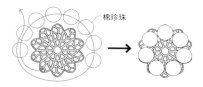

施華洛世奇材料b
施華洛世奇材料a

※固定爪座▶P.180⑪

2 將蠶絲線的兩端從鏤空配件背面最外側的洞穿出，其中一端的線留8cm並在背面打結。

鏤空配件

3 以蠶絲線的長端穿接7顆棉珍珠，然後回穿線頭的2顆珍珠，線再從鏤空配件背面穿出。

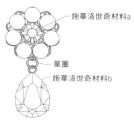

棉珍珠

4 蠶絲線穿回正面，繞穿棉珍珠間隙，將珍珠固定在鏤空配件上。蠶絲線在背面打結，剪斷多餘的線。

5 將施華洛世奇材料a貼在中央，以單圈串接鏤空配件&施華洛世奇材料b。

施華洛世奇材料a
單圈
施華洛世奇材料b

6 在鏤空配件背面塗著著劑，黏貼耳針。另一隻耳環作法相同。

耳針

【背面】

※在此以202進行圖文解說，204作法相同。

202

施華洛世奇材料 a（#1088・8mm・
　透明薄荷綠色）————2顆
施華洛世奇材料 b（#4320・18×13mm・
　透明粉末灰色）————2顆
棉珍珠（雙孔・6mm・淺褐色）——14顆
爪座a（#1088用・8mm・金色）——2個
爪座b（#4320用・帶圈・18×13mm・
　金色）————2個
鏤空配件（20mm・金色）————2個
單圈（0.6×3mm・金色）————2個
耳針（平面底座・8mm・金色）——1副
蠶絲線（2號・透明）————40cm×2條

204

施華洛世奇材料 a（#1088・8mm・
　透明象牙奶油色）————2顆
施華洛世奇材料 b（#4320・18×13mm・
　透明深灰色）————2顆
棉珍珠（雙孔・6mm・白色）——14顆
爪座a（#1088用・8mm・金色）——2個
爪座b（#4320用・帶圈・18×13mm・
　金色）————2個
鏤空配件（20mm・金色）————2個
單圈（0.6×3mm・金色）————2個
耳針（平面底座・8mm・金色）——1副
蠶絲線（2號・透明）————40cm×2條

〔使用工具〕
基本工具（P.168）／接著劑／剪刀

 **203,207**

SIZE：長6×寬1cm

材料

1 以接著劑黏貼壓克力串珠&耳夾。

耳夾
壓克力串珠

2 以C圈串接玻璃串珠a。

C圈
玻璃串珠a

3 以9針穿接玻璃串珠b後折彎針頭，串接3個C圈，再與耳夾串接。

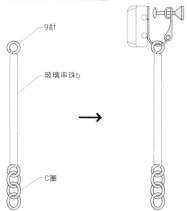

9針
玻璃串珠b
C圈

4 將2的玻璃串珠a串接在9針&C圈上。另一隻耳環作法相同。

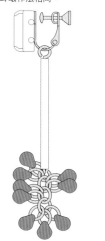

※在此以203進行圖文解說，207作法相同。

203

壓克力串珠（附爪座八邊形・
　14×10mm・冰霜白色）————2顆
玻璃串珠a（勾玉形・3mm・紅色）
　————18顆
玻璃串珠b（竹管形・30mm・白色）
　————2顆
9針（0.7×50mm・金色）————2根
C圈（0.6×3×4mm・金色）——24個
耳夾（平面底座・8mm・金色）——1副

207

壓克力串珠（附爪座八邊形・
　14×10mm・冰霜白色）————2顆
玻璃串珠a（勾玉形・3mm・黃色）
　————18顆
玻璃串珠b（竹管形・30mm・白色）
　————2顆
9針（0.7×50mm・金色）————2根
C圈（0.6×3×4mm・金色）——24個
耳夾（平面底座・8mm・金色）——1副

〔使用工具〕
基本工具（P.168）／接著劑

PART 4 from 210 to 255

BOTANICAL ACCESSORIES

植物系 飾品

花卉的形態比想像中還要自由繽紛。
借助植物系飾品自然的生命活力，
激發女性的可愛感吧！

FLOWER ACCESSORIES (1)

人造花・乾燥花
飾品

喜愛自然氛圍的人，
推薦使用人造花＆乾燥花，
嘗試打造優美的飾品。

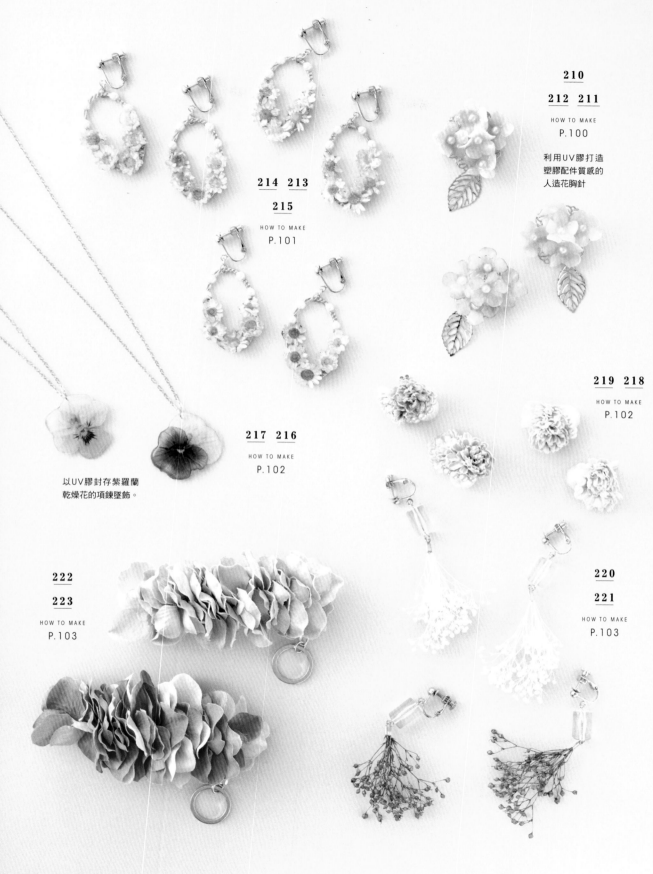

210

212 211

HOW TO MAKE

P.100

利用UV膠打造
塑膠配件質感的
人造花胸針

214 213

215

HOW TO MAKE

P.101

219 218

HOW TO MAKE

P.102

以UV膠封存紫羅蘭
乾燥花的項鍊墜飾。

217 216

HOW TO MAKE

P.102

222

223

HOW TO MAKE

P.103

220

221

HOW TO MAKE

P.103

FLOWER ACCESSORIES (2)

黏土製
飾品

將自由著色的樹脂黏土＆石塑黏土捏製成花。
就算是稍微變形的花，
模樣也也相當可愛又討喜。

以指腹輕柔彎塑花瓣，
再以竹籤壓出皺褶。

225 224

HOW TO MAKE
P.104

226

227

228

HOW TO MAKE
P.106

230 229

HOW TO MAKE
P.108

232 231

HOW TO MAKE
P.110

235 234 233

HOW TO MAKE
P.112

240 239 238

HOW TO MAKE
P.113

236

237

HOW TO MAKE
P.114

利用透明文件夾製作
壓模，再逐步捏塑出
花的形狀。

FLOWER ACCESSORIES (3)

花 型 配 件 飾 品

金屬花＆金屬葉有五彩繽紛的色彩變化。
請巧妙地搭配，讓美麗的花朵融入穿搭之中吧！

242 241

HOW TO MAKE
P.116

246 245

HOW TO MAKE

P.117

垂墜搖曳的靈動配件，
特別適合氣候涼爽的度
假勝地。

244 243

HOW TO MAKE

P.117

249 248 247

HOW TO MAKE

P.118

251 250

HOW TO MAKE

P.118

253

255 254

HOW TO MAKE

P.119

不同材質的花束＆
緞帶，使盤髮更添
華麗感。

252

HOW TO MAKE

P.116

材 料

210

樹脂珍珠（半圓形・4mm・白色）————5個
金屬配件（葉形・13×24mm・金色）—— 1個
人造花（雪球花・粉紅色）————5個
單圈（0.7×4mm・金色）————1個
胸針五金配件（六瓣鏤空花片・30mm・金色）
—————————————1個
UV膠 ————————————適量

211

樹脂珍珠（半圓形・4mm・白色）————5個
金屬配件（葉形・13×24mm・金色）—— 1個
人造花（雪球花・黃色）————5個
單圈（0.7×4mm・金色）————1個
胸針五金配件（六瓣鏤空花片・30mm・金色）
—————————————1個
UV膠 ————————————適量

212

樹脂珍珠（半圓形・4mm・白色）————5個
金屬配件（葉形・13×24mm・金色）—— 1個
人造花（雪球花・藍色）————5個
單圈（0.7×4mm・金色）————1個
胸針五金配件（六瓣鏤空花片・30mm・金色）
—————————————1個
UV膠 ————————————適量

〔 使 用 工 具 〕
基本工具（P.168）／底墊／UV燈／透明文件夾
／紙膠帶／水彩筆／牙籤

※UV膠的基礎技法▶P.184,185
※在此以212進行圖文解說，210・211作法相
　同。

人造花

樹脂珍珠

1

在剩下的一朵人造花背面，以牙籤塗上UV膠，黏貼在**3**的中央後，照UV燈2分鐘硬化。以水彩筆將作品全面塗抹UV膠後，照UV燈30秒硬化。

將人造花剪成小朵後放在透明文件夾上。以水彩筆將表面塗滿UV膠，並以牙籤輔助，將樹脂珍珠放在人造花中央。再連同透明文件夾放在UV燈下，照燈2分鐘硬化。共製作5朵花。

↓

↓

【背面】
胸針五金配件

紙膠帶

2

最後以水彩筆在胸針五金配件＆花的間隙塗抹UV膠，從正面照UV燈2分鐘硬化。

胸針五金配件正面朝下，擺在底墊上，以牙籤塗抹UV膠。為避免膠堵住胸針五金配件的洞（串接金屬配件位置），可事先貼上紙膠帶。照燈2分鐘硬化。

↓

↓

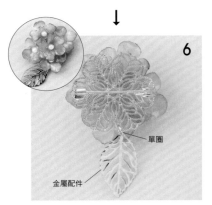

1的配件

胸針五金配件

3

單圈

金屬配件

撕下**2**黏貼的紙膠帶，以單圈串接金屬配件。

將**2**從底墊上取下，以水彩筆在表面薄塗一層UV膠，配置上**1**的4朵人造花，照UV燈2分鐘硬化。再以水彩筆在胸針五金配件＆花的間隙塗入UV膠，從背面照UV燈1分鐘硬化。

SIZE: 長3.8×寬2.4cm

材 料

213

樹脂珍珠（半圓形・4mm・白色）————8顆
乾燥花（星星花・粉紅色）—————10朵
邊框配件（橢圓形・38×24mm・金色）—2個
單圈a（0.7×5mm・金色）————2個
單圈b（0.7×4mm・金色）————2個
耳夾（螺絲耳夾帶圈・金色）————1副
UV膠————————適量

214

樹脂珍珠（半圓形・4mm・白色）————8顆
乾燥花（星星花・黃色）—————10朵
邊框配件（橢圓形・38×24mm・金色）—2個
單圈a（0.7×5mm・金色）————2個
單圈b（0.7×4mm・金色）————2個
耳夾（螺絲耳夾帶圈・金色）————1副
UV膠————————適量

215

樹脂珍珠（半圓形・4mm・白色）————8顆
乾燥花（星星花・藍色）—————10朵
邊框配件（橢圓形・38×24mm・金色）—2個
單圈a（0.7×5mm・金色）————2個
單圈b（0.7×4mm・金色）————2個
耳夾（螺絲耳夾帶圈・金色）————1副
UV膠————————適量

〔使用工具〕
基本工具（P.168）／底墊／UV燈／透明文件夾
／水彩筆／牙籤

※UV膠的基礎技法▶P.184,185
※在此以214進行圖文解說，213，215作法相
　同。

1

將人造花剪成小朵後放在透明文件夾上。以水
彩筆將表面薄塗一層UV膠，再連同透明文件夾
放在UV燈下，照燈2分鐘硬化。

↓

2

邊框配件
UV膠

將邊框配件貼在底墊上，在下半邊框內側塗入
5mm的UV膠。

↓

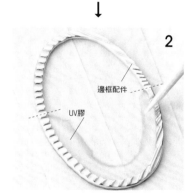

3

在2塗膠處配置5朵1的花，連同透明文件夾放
在UV燈下，照燈2分鐘硬化。再在花的正面＆
間隙處都塗上UV膠，照UV燈2分鐘硬化。

樹脂珍珠

4

將邊框配件的上半邊框塗上UV膠，配置4顆樹
脂珍珠，照UV燈2分鐘硬化。再在珍珠表面塗
一層UV膠，照UV燈30秒硬化。

↓

5

將4從底墊上取下，背面全面塗UV膠，照UV燈
2分鐘硬化。

↓

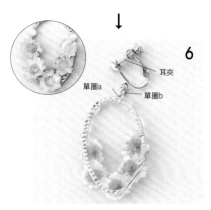

6

單圈a
耳夾
單圈b

以單圈a・b串接耳夾＆5。另一隻耳環作法相
同。

216,217

SIZE: 作品　長2.5×寬2.5cm

1 乾燥花a、b放在透明文件夾上，以水彩筆沾取少量UV膠，在表面塗膠2次後，照UV燈2分鐘硬化。背面也同樣塗UV膠，照UV燈2分鐘硬化。

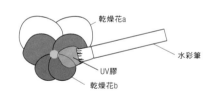

乾燥花a
水彩筆
UV膠
乾燥花b

2 以手工鑽將1鑽孔，串接上單圈a。

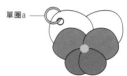

單圈a

3 鍊子穿過2的單圈，再以單圈b在鍊子兩端分別串接彈簧扣＆延長鍊。

彈簧扣
單圈b
延長鍊

※在此以**216**進行圖文解說，**217**作法相同。
※UV膠的基礎技法▶P.184,185

材　料

216

乾燥花a（花瓣・白色）――――2朵
乾燥花b（紫羅蘭・紫色）――――1朵
單圈a（0.6×5mm・金色）――――1個
單圈b（0.6×3mm・金色）――――2個
彈簧扣（金色）――――1個
延長鍊（金色）――――1條
鍊子（金色）――――40cm×1條
UV膠――――適量

217

乾燥花a（花瓣・黃色）――――2朵
乾燥花b（紫羅蘭・黃色）――――1個
單圈a（0.6×5mm・金色）――――1個
單圈b（0.6×3mm・金色）――――2個
彈簧扣（金色）――――1個
延長鍊（金色）――――1條
鍊子（金色）――――40cm×1條
UV膠――――適量

〔 使 用 工 具 〕
基本工具（P.168）／水彩筆／透明文件夾／手工鑽／UV燈

218,219

SIZE: 長2.5×寬3cm

1 人造花a・b的鐵絲花莖在圖示位置穿過耳針蜂巢網片的孔洞後，在背面以尖嘴鉗扭轉固定鐵絲，再將鐵絲修剪至能藏在蜂巢網片背面的長度。

2 蠶絲線如圖所示穿繞蜂巢網片，並於背面打平結後，以長端的蠶絲線固定鐵絲。

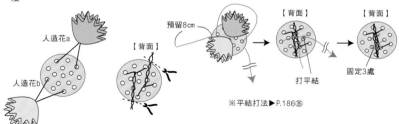

人造花a
人造花b
【背面】
預留8cm
【背面】
【背面】
打平結
固定3處

※平結打法▶P.186㉟

3 蠶絲線從★穿到正面，穿接棉珍珠2次，固定在蜂巢網片上。

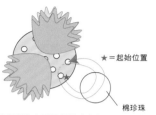

★＝起始位置
棉珍珠

4 蠶絲線再次從★穿到正面，穿接絲光珍珠。完成後，在背面以剩餘的蠶絲線打平結，剪斷多餘的線。

絲光珍珠

5 將蜂巢網片卡回耳針的底座上，以尖嘴鉗壓夾4個爪扣固定。

※固定蜂巢網片▶P.180⑩

※在此以**218**進行圖文解說，**219**作法相同。

材　料

218

絲光珍珠（圓形・4mm・自然色）
――――18顆
棉珍珠（圓形・12mm・淺褐色）――2顆
人造花a（蒲公英・15mm・薄荷綠色）
――――2朵
人造花b（康乃馨・15mm・灰白色）
――――2朵
耳針（附蜂巢網片・10mm・金色）―1副
蠶絲線（2號・透明）――――40cm×2條

219

絲光珍珠（圓形・4mm・蜂蜜金色）
――――18顆
棉珍珠（圓形・12mm・淺褐色）――2顆
人造花a（蒲公英・15mm・鮭魚粉紅色）
――――2朵
人造花b（康乃馨・15mm・煙燻紫色）
――――2朵
耳針（附蜂巢網片・10mm・金色）―1副
蠶絲線（2號・透明）――――40cm×2條

〔 使 用 工 具 〕
基本工具（P.168）／剪刀

220,221

SIZE：長7.5cm

材　料

1 將人造花分成2等分，各自集結成束，並以剪刀剪齊。

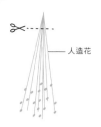

人造花

2 將1以繩頭夾固定。

配件A×1個

繩頭夾

人造花

※使用繩頭夾▶P.179⑦

3 以9針穿接德國串珠，再以圓嘴鉗折彎9針針頭。

9針

德國串珠

配件B×1個

4 串接配件A・B，最後串接耳夾。將1分出的另一束人造花，以相同作法製作另一隻耳環。

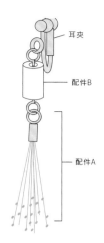

耳夾

配件B

配件A

※在此以221進行圖文解說，220作法相同。

220

德國串珠（圓管珠・13×9mm・透明）
―――――――――――――2顆
人造花（滿天星・白色）――――適量
9針（0.7×40mm・金色）―――2根
繩頭夾（2mm用・金色）――――2個
耳針（螺絲耳夾帶圈・金色）―――1副

221

德國串珠（圓管珠・13×9mm・透明）
―――――――――――――2顆
人造花（滿天星・金色）――――適量
9針（0.7×40mm・金色）―――2根
繩頭夾（2mm用・金色）――――2個
耳針（螺絲耳夾帶圈・金色）―――1副

〔使用工具〕
基本工具（P.168）／剪刀

222,223

SIZE：長5×寬10cm

材　料

1 羅緞緞帶兩端內折1cm，以接著劑黏貼固定。

1cm　　　　　　　1cm

羅緞緞帶

【背面】

2 在人造花背面塗接著劑，從羅緞緞帶的正面一端接續黏貼至另一端。

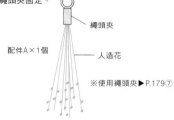

人造花a　人造花b

【正面】

人造花a

羅緞緞帶

※**222**的黏貼順序：人造花a 2片→人造花b 2片，
　223的黏貼順序：人造花c→人造花b→人造花a。

3 在髮夾五金配件的彈片固定側孔洞處，以單圈串接鍊子＆金屬環。

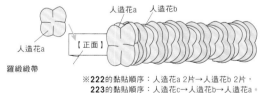

金屬環

單圈

髮夾五金配件

鍊子

4 在2的背面塗上接著劑＆扣合髮夾彈片後，自扣頭側起黏在髮夾五金上。

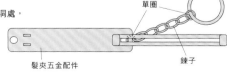

※在此以**223**進行圖文解說，**222**則是變更顏色，以相同作法製作。

222

人造花a（繡球花・40mm・紫色）― 12片
人造花b（繡球花・40mm・粉紅色）
―――――――――――――12片
金屬環（圓形・12mm・金色）―― 1個
單圈（1×6mm・金色）――――― 2個
髮夾五金配件（80mm・金色）―― 1個
鍊子（金色）―――――― 2cm×1條
羅緞緞帶（1cm寬・白色）― 9.5cm×1條

223

人造花a（繡球花・40mm・藍色）―― 8片
人造花b（繡球花・40mm・淡粉紅色）
―――――――――――――8片
人造花c（繡球花・40mm・黃色）―― 8片
金屬環（圓形・12mm・金色）―― 1個
單圈（1×6mm・金色）――――― 2個
髮夾五金配件（80mm・金色）―― 1個
鍊子（金色）―――――― 2cm×1條
羅緞緞帶（1cm寬・白色）― 9.5cm×1條

〔使用工具〕
基本工具（P.168）／接著劑

224,225

SIZE: 長4×寬2cm

4

以竹籤在中央製作壓痕。再斜持竹籤，如從中央往外拉般，順時針壓印一圈。

↓

5

如圖所示，以手將花瓣稍微往上推出弧度。以相同作法製作另一朵黏土花，靜置一天等待完全乾燥。

↓

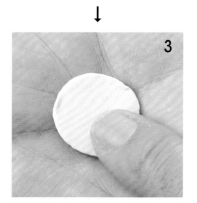

6

取磨砂紙輕輕打磨5的周圍，修整出圓潤感。

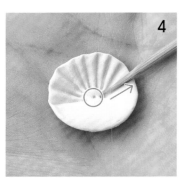

1

取適量石塑黏土充分揉捏。在黏土墊板上以紙膠帶固定兩根竹籤，將黏土擺在中間，以黏土擀棒擀平。
※實際作業時，請先將烘焙紙鋪在黏土墊板上。

↓

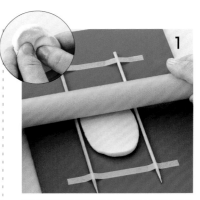

2

將紙型放在1上，以美工刀沿著紙型切割黏土，再以刀刃挑出。

↓

3

將2放在掌心上，以指腹輕輕地將輪廓的切痕撫平，並將中央輕按至微微凹陷。

材 料

224

棉珍珠（水滴形・12mm・淺褐色）────2顆
天然石（圓形・4mm・合成土耳其石）─2顆
丸小玻璃珠（金色）─────────20顆
9針（0.5×12mm・金色）────────4根
T針（0.5×30mm・金色）────────2根
耳針（勾式・金色）─────────1副
AW〔藝術銅線〕（#28・金色）─10cm×2條
石塑黏土────────────適量
壓克力顏料（粉彩粉紅色／黑色）──各適量

調色的顏料分量
粉彩粉紅色（約圓直徑2cm）＋黑色（以牙籤挑取顏料1次）

225

棉珍珠（水滴形・12mm・淺褐色）────2顆
施華洛世奇材料（#5328・4mm・紫紅色）
─────────────────2顆
2顆丸小玻璃珠（金色）───────20顆
9針（0.5×12mm・金色）────────4根
T針（0.5×30mm・金色）────────2根
耳針（勾式・金色）─────────1副
AW〔藝術銅線〕（#28・金色）─10cm×2條
石塑黏土────────────適量
壓克力顏料（天空藍色／白色／黑色）
─────────────────各適量

調色的顏料分量
天空藍色（約圓直徑2.3cm）＋白色（以牙籤挑取顏料3次）＋黑色（以牙籤挑取顏料1次）

〔 使用工具 〕
基本工具（P.168）／竹籤／牙籤／黏土墊板／黏土造型工具棒／黏土擀棒／紙膠帶／烘焙紙／尺／鉛筆／水彩筆／美工刀／剪刀／接著劑／磨砂紙（#400）／水性漆

原寸紙型

+
中心

※顏料分量▶P.185③1
※在此以**224**進行圖文解說。**225**則是更換配件，以相同作法製作。

13

先在**10**的中央以接著劑黏上**12**，再將天然石的黏貼面也塗上接著劑，黏貼在中央處。（※**255**改為黏上施華洛世奇材料）

↓

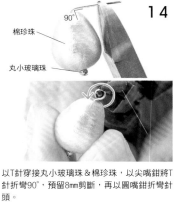

14

以T針穿接丸小玻璃珠＆棉珍珠，以尖嘴鉗將T針折彎90°，預留8mm剪斷，再以圓嘴鉗折彎針頭。

↓

15

在**13**的9針分別串接耳針＆**14**。另一隻耳環作法相同。

10

待**9**乾燥後，以水彩筆將整體全面塗上水性漆，再懸掛半天等待乾燥。

↓

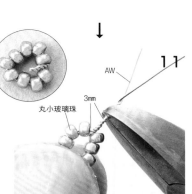
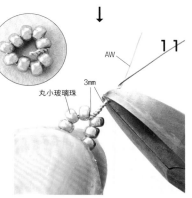

11

取剪至4cm的AW穿接9顆串珠＆收合成圈，自根部以尖嘴鉗扭轉固定AW後，保留3mm剪斷多餘的部分。扭轉的AW再以尖嘴鉗折至內側。

↓

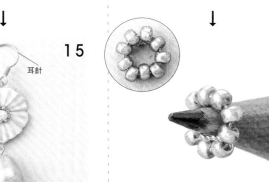

12

將**11**套在鉛筆頭上，修整成圓形。以相同作法製作另一個串珠圈。

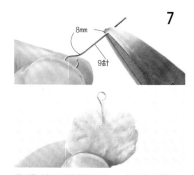

7

將2根9針以斜剪鉗剪至8mm，針頭沾接著劑，黏貼在**6**背面側的對稱位置。

↓

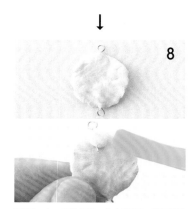

8

將9針一上一下貼好後，放上直徑3mm的石塑黏土，以黏土造型工具棒將接縫撫平。另一朵黏土花也依相同作法製作，靜置一天等待乾燥。

↓

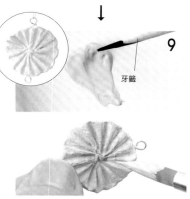

9

粉彩粉紅色壓克力顏料（※**255**改為天空藍＆少許白色）加入少許黑色後混合均勻。手持9針，在黏土花前後側上色，再取蠶絲線等穿過9針，懸掛黏土花等待乾燥。

材 料

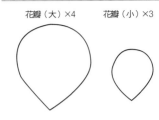

原寸紙型

花瓣（大）×4　花瓣（小）×3

※顏料分量▶P.185③
※在此以**227**進行圖文解說，**226・228**作法相同。

手持橫躺的竹籤，從中央如往外拉般壓印皺褶。花瓣（小）也依**1**至**2**的順序製作。

↓

4

1

輕捏花瓣（大）中央處，將花瓣微塑出立體弧度。以相同作法製作其餘花瓣，靜置一天等待完全乾燥。

取適量石塑黏土充分揉捏。在黏土墊板上以紙膠帶固定兩根竹籤，將黏土擺在中間，以黏土擀棒擀平。再將紙型放在上方，以美工刀沿著紙型割取黏土。
※實際作業時，請先將烘焙紙鋪在黏土墊板上。

↓

↓

5

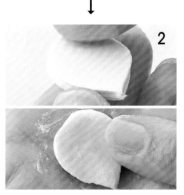

2

以磨砂紙輕輕打磨乾燥的花瓣（大）・（小）周圍，修整出圓潤感。

拿起**1**，以指腹輕輕撫平輪廓的切痕後，放在掌心上，將花瓣的外圍輕輕往外稍微推薄。

226

施華洛世奇材料（#4470・10mm・
　天藍蛋白色）─────── 1顆
水鑽鍊（3mm・金色鑲白鑽）──── 10顆
爪座（#4470用・10mm・金色）─── 1個
胸針五金配件（33mm・鍍銠）─── 1個
石塑黏土 ────────── 適量
壓克力顏料（鈷藍色／白色／黑色／
　橄欖綠色）─────── 各適量
調色的顏料分量
[A] 鈷藍色（約圓直徑2cm）＋白色（以牙籤挑取顏料1次）＋黑色（以牙籤挑取顏料1次）
[B] 跟A相同
[C] 白色（約圓直徑2cm）＋黑色（以牙籤挑取顏料3次）
[D] 橄欖綠色（約圓直徑2cm）＋白色（以牙籤挑取顏料2次）

227

施華洛世奇材料（#4470・10mm・猩紅色）
　────────────── 1顆
水鑽鍊（3mm・金色鑲白鑽）──── 13顆
爪座（#4470用・10mm・金色）─── 1個
胸針五金配件（平面底座・33mm・鍍銠）-1個
石塑黏土 ────────── 適量
壓克力顏料（猩紅色／白色／永固深黃色／
　黑色／橄欖綠色）───── 各適量
調色的顏料分量
[A] 猩紅色（約圓直徑2cm）＋永固深黃色（以牙籤挑取顏料5次）＋白色（以牙籤挑取顏料5次）＋黑色（以牙籤挑取顏料1次）
[B] 猩紅色（約圓直徑2cm）＋白色（以牙籤挑取顏料5次）＋黑色（以牙籤挑取顏料1次）
[C] 永固深黃色（約圓直徑2cm）＋猩紅色（以牙籤挑取顏料5次）＋白色（以牙籤挑取顏料3次）
[D] 橄欖綠色（約圓直徑2cm）＋白色（以牙籤挑取顏料2次）

228

施華洛世奇材料（#4470・10mm・白色）
　────────────── 1顆
水鑽鍊（3mm・金色鑲白鑽）──── 13顆
爪座（#4470用・10mm・金色）─── 1個
胸針五金配件（平面底座・33mm・鍍銠）-1個
石塑黏土 ────────── 適量
壓克力顏料（粉彩粉紅色／白色／黑色／
　紫羅蘭色／鈷藍色／象牙黃色／
　橄欖綠色）─────── 各適量
調色的顏料分量
[A] 粉彩粉紅色（約圓直徑2cm）＋白色（以牙籤挑取顏料5次）＋黑色（以牙籤挑取顏料1次）
[B] 紫羅蘭色（約圓直徑2cm）＋鈷藍色（以牙籤挑取顏料3次）＋白色（以牙籤挑取顏料3次）
[C] 象牙黃色（約圓直徑2cm）＋白色（以牙籤挑取顏料3次）
[D] 橄欖綠色（約圓直徑2cm）＋白色（以牙籤挑取顏料2次）

〔 使 用 工 具 〕

基本工具（P.168）／竹籤／牙籤／黏土墊板
／黏土造型工具棒／黏土擀棒／紙膠帶／烘焙紙／透明文件夾／尺／水彩筆／美工刀／剪刀／接著劑／磨砂紙（#400）／水性漆

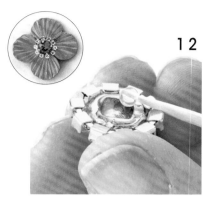

12

以牙籤在11的背面塗接著劑，黏貼在9黏土花的中央。

↓

13

胸針五金配件

花瓣（小）

D
C
B

在胸針五金配件的底座上塗接著劑，略微重疊地黏貼花瓣（小）B、C、D。

↓

14

花瓣（大）

花瓣（大）

在胸針五金配件的底座上塗接著劑，黏貼花瓣（大）。以斜剪鉗將水鑽鍊一顆顆分剪下來，沾接著劑黏貼在花瓣（小）上。

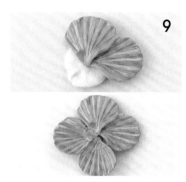

9

將花瓣（大）稍微交疊地配置在8上，輕輕壓入黏土底座＆黏合固定，靜待完全乾燥。

↓

10

爪座
施華洛世奇材料

②　③

④　①

尖嘴鉗

將施華洛世奇材料鑲在爪座上，以尖嘴鉗依①至④順序壓夾對角線上的爪扣。
※固定爪座▶P.180⑪

↓

11

水鑽鍊

以牙籤在10的周圍塗接著劑，在透明文件夾上黏貼水鑽鍊。

6

以竹籤支撐

將壓克力顏料[A]混合均勻，4片花瓣（大）放在透明文件夾上，並以竹籤的鈍頭端墊在花瓣底下，將正面上色。待正面乾後再翻至背面上色。花瓣（小）也同樣以顏料[B]、[C]、[D]進行雙面上色。

↓

7

待6乾燥後，放在透明文件夾上，替花瓣正面充分塗抹水性漆，靜置半天等待乾燥。待正面乾燥後，也翻至背面塗水性漆＆等待乾燥。

↓

8

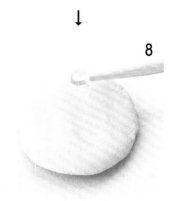

取少量黏土製作直徑1cm的底座，以牙籤沾接著劑塗抹在正面。

材　料

捷克火磨珠（5mm・極光色）————— 6顆
丸小玻璃珠（金色）————————— 約30顆
9針（0.5×12mm・金色）————————— 2根
T針（0.5×14mm・金色）————————— 6根
髮夾五金配件（圓框・30mm・金色）——— 1個
樹脂黏土（MODENA：白色／藍色／綠色）
　　　　　　　　　　　　　　　　——— 各適量
壓克力顏料（德蘭不透明壓克力顏料：玫瑰
　　色／紫羅蘭色／粉彩粉紅色／黑色）
　　　　　　　　　　　　　　　　——— 各適量

黏土＋調色的顏料分量
[A] 白色5g＋玫瑰色（約圓直徑2.3cm）＋紫
　　羅蘭色（以牙籤挑取顏料2次）
[B] 綠色5g＋黑色（以牙籤挑取顏料2次）
[C] 白色5g＋粉彩粉紅色（以牙籤挑取顏料2
　　次）
[D] 藍色5g＋玫瑰色（約圓直徑2.3cm）

230

捷克火磨珠（5mm・極光色）————— 6顆
丸小玻璃珠（金色）————————— 約30顆
9針（0.5×12mm・金色）————————— 2根
T針（0.5×14mm・金色）————————— 6根
髮夾五金配件（圓框・30mm・金色）—— 1個
樹脂黏土（MODENA：白色／綠色）- 各適量
壓克力顏料（德蘭不透明壓克力顏料：檸檬
　　黃色／鉻綠色／天空藍色／粉彩翡翠色／
　　黑色）
　　　　　　　　　　　　　　　　——— 各適量

黏土＋調色的顏料分量
[A] 白色5g＋粉彩翡翠色（以牙籤挑取顏料2
　　次）＋天空藍色（以牙籤挑取顏料2次）
[B] 綠色5g＋黑色（以牙籤挑取顏料2次）
[C] 白色5g＋檸檬黃色（以牙籤挑取顏料2
　　次）＋黑色（以牙籤挑取顏料1次）
[D] 白色5g＋鉻綠色（約圓直徑2.3cm）＋黑
　　色（以牙籤挑取顏料2次）

〔使用工具〕
基本工具（P.168）／縫針／牙籤／竹籤／黏
土墊板／烘焙紙／黏土擀棒／紙膠帶／透明
膠帶／透明文件夾／美工刀／剪刀／接著劑

※顏料分量▶P.185③
※在此以229進行圖文解說，230作法相同。

壓模的製作方法

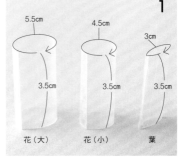

4

以黏土擀棒在**3**完成的黏土上方滾動，將表面
擀平，靜置一天等待完全乾燥。

以透明文件夾製作壓模。將裁剪成指定尺寸的
透明文件夾圍合一圈，交疊處以透明膠帶固
定。葉形壓模另外再以手指壓扁圓筒，作出尖
角。

↓　　　　　　　　　↓

5
3mm黏土球

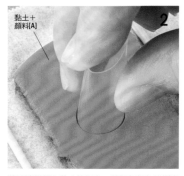

黏土＋
顏料[A]

2

製作一個直徑3mm的黏土球，以手指輕輕壓
扁。在花（小）中心塗接著劑，黏上3mm黏土
球。

將烘焙紙鋪在黏土墊板上，將揉勻顏色的樹脂
黏土擺在2根竹籤中間，以黏土擀棒擀平，再
利用壓模壓出2朵花（小）。

↓　　　　　　　　　↓

丸小玻璃珠　**6**

3

透明文件夾的尺寸…花（大）長3.5×寬5.5cm
　　　　　　　　　　花（小）長3.5×寬4.5cm
　　　　　　　　　　葉　長3.5cm×寬3cm

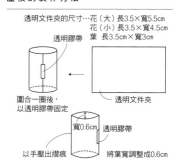

透明膠帶

圍合一圈後，
以透明膠帶固定

透明文件夾

寬0.6cm
透明膠帶

以手壓出摺痕

將葉寬調整成0.6cm

在**5**的3mm黏土球上塗接著劑，隨意配置15顆
丸小玻璃珠遮蓋住黏土球後，靜置一天等待乾
燥。另一朵花（小）也以相同方法製作。

手持直立的竹籤，從竹籤側面往中心方向推，
一朵花（小）劃出8道凹痕，另一朵劃出7道凹
痕。

13

在花（大）的中心插入3個**12**。靜置一天等待完全乾燥。

↓

髮夾五金配件

葉片

14

將髮夾五金配件塗上接著劑，黏貼**8**的9針。

↓

花（小）
花（大）B
葉片
花（小）
花（大）A

15

一邊觀察整體平衡，一邊以接著劑在髮夾五金配件上黏貼所有配件。

10

手持橫躺的竹籤，在花瓣內側壓線。再以指尖沾少量清水，撫平隆起的黏土。

↓

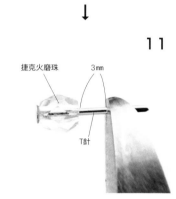

捷克火磨珠
3mm
T針

11

以T針穿接捷克火磨珠，預留3mm後，以斜剪鉗剪斷。共製作6個。

↓

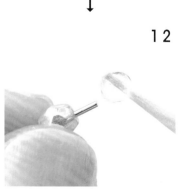

12

以11的針端沾取牙籤上的接著劑。

黏土＋顏料[B]

7

製作葉片。將揉勻顏色的樹脂黏土擀平，壓模取型。手持橫躺的縫針，由上往下壓印葉脈紋路。

↓

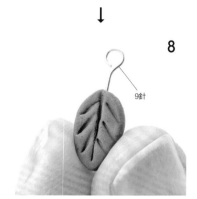

9針

8

9針針頭塗上接著劑，插入葉片的下方葉緣。靜置一天，等待黏土＆接著劑完全乾燥。共製作2個。

↓

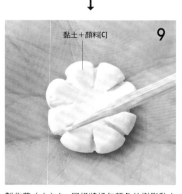

黏土＋顏料[C]

9

製作花（大）A。同樣將揉勻顏色的樹脂黏土擀平，壓模取型。手持橫躺的竹籤，以尖端往中心劃8道凹痕。再取黏土＋顏料[D]，以相同作法製作另一朵花。

材 料

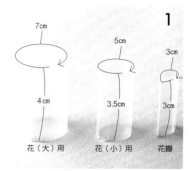

4

在花（大）的中心插入1根**3**的T針後，周圍插入其餘6根，靜置一天等待完全乾燥。

1

7cm
5cm
3cm
4cm
3.5cm
3cm
花（大）用　　花（小）用　　花瓣

參見P.108以透明文件夾製作壓模。將裁剪成指定大小的透明文件夾圍合一圈，交疊處以透明膠帶固定。花瓣壓模另須在交界處以手指壓摺出尖角。

↓

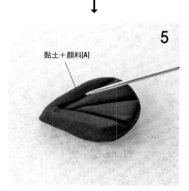

黏土＋顏料[A]

5

製作花瓣。取與花（大）同色的樹脂黏土，以花瓣壓模取型，再以指尖撫平表面。手持橫躺的縫針，由上往下壓印紋路。

↓

黏土＋顏料[A]

2

製作花（大）。參見P.104步驟**1**至**2**，將烘焙紙鋪在黏土墊板上＆固定擺放2根竹籤，再以黏土擀棒擀平樹脂黏土，壓模取型。手持橫躺的竹籤，如由內往外拉割般作出8道凹痕，再在凹痕之間壓短線。

↓

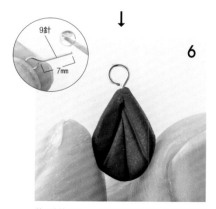

9針
7mm

6

將9針剪至7mm，以針頭沾取牙籤上的接著劑後，插入**5**的花瓣尖端。共製作3個。

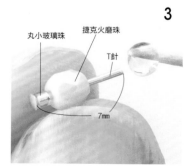

丸小玻璃珠　　捷克火磨珠

T針

7mm

3

以斜剪鉗將T針剪至7mm，穿接丸小玻璃珠＆捷克火磨珠。共製作7根，再以針頭沾取牙籤上的接著劑。

231

捷克火磨珠（5mm・白色）————8顆
附爪座切割玻璃（水滴形・8×6mm・
　蛋白色）————1顆
丸小玻璃珠（金色）————約18顆
金屬配件（花形・14mm・金色）————1個
鏤空配件（2.5mm・金色）————1個
花帽（8mm・金色）————1個
單圈（0.7×4mm・金色）————13個
9針（0.5×12mm・金色）————4根
T針（0.5×14mm・金色）————7根
彈簧扣（金色）————1個
延長鍊（金色）————1個
AW〔藝術銅線〕（#30・金色）—10cm×1條
鍊子（金色）————20cm×2條
樹脂黏土（MODENA・白色）————適量
壓克力顏料（德蘭不透明壓克力顏料：猩紅
　色／亮金色／永固深黃色／黑色）— 各適量

黏土＋調色的顏料分量
[A] 白色5g＋猩紅色（以牙籤挑取顏料4次）
　＋黑色（以牙籤挑取顏料1次）
[B] 白色5g＋亮金色（以牙籤挑取顏料2次）
　＋永固深黃色（以牙籤挑取顏料1次）
[C] 白色5g＋黑色（以牙籤挑取顏料3次）

232

捷克火磨珠（5mm・白色）————8顆
附爪座切割玻璃（水滴形・8×6mm・
　珍珠粉紅色）————1個
丸小玻璃珠（金色）————約18個
金屬配件（花形・14mm・金色）————1個
鏤空配件（2.5mm・金色）————1個
花帽（8mm・金色）————1個
單圈（0.7×4mm・金色）————13個
9針（0.5×12mm・金色）————4根
T針（0.5×14mm・金色）————7根
彈簧扣（金色）————1個
延長鍊（金色）————1個
AW〔藝術銅線〕（#30・金色）—10cm×1條
鍊子（金色）————20cm×2條
樹脂黏土（MODENA・白色）————適量
壓克力顏料（德蘭不透明壓克力顏料：
　鈷藍色／寂靜藍色／玫瑰色／黑色）
　　　　　　　　　　　　　　—各適量

黏土＋調色的顏料分量
[A] 白色5g＋鈷藍色（約圓直徑2.6cm）＋黑
　色（以牙籤挑取顏料1次）
[B] 白色5g＋寂靜藍色（以牙籤挑取顏料1
　次）＋黑色（以牙籤挑取顏料1次）
[C] 白色5g＋玫瑰色（以牙籤挑取顏料1次）
　＋黑色（以牙籤挑取顏料1次）

〔 使用工具 〕
基本工具（P.168）／縫針／牙籤／竹籤／黏土墊板／黏土造型工具棒／黏土擀棒／紙膠帶／透明膠帶／烘焙紙／透明文件夾／尺／剪刀／接著劑

※顏料分量▶P.185③
※在此以**232**進行圖文解說，**231**作法相同。

13

花帽

靜置一天等待完全乾燥後，在背面塗接著劑黏貼花帽。

↓

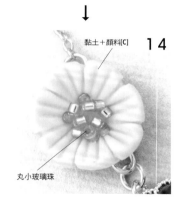

黏土＋顏料[C]

14

丸小玻璃珠

參見P.109的**9**製作花（小）B，並以縫針在花瓣上壓短線。將花的中心貼上直徑3mm黏土球，依P.108的**6**相同作法，覆蓋黏貼12顆丸小玻璃珠，再在背面以接著劑黏貼花帽。

↓

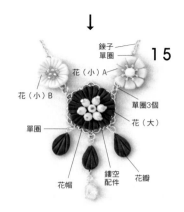

鍊子
單圈
花（小）A
花（小）B
單圈3個
花（大）
單圈
花帽
鏤空配件
花瓣

15

在鏤空配件的中心貼上花（大）。如圖所示，以單圈串接各配件。鍊子兩端也以單圈分別串接彈簧扣＆延長鍊。

10

將**9**串接**7**的花瓣9針，以尖嘴鉗將AW在附爪座切割玻璃的底部纏繞2圈，加工眼鏡連結圈。※加工眼鏡連結圈▶P.177③

↓

11

平行纏繞AW，且避免重疊。完成後以斜剪鉗剪去多餘的AW，切口以尖嘴鉗壓平。

↓

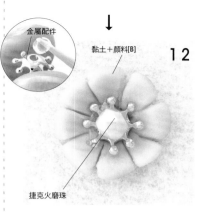

金屬配件

黏土＋顏料[B]

12

捷克火磨珠

參見P.109的**9**製作花（小）A後，將金屬配件塗接著劑，黏在花的中心，再在上方黏貼捷克火磨珠。

7

9針

另取一根9針，剪至7mm後針頭沾接著劑，如圖所示從1個**6**的花瓣尖端正對面插入，並使9針的圓圈呈垂直狀。靜置一天等待完全乾燥。

↓

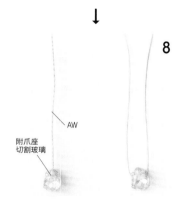

AW

附爪座
切割玻璃

8

以AW穿接附爪座切割玻璃，再從底部開始扭轉固定。

↓

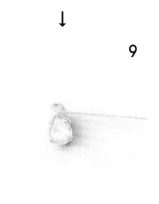

9

以圓嘴鉗將AW彎折1個圈。

材 料

233

附爪座蘇聯鑽（圓形・6mm・白蛋白色）- 2顆
金屬配件（12mm・金色）————————2個
耳針（圓形底座・8mm・金色）————1副
珍珠耳扣（12mm・白色）———————2個
樹脂黏土（MODENA・白色）———————適量
壓克力顏料（象牙黃色）————————適量

黏土＋調色的顏料分量
白色5g＋象牙黃色（以牙籤挑取顏料1次）

234

附爪座蘇聯鑽（圓形・6mm・黑色）——2顆
金屬配件（12mm・金色）————————2個
耳針（圓形底座・8mm・金色）————1副
珍珠耳扣（12mm・白色）———————2個
樹脂黏土（MODENA・白色）———————適量
壓克力顏料（玫瑰色／黑色）————各適量

黏土＋調色的顏料分量
白色5g＋玫瑰色（以牙籤挑取顏料3次）
　＋黑色（以牙籤挑取顏料1次）

235

附爪座蘇聯鑽（圓形・6mm・蒙大拿藍色）
————————————————2顆
金屬配件（12mm・金色）————————2個
耳針（圓形底座・8mm・金色）————1副
珍珠耳扣（12mm・白色）———————2個
樹脂黏土（MODENA・白色）———————適量
壓克力顏料（永固黃色／黑色）———各適量

黏土＋調色的顏料分量
白色5g＋永固黃色（約圓直徑2.3cm）＋黑色
（以牙籤挑取顏料1次）

〔使用工具〕
縫針／牙籤／竹籤／鉛筆／黏土墊板／黏土
擀棒／紙膠帶／烘焙紙／透明文件夾／美工
刀／剪刀／接著劑

原寸紙型

※顏料分量▶P.185③
※在此以**233**進行圖文解說，**234**・**235**作法相同。

1

以牙籤尖端挑取壓克力顏料，戳入5g樹脂黏土內，以如包覆顏料般的方式充分揉勻。

2

將2根竹籤固定在黏土墊板上，中央擺放黏土＆以擀棒擀平。以美工刀順著紙型切取後，指尖沾少量水，撫平切痕稜角。
※實際作業時，請先將烘焙紙鋪在黏土墊板上。

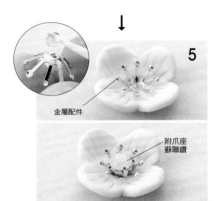

3

將**2**放在透明文件夾上，手持橫躺的縫針，輕放在黏土上方壓線。

4

將**3**花放在掌心上，以鉛筆尾端壓住中心，稍微收合掌心，使4片花瓣呈微翹的立體弧度。

5

金屬配件
附爪座蘇聯鑽

在金屬配件的背面以牙籤塗著接著劑，黏貼在花的中心，再黏上附爪座蘇聯鑽。

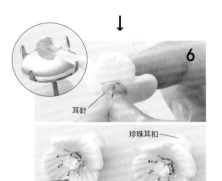

6

耳針
珍珠耳扣

將耳針底座以牙籤塗著接著劑，如插入**5**的背面般黏貼固定，最後裝上珍珠耳扣。另一隻耳環作法相同。

SIZE：長6.5×寬3cm

材 料

1

將2根竹籤固定在黏土墊板上，中央擺放揉匀顏色的黏土＆以擀棒擀平。再以壓模（與P.110的「花瓣」相同）製作4片花瓣，放在透明文件夾上，以指尖沾水，撫平切痕稜角。
※實際作業時，請先將烘焙紙鋪在黏土墊板上。
※240的黏土不須調色，直接使用即可。

↓

打孔錐 2

手持橫躺的打孔錐，往花瓣尖端劃4道線。

↓

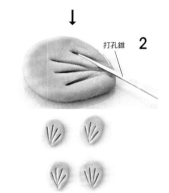

3

以指尖壓扁直徑5mm的黏土球，製作底座。取下2透明文件夾上的花瓣，將各花瓣尖端均等地配置在底座上。

4

丸小玻璃珠a

以鉛筆尾端將花的中心處往下壓合固定。以AW穿接11顆丸小玻璃珠a製作配件（參見P.105），以接著劑黏在花的中心。

↓

5

丸小玻璃珠b

以指尖壓扁直徑3mm的黏土球，填入4的串珠圈內。以接著劑塗在黏土球的表面後，取縫針每次挑2至3顆丸小玻璃珠b黏貼上去，共黏13顆。

↓

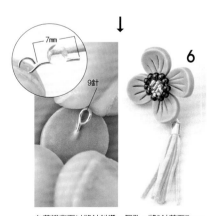

7mm

9針

6

在花瓣背面以縫針斜鑽一個孔，將9針剪至7mm，塗接著劑插入孔內。靜置半天等黏土乾燥後，以單圈串接迷你流蘇，再以接著劑黏貼耳針。另一隻耳環作法相同。

238

丸小玻璃珠a（黑色）	22顆
丸小玻璃珠b（金色）	26顆
單圈（0.7×4mm・金色）	2個
9針（0.5×12mm・金色）	2根
耳針（圓形底座・8mm・金色）	1副
迷你流蘇（30mm・薄荷綠色）	2個
AW〔藝術銅線〕（#28・金色）	5cm×2條
樹脂黏土（MODENA・白色）	適量
壓克力顏料（鈷藍色/黑色）	各適量

黏土＋調色的顏料分量
白色5g＋鈷藍色（約圓直徑2.6cm）
＋黑色（以牙籤挑取顏料1次）

239

丸小玻璃珠a（黑色）	22顆
丸小玻璃珠b（金色）	26顆
單圈（0.7×4mm・金色）	2個
9針（0.5×12mm・金色）	2根
耳針（圓形底座・8mm・金色）	1副
迷你流蘇（30mm・黃色）	2個
AW〔藝術銅線〕（#28・金色）	5cm×2條
樹脂黏土（MODENA・白色）	適量
壓克力顏料（黑色）	適量

黏土＋調色的顏料分量
白色5g＋黑色（以牙籤挑取顏料3次）

240

丸小玻璃珠a（黑色）	22顆
丸小玻璃珠b（金色）	26顆
單圈（0.7×4mm・金色）	2個
9針（0.5×12mm・金色）	2根
耳針（圓形底座・8mm・金色）	1副
迷你流蘇（30mm・粉紅色）	2個
AW〔藝術銅線〕（#28・金色）	5cm×2條
樹脂黏土（MODENA・黑色）	適量

〔使用工具〕
基本工具（P.168）／縫針／牙籤／竹籤／鉛筆／黏土墊板／黏土擀棒／紙膠帶／烘焙紙／透明膠帶／透明文件夾／尺／剪刀／接著劑

memo

自製透明文件夾壓模，簡單作出漂亮的形狀！

以透明文件夾壓模取型，不僅比利用美工刀切割更簡單，壓出的形狀邊緣也更美觀。推薦在需要製作數個相同形狀的配件時使用。或應用餅乾切模也OK，試著作出獨創的黏土作品吧！

※顏料分量▶P.185㉛
※在此以239進行圖文解說，238・240作法相同。

材　料

參見P.108以透明文件夾製作壓模。將裁剪成指定大小的透明文件夾圍合一圈，交疊處以透明膠帶固定。

6.8cm　3.5cm
4cm　4cm
花A至C　花瓣（圓形）

↓

製作花A。參見P.104步驟**1**至**2**，以黏土擀棒擀平樹脂黏土，壓模取型。手持直立的竹籤，往中心推劃出12道凹痕。
※實際作業時，請先將烘焙紙鋪在黏土墊板上。

黏土＋顏料[A]

↓

以黏土擀棒在**2**的表面滾動，稍微擀平後，指尖沾少量水，撫平黏土表面。

樹脂珍珠

以牙籤的鈍端沾少量水挑取樹脂珍珠，1顆稍微壓入**3**的花中央，其餘5顆則配置在周圍。

↓

黏土＋顏料[A]

製作花B。將揉勻的樹脂黏土擀平，以美工刀沿著紙型割取。將表面整平後，手持橫躺的縫針，從黏土上方輕柔地壓線。

↓

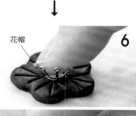

花帽

在花帽背後塗接著劑，黏貼在花的中心後，將花放在掌心上，將5片花瓣壓塑出微翹的立體弧度。

236

樹脂珍珠（無孔・圓形・2mm・白色）—6顆
捷克火磨珠（5mm・透明）————7顆
丸小玻璃珠（透明）—————9顆
金屬配件（花形・7mm・金色）——2個
鏤空配件（約20×18mm・金色）—1個
花帽（6mm・金色）————1個
T針（0.5×14mm・金色）————7根
髮夾五金配件（75mm・金色）——1個
AW〔藝術銅線〕（#30・不褪色黃銅）
————10cm×1條、5cm×2條
4cm×4條、3cm×2條
樹脂黏土（MODENA・白色）——各適量
壓克力顏料（德蘭不透明壓克力顏料：
亮金色／永固深黃色／粉彩粉紅色／
檸檬黃色／黑色）————各適量

黏土＋調色的顏料分量
[A] 白色5g＋亮金色（以牙籤挑取顏料3次）
＋永固深黃色（以牙籤挑取顏料1次）
[B] 白色5g＋粉彩粉紅色（以牙籤挑取顏料3次）＋檸檬黃色（以牙籤挑取顏料1次）
[C] 白色5g＋檸檬黃色（以牙籤挑取顏料3次）＋黑色（以牙籤挑取顏料1次）

237

樹脂珍珠（無孔・圓形・2mm・白色）—6顆
捷克火磨珠（5mm・黑色）————7顆
小圓珠（透明）—————9顆
金屬配件（花形・7mm・金色）——2個
鏤空配件（約20×18mm・金色）—1個
花帽（6mm・金色）————1個
T針（0.5×14mm・金色）————7根
髮夾五金配件（75mm・金色）——1個
AW〔藝術銅線〕（#30・不褪色黃銅）
————10cm×1條、5cm×2條
4cm×4條、3cm×2條
樹脂黏土（MODENA・白色／黑色）－各適量
壓克力顏料（德蘭不透明壓克力顏料：
鈷藍色／黑色）————各適量

黏土＋調色的顏料分量
[A] 黑色黏土直接使用
[B] 白色5g＋鈷藍色（約圓直徑2.6cm）＋黑色（以牙籤挑取顏料1次）
[C] 白色5g＋黑色（以牙籤挑取顏料1次）

〔**使用工具**〕
基本工具（P.168）／縫針／牙籤／竹籤／鉛筆／黏土墊板／黏土擀棒／紙膠帶／烘焙紙／透明膠帶／透明文件夾／尺／剪刀／接著劑

原寸紙型

※顏料分量▶P.185㉛
▶在此以**237**進行圖文解說，**236**作法相同。

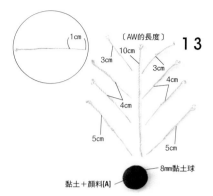

〔AW的長度〕

10cm

3cm

3cm

4cm

4cm

5cm

5cm

1cm

8mm黏土球

黏土＋顏料[A]

13

如圖所示製作穿接丸小玻璃珠＆扭轉固定AW的配件，再依排列以預留的1cm單線纏繞在10cm的AW上製作枝條。再揉1顆直徑8mm的黏土球＆輕輕壓扁，將10cm的AW根部塗接著劑後插入。

↓

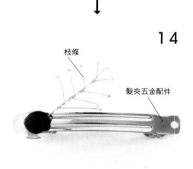

枝條

髮夾五金配件

14

黏土球塗上接著劑，黏貼在髮夾五金配件上。

↓

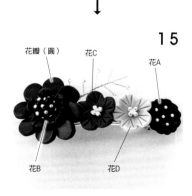

花瓣（圓）

花C

花A

花B

花D

15

一邊觀察整體平衡，一邊將所有配件貼在髮夾五金配件上。

10

先在**8**的花帽中心插入1根**9**的配件，剩餘6根也沾取接著劑插在周圍。

↓

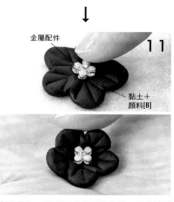

金屬配件

黏土＋顏料[B]

11

製作花C。以**5**相同作法製作花後，將金屬配件黏貼在花的中心。花D則須先揉勻黏土＋顏料[C]，再以相同作法製作花。

↓

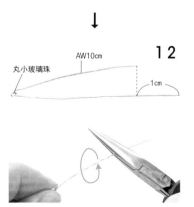

AW10cm

丸小玻璃珠

1cm

12

剪10cm的AW穿接丸小玻璃珠，預留1cm後對折。先以尖嘴鉗將對折的2條AW夾合順平，再確實緊緊纏繞至串珠根部。

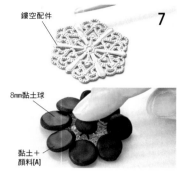

鏤空配件

8mm黏土球

黏土＋顏料[A]

7

將揉勻的樹脂黏土擀平，以壓模切取8片花瓣（圓）後，塗接著劑黏在鏤空配件上。再製作直徑8mm的黏土球，黏貼在中心。

↓

8

將**6**的花以接著劑黏在黏土球上，再以鉛筆尾端從花帽上方往下用力壓合。

↓

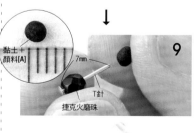

黏土＋顏料[A]

7mm

T針

捷克火磨珠

9

製作7顆直徑2mm的黏土球備用。以斜剪鉗將T針剪至7mm，穿接捷克火磨珠＆黏土球各1顆製作配件。以相同作法製作7個配件後，以針頭沾取牙籤上的接著劑。

241,242

SIZE: 作品　長3×寬4.5cm

1 以油漆筆等粗桿筆抵住鏤空配件，將配件凹成與手鐲相同的弧度。

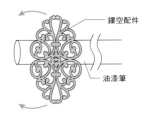

鏤空配件

油漆筆

2 以接著劑將1黏貼在手鐲中央。

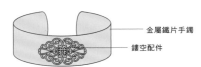

金屬鐵片手鐲

鏤空配件

3 待2乾燥後，將適量的晶鑽土放在鏤空配件上，注意避免溢出框外。

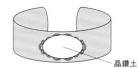

晶鑽土

4 配置上花、葉、鑲在爪座上的施華洛世奇材料，再以樹脂珍珠填補配件縫隙、遮蔽露出來的晶鑽土。

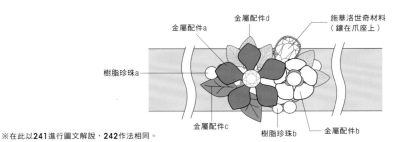

金屬配件a

金屬配件d

施華洛世奇材料（鑲在爪座上）

樹脂珍珠a

金屬配件c

樹脂珍珠b

金屬配件b

※在此以**241**進行圖文解說，**242**作法相同。

材 料

241,242共同材料

樹脂珍珠a（無孔・圓形・3mm・白色）————6顆

樹脂珍珠b（無孔・圓形・4mm・白色）————3顆

爪座（#4320用・14×10mm・金色）－1個

晶鑽土（白色）————適量

241

施華洛世奇材料（#4320・14×10mm・透明）————1顆

金屬配件a（森林系花形・約2.5cm・海軍藍）————1個

金屬配件b（森林系花形・約1.8cm・白色）————1個

金屬配件c（雙葉形・31×15mm・亮綠色／金色）————1個

金屬配件d（葉形・7×15mm・金色）－5個

鏤空配件（橢圓形・20×31mm・金色）————1個

金屬鐵片手鐲（25mm・金色）————1個

242

施華洛世奇材料（#4320・14×10mm・復古玫瑰色）————1顆

金屬配件a（森林系花形・約2.5cm・淡粉紅色）————1個

金屬配件b（森林系花形・約1.8cm・白色）————1個

金屬配件c（雙葉形・31×15mm・亮綠色／鍍銤）————1個

金屬配件d（葉形・7×15mm・金色）————5個

鏤空配件（橢圓形・20×31mm・鍍銤）————1個

金屬鐵片手鐲（25mm・鍍銤）————1個

〔使用工具〕
基本工具（P.168）／接著劑／油漆筆

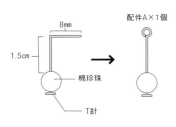

252

SIZE: 長6×寬2cm

1 以T針穿接棉珍珠後，在距棉珍珠1.5cm處折直角。折彎處預留8mm後剪斷，以圓嘴鉗將預留的8mm彎折一個圓圈。

8mm

1.5cm

配件A×1個

棉珍珠

T針

2 以單圈b串接金屬配件a上的圓環後閉合，再以單圈c串接單圈b與耳夾。在下方的圓環以單圈a串接配件A與金屬配件b。另一隻耳環作法相同。

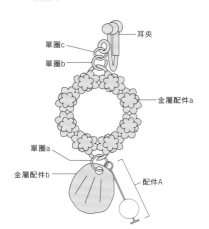

耳夾

單圈c

單圈b

金屬配件a

單圈a

金屬配件b

配件A

材 料

252

棉珍珠（圓形・6mm・淺褐色）————2顆

金屬配件a（花環形・20×20mm・霧面金色）————2個

金屬配件b（森林系花瓣・10×8.5mm・霧面金色）————2個

單圈a（0.8×5mm・金色）————2個

單圈b（0.7×4mm・金色）————2個

單圈c（0.6×3mm・金色）————2個

T針（0.6×30mm・金色）————2個

耳夾（螺絲耳夾帶圈・金色）————1副

〔使用工具〕
基本工具（P.168）

243,244

材　料

1 將晶鑽土放在鏤空配件上。

鏤空配件

【側面】

晶鑽土

鏤空配件

晶鑽土

※為避免墜頭前傾，晶鑽土必須厚度適中且平均。

2 依①至④順序黏貼配件，再以樹脂珍珠填補配件縫隙、遮蔽露出來的晶鑽土。

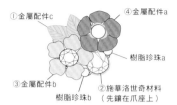

①金屬配件c
④金屬配件a
樹脂珍珠a
③金屬配件b
樹脂珍珠b
②施華洛世奇材料（先鑲在爪座上）

3 在晶鑽土乾燥前，在背面以牙籤戳出單圈要串接的孔位（●記號）。

【背面】

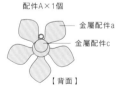

※在此以**244**進行圖文解說，**243**作法相同。

4 以單圈分別串接鍊子、龍蝦扣、延長鍊、金屬配件。

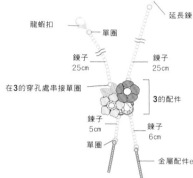

延長鍊
龍蝦扣
單圈
鍊子 25cm
鍊子 25cm
在3的穿孔處串接單圈
3的配件
鍊子 5cm
鍊子 6cm
單圈
金屬配件e

243,244共同材料

金屬配件c（樹葉・11×7mm・金色）─2個
金屬配件e（長條帶圈・12mm・鑲白鑽）
　　　　　　　　　　　　　　　　─2根
爪座（#4320用・8×6mm・金色）─1個
單圈（0.7×3.5mm・金色）─8個
鏤空配件（六瓣花・15mm・金色）─1個
延長鍊（金色）─1條
龍蝦扣（金色）─1個
鍊子（金色）─25cm×2條、6cm×1條、5cm×1條
晶鑽土（金色）─適量
樹脂珍珠a（無孔・圓形・4mm・白色）─1顆
樹脂珍珠b（無孔・圓形・3mm・白色）─5顆

243

施華洛世奇材料（#4320・8×6mm・
　天堂之光色）─1顆
金屬配件a（森林系花形・1.3mm・
　海軍藍）─1個
金屬配件b（森林系花形・1.1mm・
　白色）─1個

244

施華洛世奇材料（#4320・8×6mm・
　月光色）─1顆
金屬配件a（森林系花形・1.3mm・
　紅色）─1個
金屬配件b（森林系花形・1.1mm・
　淡粉紅色）─1個

〔使用工具〕
基本工具（P.168）／牙籤

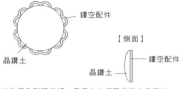 **245,246**

材　料

1 將金屬配件c以接著劑黏貼在金屬配件a背面。

配件A×1個

金屬配件a
金屬配件c

【背面】

2 如圖所示以單圈串接剪好長度的鍊子&配件。

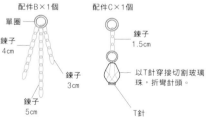

配件B×1個
單圈
鍊子 4cm
鍊子 3cm
鍊子 5cm

配件C×1個
鍊子 1.5cm
以T針穿接切割玻璃珠，折彎針頭。
T針

3 以單圈串接金屬配件。

配件D
單圈×3個
金屬配件b

4 以耳針串接所有配件後，尾端以鉗子折彎5mm。另一隻耳環以左右對稱的配置製作。

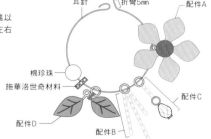

耳針
折彎5mm
配件A
棉珍珠
施華洛世奇材料
配件D
配件B
配件C

※在此以**246**進行圖文解說，**245**作法相同。

245,246共同材料

棉珍珠（圓形・6mm・白色）─2顆
施華洛世奇材料（隔圈・5mm・
　透明）─2顆
切割玻璃珠（水滴形・12×8mm・
　透明）─2顆
金屬配件b（雙葉形・15×31mm・綠色）─2個
金屬配件c（圓形底托帶圈・6mm・金色）─2個
單圈（0.7×3.5mm・金色）─10個
T針（0.6×20mm・金色）─2根
耳針（圓環形・金色）─1副
鍊子（金色）─1.5cm×2條、3cm×2條
　　　　　　　4cm×2條、5cm×2條

245

金屬配件a（森林系花形・2.2mm・
　薄荷綠色）─2個

246

金屬配件a（森林系花形・2.2mm・
　粉紅色）─2個

〔使用工具〕
基本工具（P.168）／接著劑

247～249

SIZE: 作品　長2.3×寬1.6cm

1 以蠶絲線如圖所示纏繞金屬配件的花瓣縫隙 & 穿入單圈，打結固定。

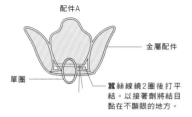

配件A

金屬配件

單圈

蠶絲線繞2圈後打平結。以接著劑將結目黏在不顯眼的地方。

3 以1穿入的單圈串接配件B。

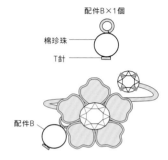

配件B×1個

棉珍珠

T針

配件B

2 將1以接著劑黏在戒台的碗形底座上。

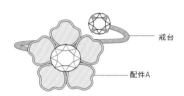

戒台

配件A

※在此以**249**進行圖文解說，**247**・**248**作法相同。

材　料

247～249共同材料
棉珍珠（圓形・8mm・白色）────1個
蠶絲線（3號・白色）────25cm×1條

247
金屬配件（森林系花形3・1.2mm・黃色）────1個
單圈（0.8×4mm・金色）────1個
T針（0.6×20mm・金色）────1根
戒台（碗形底座附鑽・4mm・金色）
────1個

248
金屬配件（森林系花形3・1.2mm・白色）────1個
單圈（0.8×4mm・鍍銠）────1個
T針（0.6×20mm・鍍銠）────1根
戒台（碗形底座附鑽・4mm・鍍銠）
────1個

249
金屬配件（森林系花形3・1.2mm・粉紅色）────1個
單圈（0.8×4mm・金色）────1個
T針（0.6×20mm・金色）────1根
戒台（碗形底座附鑽・4mm・金色）
────1個

〔使用工具〕
基本工具（P.168）／接著劑

250,251

SIZE: 長5.5×寬2cm

1 如圖所示以蠶絲線穿接鏤空配件。

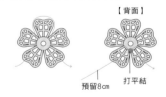

【背面】

預留8cm　打平結

2 蠶絲線從中央穿到正面，穿接樹脂珍珠2次，固定在鏤空配件上。

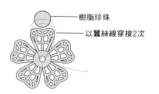

樹脂珍珠

以蠶絲線穿接2次

3 在鏤空配件上穿接捷克珠b、a與金屬串珠各1圈後，蠶絲線從背面穿出，與預留的8mm線打2次平結固定。

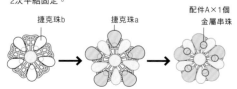

捷克珠b　捷克珠a　配件A×1個　金屬串珠

4 以單圈串接配件A×金屬配件。

【背面】

配件A

單圈

金屬配件

5 以接著劑將耳夾黏在配件A背面。另一隻耳環作法相同。

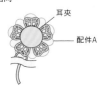

耳夾

配件A

※在此以**251**進行圖文解說，**250**作法相同。

材　料

250,251共同材料
樹脂珍珠（圓形・8mm・金色）────2顆
金屬串珠（圓形・2mm・金色）────10顆
金屬配件（波浪形・40mm・金色）─2個
單圈（0.6×3mm・金色）────2個
鏤空配件（20mm・金色）────2個
耳夾（平面底座・9mm・金色）────1副
蠶絲線（2號・透明）────50cm×2條

250
捷克珠a（花瓣珠・5×7mm・白蛋白色）
────10顆
捷克珠b（水滴形・4×6mm・Lt.科羅拉多黃玉色）────10顆

251
捷克珠a（花瓣珠・5×7mm・粉紅色蛋白）────10顆
捷克珠b（水滴形・4×6mm・透明）────10顆

〔使用工具〕
基本工具（P.168）／接著劑／剪刀

SIZE：作品　長3×寬3cm

材　料

1 如圖所示取20cm蠶絲線在絨面皮繩的中央打結，製作蝴蝶結。

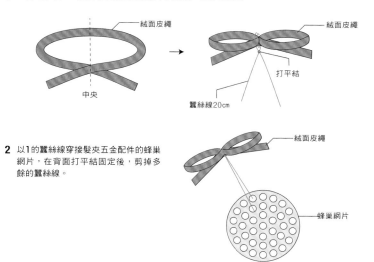

絨面皮繩

絨面皮繩

打平結

中央

蠶絲線20cm

2 以1的蠶絲線穿接髮夾五金配件的蜂巢網片，在背面打平結固定後，剪掉多餘的蠶絲線。

絨面皮繩

蜂巢網片

3 取40cm的蠶絲線，如圖所示依①至⑤順序穿接固定在蜂巢網片上。
固定後，蠶絲線在背面打平結，剪掉多餘的線。

★＝蠶絲線起始處

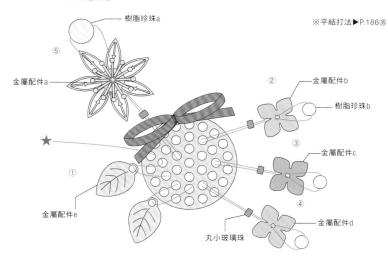

樹脂珍珠a

※平結打法▶P.186㉟

⑤

金屬配件a

②

金屬配件b

樹脂珍珠b

★

③

金屬配件c

①

④

金屬配件e

丸小玻璃珠

金屬配件d

4 將蜂巢網片卡在髮夾五金配件的底座上，壓下4個爪扣。

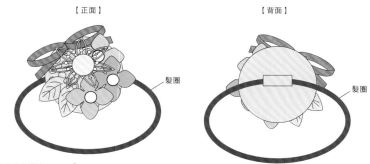

【正面】

【背面】

髮圈

髮圈

※固定蜂巢網片▶P.180⑩
※在此以**255**進行圖文解說，**253・254**作法相同。

253

樹脂珍珠a（圓形・6mm・自然色）── 1顆
樹脂珍珠b（圓形・3mm・自然色）─ 3顆
丸小玻璃珠（黃玉色）──────── 4顆
金屬配件a（花形・28mm・霧面金色）
　　　　　　　　　　　　　　── 1個
金屬配件b（花形・四花瓣・15mm・
　藍色）──────────── 1個
金屬配件c（花形・四花瓣・15mm・
　天空藍色）──────────1個
金屬配件d（花形・四花瓣・15mm・
　橘色）──────────── 1個
金屬配件e（葉形・14×8mm・
　金色）──────────── 2個
髮圈五金配件（附蜂巢網片・17mm・
　復古金）──────────── 1個
絨面皮繩（3mm寬・綠色）── 10cm×1條
蠶絲線（4號・綠色）
　　　　　── 20cm×1條、40cm×1條

254

樹脂珍珠a（圓形・6mm・金色）── 1顆
樹脂珍珠b（圓形・3mm・自然色）─ 3顆
丸小玻璃珠（黃玉色）──────── 4個
金屬配件a（花形・28mm・
　霧面銀色）──────────1個
金屬配件b（花形・四花瓣・15mm・
　紫色）──────────── 1個
金屬配件c（花形・四花瓣・15mm・
　橘色）──────────── 1個
金屬配件d（花形・四花瓣・15mm・
　黃色）──────────── 1個
金屬配件e（葉形・14×8mm・
　鍍銠）──────────── 2個
髮圈五金配件（附蜂巢網片・17mm・
　復古金）──────────── 1個
絨面皮繩（3mm寬・黃綠色）
　　　　　　　　　　── 10cm×1條
蠶絲線（4號・黃綠色）
　　　　　── 20cm×1條、40cm×1條

255

樹脂珍珠a（圓形・6mm・粉紅色）─ 1顆
樹脂珍珠b（圓形・3mm・自然色）─ 3顆
丸小玻璃珠（黃玉色）──────── 4個
金屬配件a（花形・28mm・
　象牙色）──────────1個
金屬配件b（花形・四花瓣・15mm・
　天空藍色）──────────1個
金屬配件c（花形・四花瓣・15mm・
　紫色）──────────── 1個
金屬配件d（花形・四花瓣・15mm・
　粉紅色）──────────1個
金屬配件e（葉形・14×8mm・
　玫金色）──────────── 2個
髮圈五金配件（附蜂巢網片・17mm・
　復古金）──────────── 1個
絨面皮繩（3mm寬・紫色）
　　　　　　　　　　── 10cm×1條
蠶絲線（4號・紫色）
　　　　　── 20cm×1條、40cm×1條

〔使用工具〕
基本工具（P.168）／剪刀

260

257

261

258

256

262

259

GOLD

僅是穿戴上金色飾品，就能醞釀出華
麗氣息。以精選質感的配件，打造時
下的時尚感吧！

運用奢華的流線感耳環＆粗鍊項鍊，
打扮時髦的自己——
展現出自然不造作的穿搭風格。

金色＆銀色 飾品

GOLD & SILVER ACCESSORIES

267

264

268

265

263

269

266

SILVER

設計與金色飾品完全相同,改為銀色後呈顯的是纖細高雅的格調。搭配今天的心情該挑哪款呢?

274

HOW TO MAKE
P.132

將簡單的金色手環添飾上蟲甲花紋的三角形配件。

大理石紋配件×珍珠＆爪鑽的組合，是大人式的成熟優雅。

270

HOW TO MAKE
P.129

275

HOW TO MAKE
P.133

276

發出細碎聲響的金屬項鍊，相當適合搭配剪裁線條優美的服裝。

271

HOW TO MAKE
P.131

以單圈串接大小各異的金屬圓環即完成。

276

HOW TO MAKE
P.133

277

HOW TO MAKE
P.134

272

HOW TO MAKE
P.131

278

HOW TO MAKE
P.134

為設計簡約的手鍊添加大配件，製造反差感。

大大小小的圓圈與直線金屬配件，可以有無限的排列組合。

273

HOW TO MAKE
P.132

284

HOW TO MAKE
P.132

以AW穿接珍珠＆
金屬管珠打造裙襬
的形狀。

279

HOW TO MAKE
P.129

280

HOW TO MAKE
P.131

3個三角形會隨著晃
動改變方向，演出多
變的立體感。

281

HOW TO MAKE
P.131

285

HOW TO MAKE
P.133

279

如鐘擺動作般
搖晃的耳環，
在耳畔增添玩心。

施華洛世奇材料×幾
何形金屬配件的組合
相當帥氣。

286

HOW TO MAKE
P.133

想點綴出俐落的
酷時尚感時，首
選銀色飾品。

282

HOW TO MAKE
P.132

使用形狀＆質感各不
相同的三種串珠，製
作三圈手環。

283

HOW TO MAKE
P.134

287

HOW TO MAKE
P.134

288

HOW TO MAKE
P.135

五角形上邊配置半圓造型金屬片，作出別緻的小亮點。

293

HOW TO MAKE
P.137

串接大大小小的三角錐，打造有視覺衝擊感的設計款項鍊。

294

HOW TO MAKE
P.138

289

HOW TO MAKE
P.135

290

能與裸膚自然相襯的金屬色耳環，紮髮辮時更是格外醒目。

290

HOW TO MAKE
P.136

連同2個愛心形金屬片都統一色系，就能打造明快調性的成熟感設計。

295

HOW TO MAKE
P.139

統一色系的成熟系設計。作為出席派對時配戴的手錶也相當活躍。

296

HOW TO MAKE
P.138

292

HOW TO MAKE
P.136

以UV膠將植物吊飾固定在配件上，就是搶眼的重點裝飾。

291

HOW TO MAKE
P.137

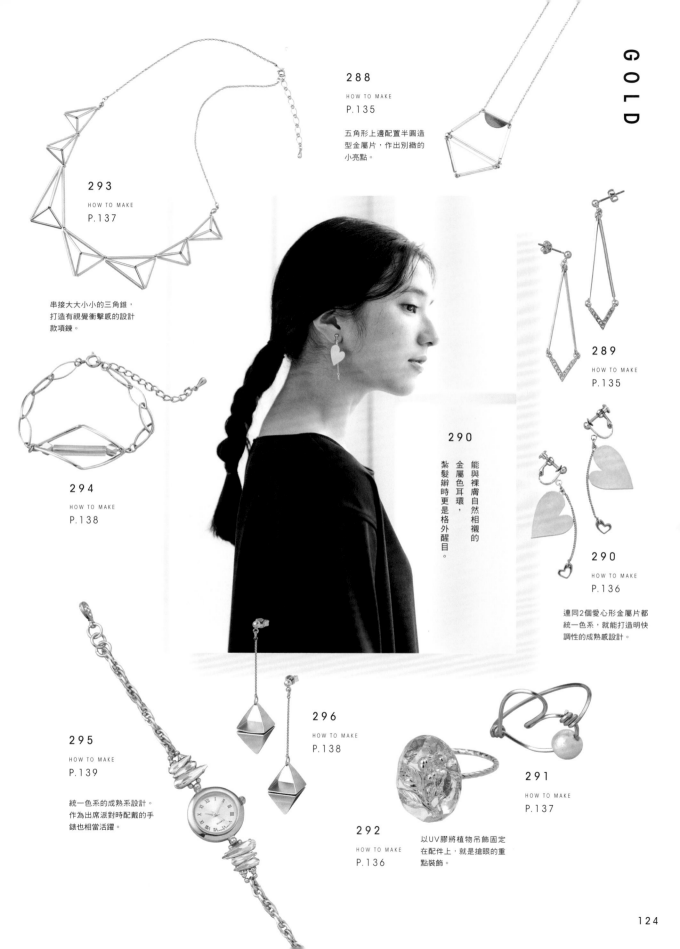

302

HOW TO MAKE

P.137

297

HOW TO MAKE

P.135

298

HOW TO MAKE

P.135

303

冷色系襯衫
搭配銀色手環，
可進一步提昇幹練感。

細長的尖角設計，為
穿搭締造時尚感。

303

HOW TO MAKE

P.138

以鑽石形狀的鐵環為
主角，串接壓克力管
&金屬串珠。

299

HOW TO MAKE

P.136

300

HOW TO MAKE

P.137

304

HOW TO MAKE

P.139

305

HOW TO MAKE

P.138

301

HOW TO MAKE

P.136

將銅線凹成愛心形狀的戒
指，金屬色的調性使得造
型不會太過甜美。

黏合兩個金字塔形
配件，簡單變化成
原創設計！

SILVER

256,263

SIZE: 鍊圍44cm

1 在鍊子a的兩端串接單圈。

2 以C圈串接1的單圈＆鍊子b（如果C圈無法穿過鍊子，可利用打孔錐加大鍊圈）。
※加大鍊圈▶P.181⑬

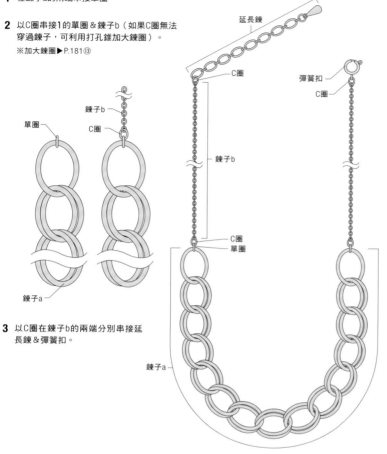

延長鍊

C圈

彈簧扣

C圈

鍊子b

C圈

單圈

C圈

單圈

鍊子b

鍊子a

鍊子a

3 以C圈在鍊子b的兩端分別串接延長鍊＆彈簧扣。

※在此以**256**進行圖文解說，**263**作法相同。

材 料

256

單圈（0.6×5mm・金色）―――――2個
C圈（0.5×3.5×2.5mm・金色）――4個
彈簧扣（金色）――――――――1個
延長鍊（金色）――――――――1條
鍊子a（10×100mm・金色）－16cm×1條
鍊子b（0.2×10mm・金色）－12cm×2條

263

單圈（0.6×5mm・銀色）―――――2個
C圈（0.5×3.5×2.5mm・銀色）――4個
彈簧扣（銀色）――――――――1個
延長鍊（銀色）――――――――1條
鍊子a（10×100mm・銀色）－16cm×1條
鍊子b（0.2×10mm・銀色）－12cm×2條

〔使用工具〕
基本工具（P.168）

> **memo**
>
> ### 鍊子的設計
> ### 也可以依喜好改造
>
> 鍊子a原是雙圓環的設計。此作品鍊子兩端的單圈圓環，是以斜剪鉗剪斷其中一個圓環的改造。發揮DIY手作的自由性，不用受限於市售鍊子的樣式，隨心所欲地創作吧！

257,264

SIZE: 手圍17.5cm

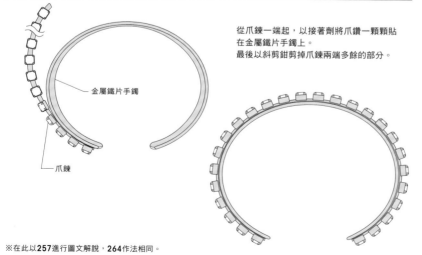

金屬鐵片手鐲

爪鍊

從爪鍊一端起，以接著劑將爪鑽一顆顆貼在金屬鐵片手鐲上。
最後以斜剪鉗剪掉爪鍊兩端多餘的部分。

材 料

257

爪鍊（#130・寬4mm・金色鑲白鑽）
――――――約26顆×1條
金屬鐵片手鐲（6mm・金色）―――1個

264

爪鍊（#130・寬4mm・鍍銠鑲白鑽）
――――――約26顆×1條
金屬鐵片手鐲（6mm・鍍銠）―――1個

〔使用工具〕
基本工具（P.168）／接著劑

※在此以**257**進行圖文解說，**264**作法相同。

258,265

材 料

1 製作配件A。以單圈a串接彈簧扣、金屬配件b和金屬配件a。

配件A×1個

彈簧扣
單圈a
金屬配件b
單圈a
金屬配件a

2 製作配件B。打開鐵絲環的開合處，依序穿接
13顆金屬串珠a→金屬配件b→12顆金屬串珠
後，鐵絲尾端沾接著劑重新閉合。

3 接著劑乾燥後，以單圈串接配件A・B。

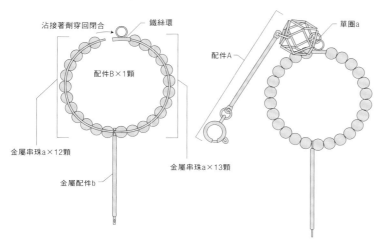

沾接著劑穿回閉合
鐵絲環
配件B×1顆
金屬串珠a×12顆
金屬配件b
金屬串珠a×13顆

單圈a
配件A

4 製作配件C。以9針穿接金屬串珠b・c
後，折彎針頭。

配件C×1個
9針
金屬串珠c
金屬串珠b

5 以單圈串接金屬環a、3個金屬環b、配件A、配件B、配件C。

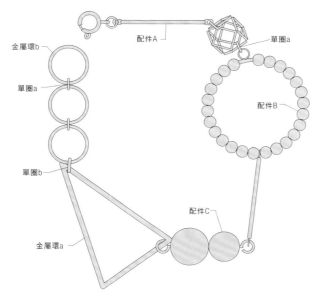

金屬環b
單圈a
單圈b
金屬環a
配件A
單圈a
配件B
配件C

※在此以**258**進行圖文解說，**265**作法相同。

258

鐵絲環（帶圈・25mm・金色）————1個
金屬串珠a（圓形・3.5mm・金色）–25顆
金屬串珠b（圓形・10mm・金色）——1顆
金屬串珠c（圓形・12mm・金色）——1顆
金屬環a（等腰三角形・33×25mm・
　金色）————————————1個
金屬環b（9mm・金色）————3個
金屬配件a（立方體・8×10×10mm・
　金色）————————————1個
金屬配件b（圓管珠・1×25mm・金色）
————————————————2根
單圈a（0.6×3mm・金色）————5個
單圈b（0.7×4mm・金色）————1個
9針（0.7×30mm・金色）————1根
彈簧扣（金色）————————1個

265

鐵絲環（帶圈・25mm・鍍銠）————1個
金屬串珠a（圓形・3.5mm・鍍銠）–25顆
金屬串珠b（圓形・10mm・鍍銠）——1顆
金屬串珠c（圓形・12mm・鍍銠）——1顆
金屬環a（等腰三角形・33×25mm・
　鍍銠）————————————1個
金屬環b（9mm・鍍銠）————3個
金屬配件a（立方體・8×10×10mm・
　鍍銠）————————————1個
金屬配件b（圓管珠・1×25mm・鍍銠）
————————————————2根
單圈a（0.6×3mm・鍍銠）————5個
單圈b（0.7×4mm・鍍銠）————1個
9針（0.7×30mm・鍍銠）————1根
彈簧扣（鍍銠）————————1個

〔使用工具〕
基本工具（P.168）／接著劑

memo
取代延長鍊：
使用金屬環也OK

以金屬環取代延長鍊，就能打造
個性十足的設計。運用喜歡的配
件進行各式各樣的創意發想，正
是手作的醍醐味。

259,266

SIZE: 長5.2×寬3.5cm

材料

1 以耳針穿接擋珠＆5.5cm的鍊子。

2 依序穿接金屬串珠a×3顆→b×2顆→c×1顆→4.3cm鍊子尾端的1個鍊圈→金屬串珠d×1顆。

3 以尖嘴鉗夾住1穿接的5.5cm鍊子的另一端鍊圈，避免扭轉鍊子地穿過耳針，再依序穿接金屬串珠c×1顆→b×2顆→a×3顆。再依相同作法，以耳針穿接4.3mm鍊子另一端的鍊圈，最後穿接擋珠。另一隻耳環以左右對稱的配置製作。

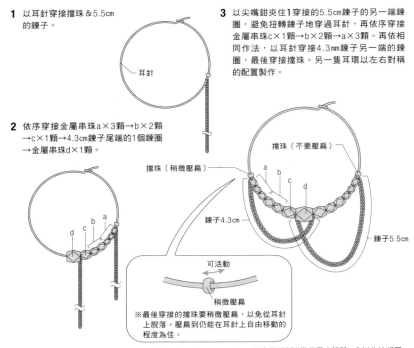

耳針

擋珠（不要壓扁）

擋珠（稍微壓扁）

鍊子4.3cm

鍊子5.5cm

可活動

稍微壓扁

※最後穿接的擋珠要稍微壓扁，以免從耳針上脫落。壓扁到仍能在耳針上自由移動的程度為佳。

※在此以**259**進行圖文解說，**266**作法相同。

259

金屬串珠a（立方體・2.5mm・金色）――12顆
金屬串珠b（立方體・3mm・金色）――8顆
金屬串珠c（立方體・4mm・金色）――4顆
金屬串珠d（立方體・5mm・金色）――2顆
擋珠（金色）――4個
耳針（圓環形・0.3×35mm・金色）-1副
鍊子（金色）-5.5cm×2條、4.3cm×2條

266

金屬串珠a（立方體・2.5mm・銀色）――12顆
金屬串珠b（立方體・3mm・銀色）――8顆
金屬串珠c（立方體・4mm・銀色）――4顆
金屬串珠d（立方體・5mm・銀色）――2顆
擋珠（1.5mm・銀色）――4個
耳針（圓環形・0.3×35mm・銀色）-1副
鍊子（銀色）-5.5cm×2條、4.3cm×2條

〔使用工具〕
基本工具（P.168）

260,267

SIZE: 長5.2×寬2cm

材料

1 以圓嘴鉗將9針♥♠的針頭折彎。將9針◆的圈打開後，依序穿入短鍊到長鍊，最後穿接已折彎針頭的9針♥，並閉合圓圈。
※鍊子不好串接時，可利用打孔錐稍微加大尾端鍊圈。
※加大鍊圈▶P.181⑬

2 以穿接鍊子的9針◆穿接5顆金屬串珠後，剪斷多餘部分折彎針頭。

3 以耳針串接9針♥♠。另一隻耳環作法相同。

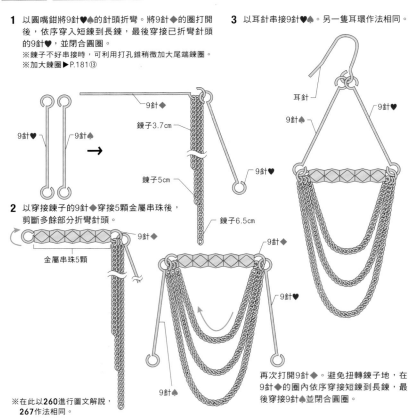

9針♥   9針♠

9針◆

鍊子3.7cm

鍊子5cm

鍊子6.5cm

金屬串珠5顆

9針◆

耳針

9針♥

9針♠

9針◆

9針♥

9針♠

再次打開9針◆，避免扭轉鍊子地，在9針◆的圈內依序穿接短鍊到長鍊，最後穿接9針♠並閉合圓圈。

※在此以**260**進行圖文解說，**267**作法相同。

260

金屬串珠（立方體・3mm・金色）-10顆
9針（0.7×25mm・金色）――6根
耳針（勾式・10mm・金色）――1副
鍊子（金色）
――3.7cm×2條、5cm×2條、6.5cm×2條

267

金屬串珠（立方體・3mm・銀色）-10顆
9針（0.7×25mm・銀色）――6根
耳針（勾式・10mm・銀色）――1副
鍊子（銀色）
――3.7cm×2條、5cm×2條、6.5cm×2條

〔使用工具〕
基本工具（P.168）

261,268

1 將鍊子分剪成20mm×30條。

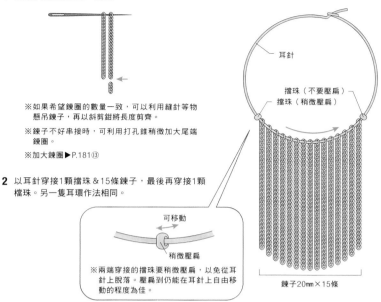

※如果希望鍊圈的數量一致，可以利用縫針等物
懸吊鍊子，再以斜剪鉗將長度剪齊。

※鍊子不好串接時，可利用打孔錐稍微加大尾端
鍊圈。

※加大鍊圈▶P.181⑬

2 以耳針穿接1顆擋珠＆15條鍊子，最後再穿接1顆
擋珠。另一隻耳環作法相同。

耳針

擋珠（不要壓扁）
擋珠（稍微壓扁）

可移動

稍微壓扁

※兩端穿接的擋珠要稍微壓扁，以免從耳
針上脫落。壓扁到仍能在耳針上自由移
動的程度為佳。

鍊子20mm×15條

※在此以261進行圖文解說，268作法相同。

材 料

261

鍊子（金色）	約20mm×30條
擋珠（金色）	4個
耳針（圓環形・0.3×20mm・金色）- 1副	

268

鍊子（銀色）	約20mm×30條
擋珠（銀色）	4個
耳針（圓環形・0.3×20mm・銀色）- 1副	

〔使用工具〕
基本工具（P.168）

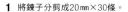

270,279

SIZE：長5×寬1.8cm

1 以手工鑽在壓克力配件上
方鑽孔，並串接單圈a。

2 製作配件A。以T針穿接
客旭珍珠後，折彎針頭
＆串接金屬配件。

3 製作配件B。以2個單圈
串接水鑽配件。

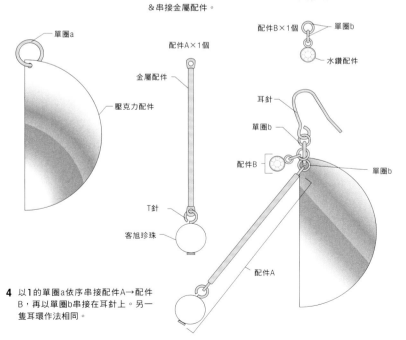

單圈a

配件A×1個

金屬配件

壓克力配件

T針

客旭珍珠

配件B×1個
單圈b
水鑽配件

耳針
單圈b
配件B
單圈b
配件A

4 以1的單圈a依序串接配件A→配件
B，再以單圈b串接在耳針上。另一
隻耳環作法相同。

※P.123模特兒配戴款，使用了與279不同的耳針金具。

※在此以270進行圖文解說，279作法相同。

材 料

270

客旭珍珠（圓形・6mm・奶油色）— 2個
壓克力配件（半圓形・17×34mm・
　大理石紋灰色）——— 2個
金屬配件（棒形・1×35mm・金色）- 2個
水鑽配件（圓形・帶圈・金色）— 2個
單圈a（0.8×6mm・金色）——— 2個
單圈b（0.6×3mm・金色）——— 8個
T針（0.6×20mm・金色）——— 2根
耳針（勾式・10mm・金色）——— 1副

279

客旭珍珠（圓形・6mm・灰色）——— 2個
壓克力配件（半圓形・17×34mm・
　大理石紋灰色）——— 2個
金屬配件（棒形・1×35mm・鍍銠）- 2個
水鑽配件（圓形・帶圈・鍍銠）- 2個
單圈a（0.8×6mm・鍍銠）——— 2個
單圈b（0.6×3mm・鍍銠）——— 8個
T針（0.6×20mm・鍍銠）——— 2根
耳針（勾式・10mm・鍍銠）——— 1副

〔使用工具〕
基本工具（P.168）／手工鑽

129

262,269

材 料

1 以鱶絲線穿接擋珠後，在中心處打平結固定，再穿接夾線頭，以夾線頭包住擋珠後夾合。

※平結打法▶P.186㉟
※使用夾線頭▶P.178⑥

2 以1鱶絲線穿接23顆捷克玻璃珠後，再穿接23顆客旭珍珠。

捷克玻璃珠

3 最後穿接夾線頭，並以1條鱶絲線穿接擋珠後打平結固定。將夾線頭包住擋珠夾合，再以鱶絲線回穿3顆珍珠後，剪掉多餘的線。

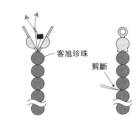

客旭珍珠

剪斷

4 以手指彎曲9針＆穿接金屬配件後，剪斷9針多餘長度，再折彎針頭。

9針

金屬配件

5 以單圈串接鍊子與9針。

6 以單圈串接夾線頭的圓圈＆鍊子，再分別串接彈簧扣＆延長鍊。

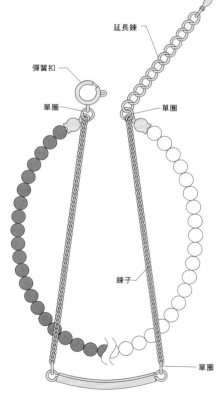

延長鍊

彈簧扣

單圈

單圈

鍊子

單圈

※在此以**262**進行圖文解說，**269**作法相同。

262

客旭珍珠（圓形・3mm・灰色）—— 23顆
捷克玻璃珠（圓形・3mm・白色）—— 23顆
金屬配件（長方管・2×25mm・金色）
―――――――――――――――1個
夾線頭（金色）――――――――2個
單圈（0.6×3mm・金色）――――4個
9針（0.7×40mm・金色）―――――1根
擋珠（金色）――――――――――2個
彈簧扣（金色）―――――――――1個
延長鍊（金色）―――――――――1條
鱶絲線（2號・透明）――― 40cm×1條
鍊子（金色）―――――――6cm×2條

269

客旭珍珠（圓形・3mm・灰色）—— 23顆
捷克玻璃珠（圓形・3mm・白色）—— 23顆
金屬配件（長方管・2×25mm・鍍銠）
―――――――――――――――1個
夾線頭（鍍銠）―――――――――2個
單圈（0.6×3mm・鍍銠）――――4個
9針（0.7×40mm・鍍銠）―――――1根
擋珠（鍍銠）――――――――――2個
彈簧扣（鍍銠）―――――――――1個
延長鍊（鍍銠）―――――――――1條
鱶絲線（2號・透明）――― 40cm×1條
鍊子（鍍銠）―――――――6cm×2條

〔使用工具〕
基本工具（P.168）

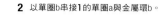

271,280

SIZE：長2×寬2cm

材 料

1 以單圈a串接金屬環a。

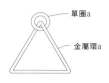

單圈a
金屬環a

2 以單圈b串接1的單圈a與金屬環b。

單圈b
金屬環b

3 以單圈b串接2的單圈b與金屬環c，再串接耳針。另一隻耳環作法相同。

耳針
單圈b
金屬環c

271

※在此以**280**進行圖文解說，**271**作法相同。

271

金屬環a（圓形・9mm・金色）———2個
金屬環b（圓形・14mm・金色）——2個
金屬環c（圓形・19mm・金色）——2個
單圈a（0.6×3mm・金色）————2個
單圈b（0.7×3.5mm・金色）———4個
耳針（勾式・10mm・金色）————1副

280

金屬環a（三角形・10mm・銀色）—2個
金屬環b（三角形・15mm・銀色）—2個
金屬環c（三角形・20mm・銀色）—2個
單圈a（0.6×3mm・銀色）————2個
單圈b（0.7×3.5mm・銀色）———4個
耳針（勾式・10mm・銀色）————1副

〔使用工具〕
基本工具（P.168）

272,281

SIZE：長3.5×寬2cm

材 料

1 將施華洛世奇材料鑲在爪座上。

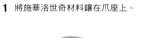

施華洛世奇材料
爪座

※固定爪座▶P.180⑪

2 以接著劑將花帽黏在爪座上。

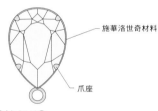

【背面】
接著劑
花帽

3 待2乾後以接著劑黏貼耳針。

【背面】

耳針

4 以單圈串接3的爪座圓圈＆金屬吊飾。另一隻耳環作法相同。

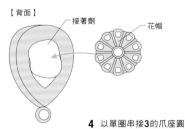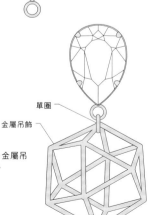

單圈
金屬吊飾

※在此以**272**進行圖文解說，**281**作法相同。

272

施華洛世奇材料（#4320・14×10mm・
　石墨色）——————————2個
金屬吊飾（立方體・8×10×10mm・
　金色）———————————2個
單圈（0.6mm×4mm・金色）———2個
爪座（#4320・14×10mm用・金色）
　————————————————2個
花帽（8mm・金色）——————2個
耳針（平面底座・6mm・金色）——1副

281

施華洛世奇材料（#4320・14×10mm・
　單寧藍色）————————2個
金屬吊飾（立方體・8×10×10mm・
　銀色）———————————2個
單圈（0.6mm×4mm・銀色）———2個
爪座（#4320・14×10mm用・銀色）
　————————————————2個
花帽（8mm・銀色）——————2個
耳針（平面底座・6mm・銀色）——1副

〔使用工具〕
基本工具（P.168）／接著劑

273, 282

SIZE: 鍊圈34cm

材　料

1 由右開始，依序以單圈串接金屬環a、b、c、d。共製作2個。

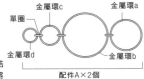

金屬環c　　　　金屬環a
單圈
金屬環d　　　　金屬環b

配件A×2個

2 在1個配件A♥處，以AW加工眼鏡連結圈，再如圖所示以AW串接配件，並將尾端加工成眼鏡連結圈＆串接鍊子。

※加工眼鏡連結圈▶P.177③

3 在配件A◆處，以單圈串接另一條鍊子。鍊子尾端再以單圈串接彈簧扣。

4 以單圈串接2的鍊子＆另一個配件A♠處。

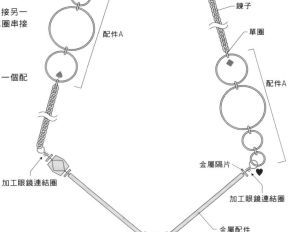

彈簧扣
單圈
鍊子
單圈
配件A
配件A
加工眼鏡連結圈
金屬隔片
♥
加工眼鏡連結圈
金屬配件
金屬串珠

※在此以273進行圖文解說，282作法相同。

273

金屬串珠（立方體・5mm・金色）── 2顆
金屬環a（圓形・14mm・金色）── 2個
金屬環b（圓形・19mm・金色）── 2個
金屬環c（圓形・6mm・金色）── 2個
金屬環d（圓形・4mm・金色）── 2個
金屬隔片（0.3×3mm・金色）── 5個
金屬配件（圓管珠・2×30mm・
　金色）──────────── 2條
單圈（0.6×3mm・金色）──── 9個
彈簧扣（金色）──────── 1個
AW〔藝術銅線〕（#24・不褪色黃銅）
　───────────── 10cm×1條
鍊子（金色）──────── 9cm×2條

282

金屬串珠（立方體・5mm・鍍銠）── 2顆
金屬環a（圓形・14mm・鍍銠）── 2個
金屬環b（圓形・19mm・鍍銠）── 2個
金屬環c（圓形・6mm・鍍銠）── 2個
金屬環d（圓形・4mm・鍍銠）── 2個
金屬隔片（0.3×3mm・鍍銠）── 5個
金屬配件（圓管珠・2×30mm・
　鍍銠）──────────── 2條
單圈（0.6×3mm・鍍銠）──── 9個
彈簧扣（鍍銠）──────── 1個
AW〔藝術銅線〕（#24・不褪色銀色）
　───────────── 10cm×1條
鍊子（鍍銠）──────── 9cm×2條

〔使用工具〕
基本工具（P.168）

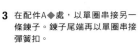

274, 284

SIZE: 長3×寬4cm

材　料

1 從AW尾端1cm處作一個圈，穿接金屬配件的圓圈後，加工成眼鏡連結圈。

※加工眼鏡連結圈▶P.177③

2 以1的AW依序串接竹管珠→5顆特小玻璃珠→竹管珠→金屬配件。再以此配置順序，重複串接2次。

3 穿接最後一個金屬配件後，將AW往回折、加工成眼鏡連結圈。

金屬配件
AW
金屬配件
竹管珠
特小玻璃珠5顆

4 以單圈串接1至3的金屬配件＆耳針。保持金屬配件的方向一致，以手指輕壓穿接特小玻璃珠處，調整成裙襬的形狀。另一隻耳環作法相同。

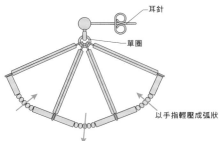

耳針
單圈
以手指輕壓成弧狀

※在此以274進行圖文解說，284作法相同。

274

竹管珠（二分竹・金褐中管銀色）- 12顆
特小玻璃珠（金色）────── 30顆
金屬配件（圓管珠・1×25mm・金色）
　──────────────── 8根
單圈（0.6×3.5mm・金色）──── 2個
AW〔藝術銅線〕（#24・不褪色黃銅）
　───────────── 10cm×2條
耳針（圓球帶圈・金色）──── 1副

284

竹管珠（二分竹・透明中管銀色）
　──────────────── 12顆
特小玻璃珠（金屬白銀色）─── 30顆
金屬配件（圓管珠・1×25mm・
　鍍銠）──────────── 8根
單圈（0.6×3.5mm・鍍銠）──── 2個
AW〔藝術銅線〕（#24・不褪色銀色）
　───────────── 10cm×2條
耳針（圓球帶圈・鍍銠）──── 1副

〔使用工具〕
基本工具（P.168）

275,285

SIZE: 作品 長1×寬3cm

材 料

將4個三角形壓克力配件上下交錯地黏貼在手環上，使上下邊線儘量保持一直線。

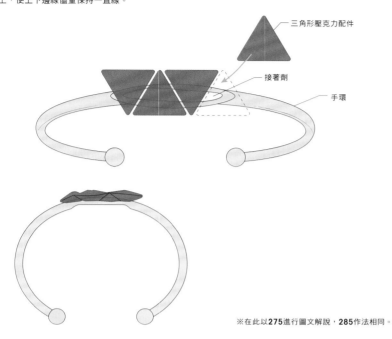

三角形壓克力配件

接著劑

手環

※在此以**275**進行圖文解說，**285**作法相同。

275

三角形壓克力配件（無孔‧10mm‧龜殼紋）————4個
手環（中央平面底座‧金色）————1個

285

三角形壓克力配件（無孔‧10mm‧透明圓點）————4個
手環（中央平面底座‧鍍銠）————1個

〔使用工具〕
接著劑

 # 276,286

SIZE: 錬圍60cm

材 料

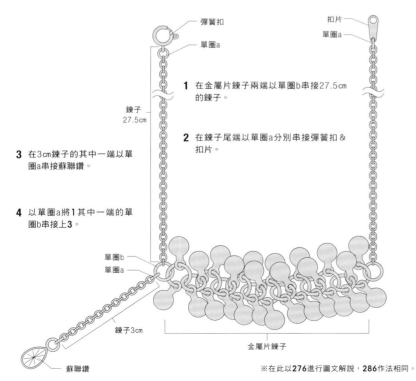

彈簧扣

單圈a

扣片

單圈a

1 在金屬片錬子兩端以單圈b串接27.5cm的錬子。

2 在錬子尾端以單圈a分別串接彈簧扣&扣片。

錬子
27.5cm

3 在3cm錬子的其中一端以單圈a串接蘇聯鑽。

4 以單圈a將**1**其中一端的單圈b串接上**3**。

單圈b
單圈a

錬子3cm

金屬片錬子

蘇聯鑽

※在此以**276**進行圖文解說，**286**作法相同。

276

蘇聯鑽（帶圈‧5mm‧金色）————1顆
單圈a（0.6×3mm‧金色）————4個
單圈b（0.7×4mm‧金色）————2個
彈簧扣（金色）————1個
扣片（金色）————1個
金屬片錬子（金色）————5cm×1條
錬子（金色）—27.5cm×2條、3cm×1條

286

蘇聯鑽（帶圈‧5mm‧鍍銠）————1顆
單圈a（0.6×3mm‧鍍銠）————4個
單圈b（0.7×4mm‧鍍銠）————2個
彈簧扣（鍍銠）————1個
扣片（鍍銠）————1個
金屬片錬子（鍍銠）————5cm×1條
錬子（鍍銠）—27.5cm×2條、3cm×1條

〔使用工具〕
基本工具（P.168）

277,283

SIZE：手圍18cm

1 在錬子a兩端以單圈分別串接
5.5cm的錬子b。

2 以單圈b串接16cm錬子b與**1**的
兩端，最後串接OT扣。

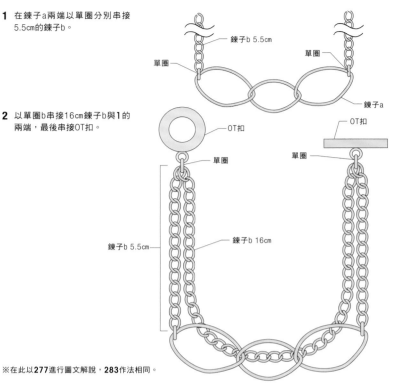

錬子b 5.5cm

單圈

單圈

錬子a

OT扣

OT扣

單圈

單圈

錬子b 5.5cm

錬子b 16cm

※在此以**277**進行圖文解說，**283**作法相同。

材 料

277

單圈（0.7×4mm・金色）————4個
OT扣（金色）————1副
錬子a（15×22mm・霧面金色）——3錬圈
錬子b（金色）– 16cm×1條、5.5cm×2條

283

單圈（0.7×4mm・鍍銠）————4個
OT扣（鍍銠）————1副
錬子a（15×22mm・霧面銀色）——3錬圈
錬子b（鍍銠）– 16cm×1條、5.5cm×2條

〔 使 用 工 具 〕
基本工具（P.168）

278,287

SIZE：手圍16.5cm

1 在鐵絲手環一端沾接著劑，插入手環扣頭附件。

2 以鐵絲手環依序穿接金屬串珠a、b、c，再將鐵絲手環尾端沾接著劑，
插入手環扣頭黏貼固定。

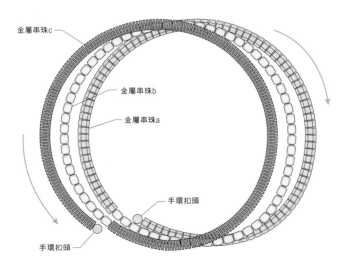

金屬串珠c

金屬串珠b

金屬串珠a

手環扣頭

手環扣頭

※在此以**278**進行圖文解說，**287**作法相同。

材 料

278

金屬串珠a（四角・8mm・柔金色）
————115顆
金屬串珠b（長方形・16mm・柔金色）
————60顆
金屬串珠c（8mm・柔金色）—— 約270顆
鐵絲手環（3圈・0.6×6mm・金色）– 1個

287

金屬串珠a（四角・8mm・柔銀色）
————115顆
金屬串珠b（長方形・16mm・柔銀色）
————60顆
金屬串珠c（8mm・柔銀色）—— 約270顆
鐵絲手環（3圈・0.6×6mm・鍍銠）– 1個

〔 使 用 工 具 〕
接著劑

288,297

SIZE: 鍊圍54cm

1 以9針穿接金屬配件a至c與金屬片，折彎針頭。

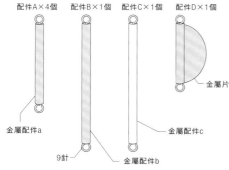

配件A×4個　配件B×1個　配件C×1個　配件D×1個

金屬片

金屬配件a

9針

金屬配件b

金屬配件c

扣片　　　　彈簧扣

單圈a

鍊子

單圈a

配件A

配件D

配件A

2 以單圈串接配件B・C兩端。

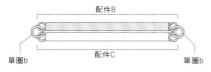

配件B

配件C

單圈b　　　　　　　　　　　　單圈b

3 如圖所示串接配件A至D。
　※串接時要避免配件糾結。

4 以單圈a串接配件D的9針＆鍊子。鍊子尾端
　以單圈a分別串接彈簧扣＆扣片。

※在此以**288**進行圖文解說，**297**作法相同。

材　料

288

金屬片（半圓形・15×7mm・金色）－1個
金屬配件a（圓管珠・2×19mm・金色）－4個
金屬配件b（圓管珠・2×30mm・金色）－1個
金屬配件c（圓管珠・2×30mm・白色）－1個
單圈a（0.6×3mm・金色）————— 4個
單圈b（0.7×4mm・金色）————— 2個
9針（0.7×40mm・金色）————— 7根
彈簧扣（金色）————————— 1個
扣片（金色）—————————— 1個
鍊子（金色）—————— 25cm×2條

297

金屬片（半圓形・15×7mm・鍍銠）－1個
金屬配件a（圓管珠・2×19mm・鍍銠）－4個
金屬配件b（圓管珠・2×30mm・鍍銠）－1個
金屬配件c（圓管珠・2×30mm・白色）－1個
單圈a（0.6×3mm・鍍銠）————— 4個
單圈b（0.7×4mm・鍍銠）————— 2個
9針（0.7×40mm・鍍銠）————— 7根
彈簧扣（鍍銠）————————— 1個
扣片（鍍銠）—————————— 1個
鍊子（鍍銠）—————— 25cm×2條

〔 使 用 工 具 〕
基本工具（P.168）

289,298

SIZE: 長5.5×寬1cm

1 以單圈串接金屬配件a・b，再將2個金
屬配件b的圓圈串接在同一個單圈內。

2 以單圈串接1與耳針。另一隻耳環作法
相同。

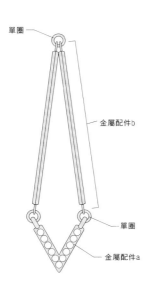

單圈

金屬配件b

單圈

金屬配件a

耳針

單圈

※在此以**289**進行圖文解說，
298作法相同。

材　料

289

金屬配件a（V字帶雙圈・9×10mm・
　金色鑲白鑽）——————— 2個
金屬配件b（棒形・1×35mm・金色）
　————————————— 4個
單圈（0.6×3mm・金色）———— 8個
耳針（圓球帶圈・金色）———— 1副

298

金屬配件a（V字帶雙圈・9×10mm・
　鍍銠鑲白鑽）——————— 2個
金屬配件b（棒形・1×35mm・鍍銠）
　————————————— 4個
單圈（0.6×3mm・鍍銠）———— 8個
耳針（圓球帶圈・鍍銠）———— 1副

〔 使 用 工 具 〕
基本工具（P.168）

290,299

SIZE：長5.5×寬2cm

材 料

1 利用打孔錐加大鍊子兩端的鍊圈。
※加大鍊圈▶P.181⑬

2 在1其中一端以單圈串接吊飾。

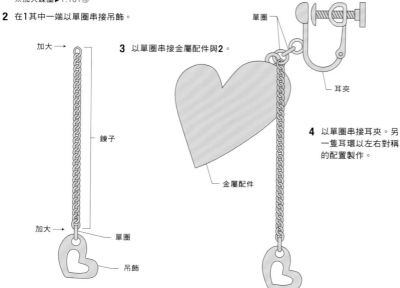

3 以單圈串接金屬配件與2。

單圈

耳夾

4 以單圈串接耳夾。另
一隻耳環以左右對稱
的配置製作。

加大→

錬子

金屬配件

加大→

單圈

吊飾

※在此以**290**進行圖文解說，**299**作法相同。

290

金屬配件（心形・15×12mm・金色）
──────────────────2個
吊飾（鏤空愛心形・8mm・金色）──2個
單圈（0.6×3mm・金色）────6個
耳夾（帶圈・金色）────────1副
鍊子（金色）──────3.5cm×2條

299

金屬配件（心形・15×12mm・鍍銠）
──────────────────2個
吊飾（鏤空愛心形・8mm・鍍銠）──2個
單圈（0.6×3mm・鍍銠）────6個
耳夾（帶圈・鍍銠）────────1副
鍊子（鍍銠）──────3.5cm×2條

〔 使用工具 〕
基本工具（P.168）

292,301

SIZE：作品 長1.7×寬1.2cm

材 料

1 將吊飾先放入矽膠模具內比對長度，剪去超出
的部分。吊飾背面的圈也要剪斷。

2 灌入UV膠至矽膠模具的1/3處，照UV燈2分鐘硬
化。

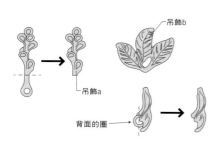

吊飾b

吊飾a

背面的圈

矽膠模具

UV膠

4 將作品脫模，以筆刀削去毛邊。在背面塗
UV膠，與戒台黏合並照UV燈2分鐘硬化。

3 依吊飾b・a順序，正面朝下配置，再以
UV膠灌滿矽膠模具，照UV燈2分鐘硬化。

吊飾b

吊飾a

UV膠

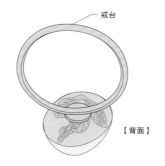

戒台

【背面】

※在此以**292**進行圖文解說，**301**作法相同。

292

吊飾a（蓓蕾枝條・13×4mm・
　霧面金色）──────1個
吊飾b（葉形・13×8mm・
　霧面金色）──────1個
戒台（平面底座・5mm・金色）──1個
UV膠─────────適量

301

吊飾a（蓓蕾枝條・13×4mm・鍍銠）
──────────────1個
吊飾b（葉形・13×8mm・鍍銠）──1個
戒台（平面底座・5mm・鍍銠）──1個
UV膠─────────適量

〔 使用工具 〕
基本工具（P.168）／矽膠模具（橢圓
形・17×12×6mm）／UV燈／筆刀

291,300

SIZE: 作品 長1.8×寬1.8cm

1 從AW尾端反折5.5cm，以尖嘴鉗確實夾平。

<--- 5.5cm --->

★ ▲ ← AW

愛心的凹陷處＝★

2 將5.5cm處的左右兩段AW彎出弧度。從AW♥端穿接珍珠後，以▲端纏繞2圈，剪斷多餘部分。

5.5cm

★

棉珍珠

♥

↑ 纏繞2圈後，剪斷多餘AW。

戒圍棒

纏繞2圈後，剪斷多餘鐵絲。

3 纏繞戒圍棒或粗筆桿的簽名筆，調整成自己喜歡的戒圍。纏繞愛心圓弧處2圈後，剪斷多餘的AW。

※在此以**291**進行圖文解說，**300**作法相同。

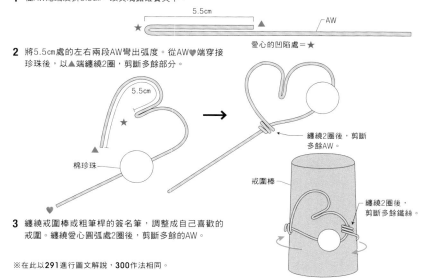

材 料

291

棉珍珠（圓形・8mm・白色）———1個
AW〔藝術銅線〕（#20・不褪色黃銅）
———————————17cm×1條

300

棉珍珠（圓形・8mm・白色）———1個
AW〔藝術銅線〕（#20・不褪色銀色）
———————————17cm×1條

〔使用工具〕
基本工具（P.168）／戒圍棒或粗筆桿的簽名筆

293,302

SIZE: 鍊圍49cm

1 如圖所示以金屬管珠製作配件A。
（★＝起始點 蠶絲線40cm中央）
※以下數字是金屬管珠的長度
單位：mm

15
10　10
20　★　20
15
20

龍蝦扣
單圈
鍊子
串珠鋼絲線穿過夾線頭後，穿接擋珠2次，剪斷多餘的線。
※使用夾線頭▶P.178⑥
擋珠
夾線頭

2 參見**1**以指定長度的金屬管珠&蠶絲線製作配件B、C。

15
20　20
10　10
15

配件A×4個
（使用40cm蠶絲線）

30　20　30
15　15
20

配件B×2個
（使用50cm蠶絲線）

40　40
30
15　15
20

配件C×1個
（使用60cm蠶絲線）

這個金屬管珠還要穿接串珠鋼絲線，所以別穿接剩餘的蠶絲線。

3 以串珠鋼絲線穿接配件A至C，配件之間再串接金屬串珠。兩端以夾線頭處理。

4 以單圈串接夾線頭的圓圈&鍊子。鍊尾再以單圈分別串接龍蝦扣&延長鍊。

延長鍊

配件A
配件A
配件A
配件B
配件A
配件C
金屬串珠
配件B

※在此以**293**進行圖文解說，**302**作法相同。

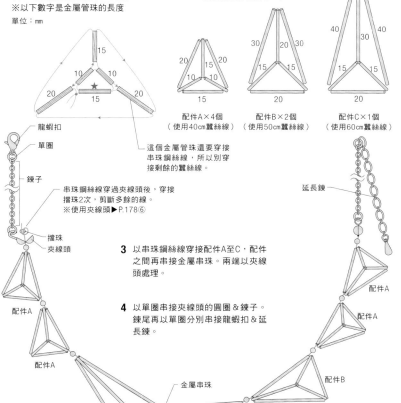

材 料

293

金屬管珠a（圓管珠・1.0×10mm・金色）—8顆
金屬管珠b（圓管珠・1.0×15mm・金色）—14顆
金屬管珠c（圓管珠・1.0×20mm・金色）—13顆
金屬管珠d（圓管珠・1.0×30mm・金色）—5顆
金屬管珠e（圓管珠・1.0×40mm・金色）—2顆
金屬串珠（圓形・2mm・金色）———8顆
單圈（0.7×3.5mm・金色）————4個
夾線頭（金色）————————2個
擋珠（金色）—————————2個
龍蝦扣（金色）————————1個
延長鍊（金色）————————1條
鍊子（金色）————————12.5cm×2條
串珠鋼絲線（0.36mm・金色）—50cm×1條
蠶絲線（4號・透明）
　—40cm×4條、50cm×2條、60cm×1條

302

金屬管珠a（圓管珠・1.0×10mm・銀色）—8顆
金屬管珠b（圓管珠・1.0×15mm・銀色）—14顆
金屬管珠c（圓管珠・1.0×20mm・銀色）—13顆
金屬管珠d（圓管珠・1.0×30mm・銀色）—5顆
金屬管珠e（圓管珠・1.0×40mm・銀色）—2顆
金屬串珠（圓形・2mm・銀色）———8顆
單圈（0.7×3.5mm・銀色）————4個
夾線頭（銀色）————————2個
擋珠（銀色）—————————2個
龍蝦扣（銀色）————————1個
延長鍊（銀色）————————1條
鍊子（銀色）————————12.5cm×2條
串珠鋼絲線（0.36mm・銀色）
————————————50cm×1條
蠶絲線（4號・透明）
　—40cm×4條、50cm×2條、60cm×1條

〔使用工具〕
基本工具（P.168）

294,303

SIZE：手圍15cm

1
9針依序穿接金屬串珠→壓克力配件→金屬串珠，最後穿接扭轉菱形環的孔。

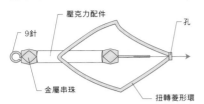

9針
壓克力配件
孔
金屬串珠
扭轉菱形環

2
以9針的圈串接單圈a＆扭轉菱形環後，閉合9針的圈。

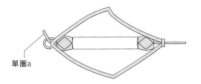

單圈a

3
折彎9針針頭，串接單圈b。

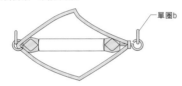

單圈b

※在此以**294**進行圖文解說，**303**作法相同。

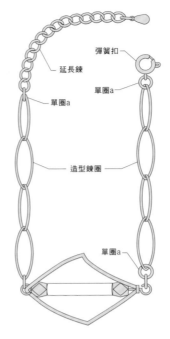

彈簧扣
延長鍊
單圈a
造型鍊圈
單圈a

4
以單圈a串接**3**的配件＆造型鍊圈。在造型鍊圈的兩端分別以單圈a串接延長鍊＆彈簧扣。

材 料

294
扭轉菱形環（單孔・20×35mm・金色）
——————————————1個
金屬串珠（立方體・4mm・金色）
——————————————2個
壓克力配件（圓管珠・4×20mm・透明）
——————————————1個
造型鍊圈（15×5mm・金色）
——————————4鍊圈×2條
9針（0.8×60mm・金色）———1根
單圈a（0.6×3mm・金色）———4個
單圈b（0.7×4mm・金色）———1個
彈簧扣（金色）——————————1個
延長鍊（金色）——————————1條

303
扭轉菱形環（單孔・20×35mm・鍍銠）
——————————————1個
金屬串珠（立方體・4mm・鍍銠）
——————————————2個
壓克力配件（圓管珠・4×20mm・透明）
——————————————1個
造型鍊圈（15×5mm・鍍銠）
——————————4鍊圈×2條
9針（0.8×60mm・鍍銠）———1根
單圈a（0.6×3mm・鍍銠）———4個
單圈b（0.7×4mm・鍍銠）———1個
彈簧扣（鍍銠）——————————1個
延長鍊（鍍銠）——————————1條

〔 使 用 工 具 〕
基本工具（P.168）

296,305

SIZE：長5.2×寬1.2cm

1
以接著劑黏合2個金屬配件的底部。

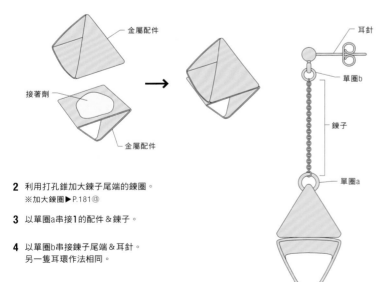

金屬配件
接著劑
金屬配件

耳針
單圈b
鍊子
單圈a

2
利用打孔錐加大鍊子尾端的鍊圈。
※加大鍊圈▶P.181⑬

3
以單圈a串接**1**的配件＆鍊子。

4
以單圈b串接鍊子尾端＆耳針。
另一隻耳環作法相同。

※在此以**296**進行圖文解說，**305**作法相同。

材 料

296
金屬配件（四角錐形・10×10mm・
　金色）————————————4個
單圈a（0.7×4mm・金色）———2個
單圈b（0.6×3mm・金色）———2個
鍊子（金色）——————2.5cm×2條
耳針（圓球帶圈・金色）————1副

305
金屬配件（四角錐形・10×10mm・
　銀色）————————————4個
單圈a（0.7×4mm・鍍銠）———2個
單圈b（0.6×3mm・鍍銠）———2個
鍊子（鍍銠）——————2.5cm×2條
耳針（圓球帶圈・鍍銠）————1副

〔 使 用 工 具 〕
基本工具（P.168）／接著劑

1 將施華洛世奇材料a‧b分別鑲在爪座上。

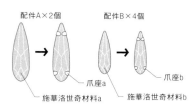

配件A×2個　　配件B×4個

爪座a　　　爪座b
施華洛世奇材料a　施華洛世奇材料b

※固定爪座▶P.180⑪

2 以串珠鋼絲線的中心穿接錶面的圈孔，再如圖所示穿接配件。最後在擋珠內交叉穿接後壓扁，兩端多餘的串珠鋼絲線回穿至隔圈後剪斷。

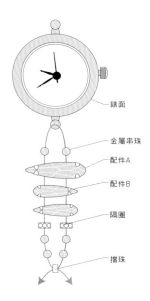

錶面
金屬串珠
配件A
配件B
隔圈
擋珠

3 將2的另一端也以串珠鋼絲線串接配件。

4 在3的兩端以C圈串接錬子。

5 在一端錬尾以C圈串接龍蝦扣，另一端錬尾串接3個單圈再串接吊飾。

※在此以295進行圖文解說，304作法相同。

吊飾
單圈3個
錬子
C圈
C圈
錬子
C圈
龍蝦扣

材　料

295

| 錶面（金色） | 1個 |

施華洛世奇材料a（#4331‧15mm‧
　金色陰影）————————————2顆
施華洛世奇材料b（#4331‧11mm‧
　金色陰影）————————————4顆
金屬串珠（圓形‧2mm‧金色）——12顆
隔圈（3mm‧金色鑲白鑽）————4個
吊飾（幸運雨滴‧1cm‧金色鑲白鑽）
————————————————1個
爪座a（#4331‧15mm用‧金色）—2個
爪座b（#4331‧11mm用‧金色）—4個
單圈（1.2×7mm‧金色）—————3個
C圈（1.2×5.5×6.5mm‧金色）——3個
龍蝦扣（金色）——————————1個
擋珠（2mm‧金色）————————2個
錬子（金色）——————5cm×2條
串珠鋼絲線（0.36mm‧金色）
————————————————15cm×2條

304

錶面（銀色）——————————1個
施華洛世奇材料a（#4331‧15mm‧
　透明）—————————————2顆
施華洛世奇材料b（#4331‧11mm‧
　透明）—————————————4顆
金屬串珠（圓形‧2mm‧鍍銠）——12顆
隔圈（3mm‧鍍銠鑲白鑽）————4顆
吊飾（幸運雨滴‧1cm‧鍍銠鑲白鑽）
————————————————1個
爪座a（#4331‧15mm用‧鍍銠）—2個
爪座b（#4331‧11mm用‧鍍銠）—4個
單圈（1.2×7mm‧鍍銠）—————3個
C圈（1.2×5.5×6.5mm‧鍍銠）——3個
龍蝦扣（鍍銠）——————————1個
擋珠（2mm‧鍍銠）————————2個
錬子（鍍銠）——————5cm×2條
串珠鋼絲線（0.36mm‧銀色）
————————————————15cm×2條

〔使用工具〕
基本工具（P.168）

memo

**可依穿著打扮
更換錬子**

此作品是以正統的錬子串接錶面，但視當天穿搭更換錬子也OK！可嘗試與各式造型錬子的組合。

小串珠 飾品

SMALL BEADS ACCESSORIES

延續從小就愛蒐集玲瓏可愛物品的喜好，
長大後依然想動手
作些玩心十足的小飾品。

SMALL BEADS ACCESSORIES

① 串珠刺繡 飾品

一針一線地繡製，
讓人格外愛不釋手的
可愛作品就完成了！

HOW TO MAKE
P.144
(3)(0)(7)

HOW TO MAKE
P.145
(3)(0)(8)

HOW TO MAKE
P.144
(3)(0)(6)

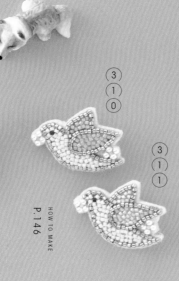

(3)(1)(0)

(3)(1)(1)

HOW TO MAKE
P.146

以金色古董珠鑲邊，
再挑選五彩繽紛的串
珠填滿圖案。

俏皮的小狗頭像作品，刺
繡時不須整齊排列，所以
製作過程輕鬆又愉快。

HOW TO MAKE
P.145
(3)(0)(9)

③①③

③①②

活用釘線繡，就能
順利繡出花朵般的
圓形。

HOW TO MAKE P.146

統一使用珍珠締造優雅印
象，並以搖曳的水滴珍珠
吸引眾人目光。

③①⑥

③①⑤

③①④

HOW TO MAKE P.147

③①⑦

只要會簡單直線繡就可以
製作，特別推薦給串珠刺
繡初學者。

HOW TO MAKE P.147

混搭串珠&閃光亮片
的草帽，也以釘線繡
就能愉快完成。

③①⑧

HOW TO MAKE
P.148

③①⑨

以連續亮片繡作
出亮眼的作品。

③②⓪

HOW TO MAKE
P.148

③②①

② 串珠編織
飾品

串珠編織有數種編法。
本書將介紹
基本編法就OK的飾品。

③
②
⑤

③
②
④

HOW TO MAKE
P.149

選用蛇行的扭轉珠
搭配水滴珠。

看似複雜的設計，只要
穿接方法沒有弄錯，就
能簡單完成。

③ ② ③

③ ② ②

HOW TO MAKE　P.149

142

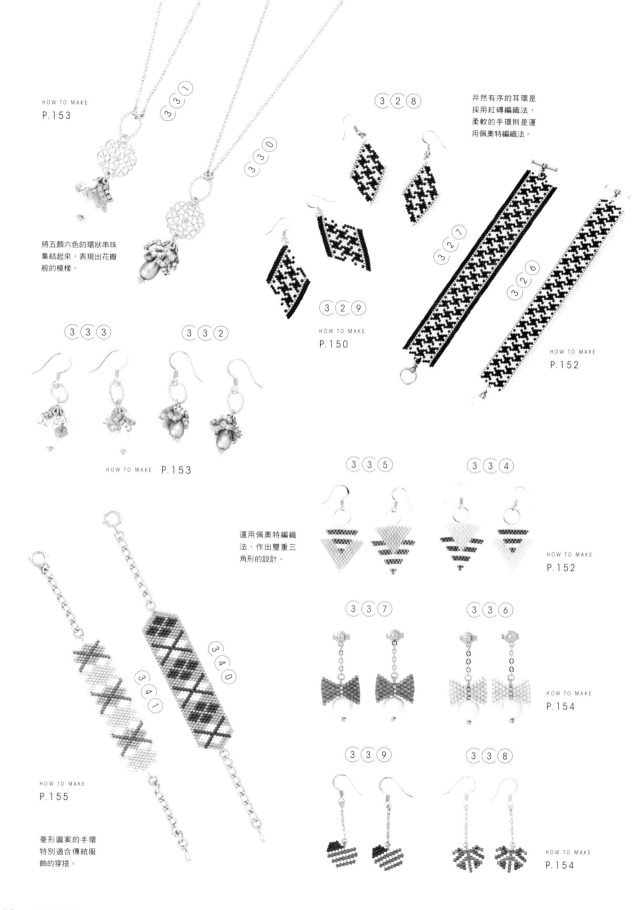

HOW TO MAKE
P.153

③ ③ ①

③ ③ ⓪

將五顏六色的環狀串珠
集結起來，表現出花瓣
般的模樣。

③ ② ⑧

井然有序的耳環是
採用紅磚編織法，
柔軟的手環則是運
用佩奧特編織法。

③ ② ⑦

③ ② ⑥

③ ② ⑨

HOW TO MAKE
P.150

HOW TO MAKE
P.152

③ ③ ③

③ ③ ②

HOW TO MAKE P.153

③ ③ ⑤

③ ③ ④

運用佩奧特編織
法，作出雙重三
角形的設計。

HOW TO MAKE
P.152

③ ④ ⓪

③ ④ ①

③ ③ ⑦

③ ③ ⑥

HOW TO MAKE
P.154

HOW TO MAKE
P.155

菱形圖案的手環
特別適合傳統服
飾的穿搭。

③ ③ ⑨

③ ③ ⑧

HOW TO MAKE
P.154

306

SIZE：長4×寬4cm

材 料

1 取1片不織布燙貼上接著襯。
　※黏合不織布＆接著襯▶P.181⑮

2 在不織布上畫圖案。
　※在不織布上繪圖▶P.181⑰

3 取1股線繡上串珠。
　①以回針繡沿著圖案的輪廓線繡上串珠。
　②如圖所示繡上眼睛＆鬍鬚。
　③剩下的區塊以回針繡填滿圖案。
　※珠繡的基礎技法▶P.187,188

4 周圍預留2mm，剪去多餘部分。

5 另一片不織布剪得比4的輪廓大1cm，在背面以接著劑黏上胸針五金配件，再取2股線止縫固定。

6 將5以接著劑黏在4的背面，待乾後沿著4剪掉多餘部分。

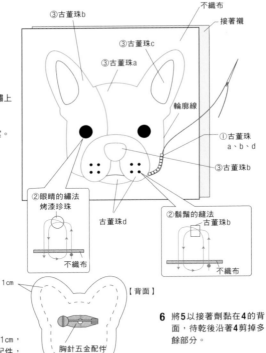

③古董珠b
③古董珠c
③古董珠a
不織布
接著襯
輪廓線
①古董珠 a、b、d
③古董珠b
②眼睛的繡法 烤漆珍珠
不織布
古董珠d
②鬍鬚的縫法 古董珠b
不織布
2mm 【正面】
完成線
1cm
胸針五金配件
【背面】
完成線

306

烤漆珍珠（圓形・3mm・黑色）	2顆
古董珠a（白色）	約130顆
古董珠b（黑色）	約120顆
古董珠c（粉紅色）	約30顆
古董珠d（白色）	約70顆
胸針五金配件（18mm・銀色）	1個
不織布（白色）	5×5cm×2片
接著襯	5×5cm×1片
繡線（25號・白色）	適量
繡線（25號・黑色）	適量

〔使用工具〕
串珠刺繡針／剪刀／記號筆／熨斗／接著劑

memo

**串珠＆繡線的顏色
只要搭配得宜就很美！**

縫串珠的繡線與珠子的顏色搭配和諧，就能提高作品的完成度。

307

SIZE：長4×寬3cm

材 料

1 取1片不織布燙貼上接著襯。
　※黏合不織布＆接著襯▶P.181⑮

2 在不織布上畫圖案。
　※在不織布上繪圖▶P.181⑰

3 取1股線繡上串珠。
　①以回針繡沿著圖案的輪廓線繡上串珠。
　②如圖所示繡上眼睛。
　③以回針繡繡上眉毛、內耳、嘴巴。
　④剩下的區塊以回針繡填滿圖案。
　※珠繡的基礎技法▶P.187,188

4 周圍預留2mm，剪去多餘部分。

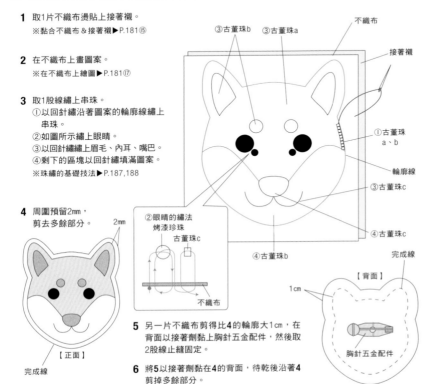

③古董珠b　③古董珠a
不織布
接著襯
①古董珠 a、b
輪廓線
③古董珠c
④古董珠c
④古董珠b
2mm
②眼睛的繡法 烤漆珍珠 古董珠c
不織布
完成線
【背面】
1cm
胸針五金配件
完成線
【正面】

5 另一片不織布剪得比4的輪廓大1cm，在背面以接著劑黏上胸針五金配件，然後取2股線止縫固定。

6 將5以接著劑黏在4的背面，待乾後沿著4剪掉多餘部分。

307

烤漆珍珠（圓形・3mm・黑色）	2顆
古董珠a（土黃色）	約180顆
古董珠b（白色）	約130顆
古董珠c（黑色）	約20顆
胸針五金配件（18mm・金色）	1個
不織布（米色）	5×5cm×2片
接著襯	5×5cm×1片
繡線（25號・米色）	適量

〔使用工具〕
串珠刺繡針／剪刀／記號筆／熨斗／接著劑

SIZE: 長3.5×寬4cm

材 料

1 取1片不織布燙貼上接著襯。
　※黏合不織布＆接著襯▶P.181⑮

2 在不織布上畫圖案。
　※在不織布上繪圖▶P.181⑰

3 取1股線繡上串珠。
　①以回針繡沿著圖案的輪廓線繡上
　　串珠。
　②如圖所示繡上眼睛。
　③剩下的區塊以回針繡填滿圖案。
　※珠繡的基礎技法▶P.187,188

4 周圍預留2mm，剪去多餘部分。

5 另一片不織布剪得比4的輪廓大1cm，
　在背面以接著劑黏貼胸針五金配件，
　然後取2股線止縫固定。

6 將5以接著劑黏在4的背面，待乾後沿
　著4剪掉多餘部分。

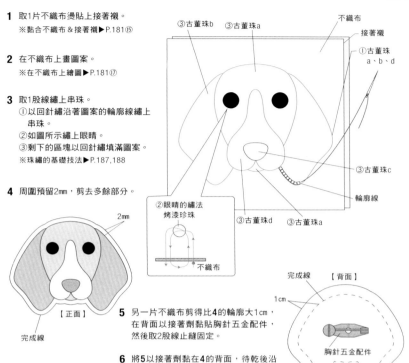

308

烤漆珍珠（圓形・3mm・黑色）	2顆
古董珠a（土黃色）	約80顆
古董珠b（褐色）	約180顆
古董珠c（黑色）	約15顆
古董珠d（白色）	約80顆
胸針五金配件（18mm・銀色）	1個
不織布（褐色）	5×5cm×2片
接著襯	5×5cm×1片
繡線（25號・褐色）	適量

〔 使用工具 〕

串珠刺繡針／剪刀／記號筆／熨斗／接著劑

SIZE: 長3×寬4cm

材 料

1 取1片不織布燙貼上接著襯。
　※黏合不織布＆接著襯▶P.181⑮

2 在不織布上畫圖案。
　※在不織布上繪圖▶P.181⑰

3 取1股線繡上串珠。
　①以回針繡沿著圖案的輪廓線繡上
　　串珠。
　②如圖所示繡上眼睛。
　③以回針繡繡上額頭的皺紋。
　④剩下的區塊以回針繡填滿圖案。
　※珠繡的基礎技法▶P.187,188

4 周圍預留2mm，剪去多餘部分。

5 另一片不織布剪得比4的輪廓大1cm，
　在背面以接著劑黏上胸針五金配件，
　然後取2股線止縫固定。

6 將5以接著劑黏在4的背面，待乾後沿
　著4剪掉多餘部分。

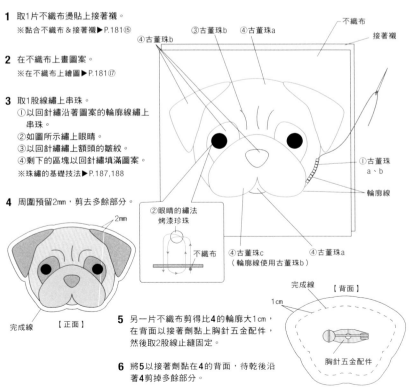

309

烤漆珍珠（圓形・3mm・黑色）	2顆
古董珠a（米色）	約120顆
古董珠b（黑色）	約260顆
古董珠c（灰色）	約60顆
胸針五金配件（18mm・金色）	1個
不織布（米色）	5×5cm×2片
接著襯	5×5cm×1片
繡線（25號・米色）	適量

〔 使用工具 〕

串珠刺繡針／剪刀／記號筆／熨斗／接著劑

310,311

SIZE：長2.5×寬4cm

1 取1片不織布燙貼上接著襯。
※黏合不織布＆接著襯▶P.181⑮

2 在不織布上畫圖案。
※在不織布上繪圖▶P.181⑰

3 取1股線繡上串珠。
　①以釘線繡沿著圖案的輪廓線繡上古董珠a。
　②如圖所示繡上眼睛。
　③以回針繡填滿剩餘的區塊。
　④繡出花朵。
※珠繡的基礎技法▶P.187,188

4 周圍預留2mm，剪去多餘部分。

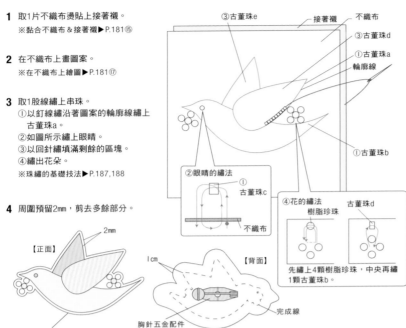

③古董珠e
接著襯
不織布
③古董珠d
①古董珠a
輪廓線
②眼睛的繡法
①
古董珠c
不織布
④花的繡法
樹脂珍珠
古董珠d
先繡上4顆樹脂珍珠，中央再繡1顆古董珠b。
①古董珠b

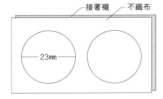

2mm
【正面】
完成線

【背面】
1cm
胸針五金配件
完成線

5 另一片不織布剪得比**4**的輪廓大1cm，在背面以接著劑黏貼胸針五金配件，然後取2股線止縫固定。

6 將**5**以接著劑黏在**4**的背面，待乾後沿著**4**剪掉多餘部分。

※在此以**310**進行圖文解說，**311**作法相同。

材 料

310

樹脂珍珠（圓形・2mm・白色）	8顆
古董珠a（金色）	約110顆
古董珠b（象牙色）	約50顆
古董珠c（焦茶色）	1顆
古董珠d（粉紅色）	約30顆
古董珠e（鮭魚粉紅色）	約11顆
胸針五金配件（18mm・金色）	1個
不織布（粉紅色）	5×5cm×2片
接著襯	5×5cm×1片
繡線（25號・粉紅色）	適量

311

樹脂珍珠（圓形・2mm・白色）	8顆
古董珠a（金色）	約110顆
古董珠b（象牙色）	約50顆
古董珠c（焦茶色）	1顆
古董珠d（淺藍綠色）	約30顆
古董珠e（黃色）	約11顆
胸針五金配件（18mm・金色）	1個
不織布（奶油色）	5×5cm×2片
接著襯	5×5cm×1片
繡線（25號・黃色）	適量

〔使用工具〕
串珠刺繡針／剪刀／記號筆／熨斗／接著劑

312,313

SIZE：直徑2.5cm

1 取1片不織布燙貼上接著襯。
※黏合不織布＆接著襯▶P.181⑮

2 可以複印原寸紙型，或在紙上畫出形狀後剪下，再以記號筆等在不織布上作記號。

接著襯　不織布
23mm

3 取1股線繡上串珠。
　①如圖所示繡上手縫爪鑲珠。②在手縫爪鑲珠周圍以釘線繡依序繡上三角珠、③樹脂珍珠、④古董珠、⑤三切面米珠。
※珠繡的基礎技法▶P.187,188

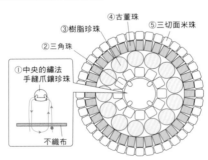

③樹脂珍珠
④古董珠
②三角珠
⑤三切面米珠
①中央的繡法
手縫爪鑲珠
不織布
※上圖示省略不織布

4 周圍預留2mm剪下，再另取一片不織布剪成正方形，以接著劑黏在**3**的背面。待乾後，沿著完成線剪掉多餘部分。

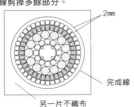

2mm
完成線
另一片不織布

5 在耳夾的平面底座上塗接著劑，黏貼在**4**的背面。另一隻耳環作法相同。

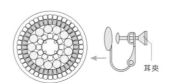

耳夾

※在此以**312**進行圖文解說，**313**作法相同。

材 料

312

樹脂珍珠（圓形・3mm・粉紅色）	26顆
三切面米珠（淺褐色）	約80顆
古董珠（淡粉紅色）	約70顆
三角珠（銀色）	24顆
手縫爪鑲珠（6mm・白色）	2個
耳夾（平面底座・10mm・金色）	1副
不織布（粉紅色）	4×8cm×2片
接著襯	4×8cm×1片
繡線（25號・粉紅色）	適量

313

樹脂珍珠（圓形・3mm・淺黃色）	26顆
三切面米珠（米色）	約80顆
古董珠（黃綠色）	約70顆
三角珠（金色）	24顆
手縫爪鑲珠（6mm・白色）	2個
耳夾（平面底座・10mm・金色）	1副
不織布（薄荷綠色）	4×8cm×2片
接著襯	4×8cm×1片
繡線（25號・薄荷綠色）	適量

〔使用工具〕
串珠刺繡針／剪刀／記號筆／熨斗／接著劑

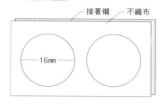

314,315

SIZE: 長3×寬2cm

1 取1片不織布燙貼上接著襯。
※黏合不織布＆接著襯▶P.181⑮

2 可以複印原寸紙型，或在紙上畫出形狀後剪下，再以記號筆等在不織布上作記號。

接著襯　　不織布

←16mm→

3 取1股線繡上串珠。
①先將皺紋珍珠繡在中央，周圍再以釘線繡繡上樹脂珍珠a。
②在外側以釘線繡繡上三切面米珠。
※珠繡的基礎技法▶P.187,188

①中央的繡法
皺紋珍珠

不織布

②三切面米珠
①樹脂珍珠a
①皺紋珍珠
※左圖示省略不織布

4 周圍預留2mm剪下，另取一片不織布剪成正方形，再以接著劑黏貼在**3**的背面。待乾後，沿著完成線剪掉多餘部分。

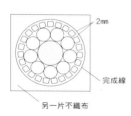

2mm
完成線
另一片不織布

5 取1股線穿接並縫上珠類。

【側面】
三切面米珠
樹脂珍珠b
三切面米珠

6 耳夾塗抹接著劑，黏貼在**5**的背面。另一隻耳環作法相同。

耳夾

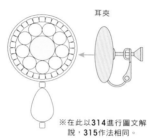

※在此以**314**進行圖文解說，**315**作法相同。

材　料

314

皺紋珍珠（圓形・6mm・白色）——2顆
樹脂珍珠a（圓形・3mm・白色）——18顆
樹脂珍珠b（水滴形・6×10mm・白色）
——————————2顆
三切面米珠（淺褐色）——約50顆
耳夾（平面底座・15mm・銀色）——1副
不織布（白色）——3×6cm×2片
繡線（25號・白色）——適量
接著襯——3×6cm×1片

315

皺紋珍珠（圓形・6mm・粉紅色）——2顆
樹脂珍珠a（圓形・3mm・白色）——18顆
樹脂珍珠b（水滴形・6×10mm・白色）
——————————2顆
三切面米珠（米色）——約50顆
耳夾（平面底座・15mm・銀色）——1副
不織布（米色）——3×6cm×2片
接著襯——3×6cm×1片
繡線（25號・米色）——適量

〔使用工具〕
串珠刺繡針／剪刀／記號筆／熨斗／接著劑

316,317

SIZE: 直徑3.5cm

1 取1片不織布燙貼上接著襯。
※黏合不織布＆接著襯▶P.181⑮

2 可以複印原寸紙型，或在紙上畫出形狀後剪下，再以記號筆等在不織布上作記號。

接著襯　不織布

←30mm→

3 取1股線繡上串珠。
①以釘線繡沿著輪廓線繡上古董珠a。
②中央以釘線繡繡上古董珠b。
③以釘線繡由內朝外繡上樹脂珍珠＆竹管珠。
※珠繡的基礎技法▶P.187,188

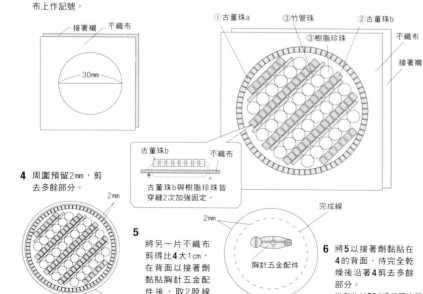

①古董珠a　③竹管珠　②古董珠b
③樹脂珍珠
不織布
接著襯

古董珠b　　　　不織布
古董珠b與樹脂珍珠皆穿縫2次加強固定。

4 周圍預留2mm，剪去多餘部分。

2mm
【正面】　完成線

5 將另一片不織布剪得比**4**大1cm，在背面以接著劑黏貼胸針五金配件後，取2股線止縫固定。

完成線
2mm
胸針五金配件
【背面】

6 將**5**以接著劑黏貼在**4**的背面，待完全乾燥後沿著**4**剪去多餘部分。
※在此以**316**進行圖文解說，**317**作法相同。

材　料

316

樹脂珍珠（圓形・3mm・白色）——28顆
古董珠a（金色）——約75顆
古董珠b（紅色）——約60顆
竹管珠（1分竹・金色）——28顆
胸針五金配件（18mm・金色）——1個
不織布（深粉紅色）——5×5cm×2片
接著襯——5×5cm×1片
繡線（25號・深粉紅色）——適量

317

樹脂珍珠（圓形・3mm・白色）——28顆
古董珠a（金色）——約75顆
古董珠b（藍綠色）——約60顆
竹管珠（1分竹・金色）——28顆
胸針五金配件（18mm・金色）——1個
不織布（藍綠色）——5×5cm×2片
接著襯——5×5cm×1片
繡線（25號・藍綠色）——適量

〔使用工具〕
串珠刺繡針／剪刀／記號筆／熨斗／接著劑

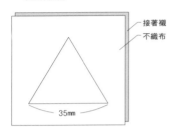

318,319

SIZE：長4×寬3.5cm

1 取1片不織布燙貼上接著襯。
※黏合不織布＆接著襯▶P.181⑮

2 可以複印原寸紙型，或在紙上畫出形狀後剪下，再以記號筆等在不織布上作記號。

接著襯
不織布

35mm

3 取1股線繡上串珠。
①以釘線繡沿著輪廓線繡上三切面米珠。
②從下方以釘線繡依序繡上三角珠、③古董珠，再以回針繡繡上④閃光亮片。
※珠繡的基礎技法▶P.187,188

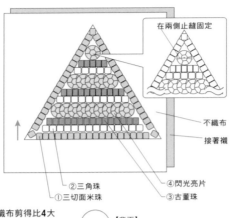

在兩側止縫固定

不織布
接著襯

②三角珠
①三切面米珠
④閃光亮片
③古董珠

4 周圍預留2mm，剪去多餘部分。

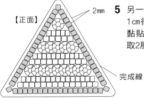

【正面】
2mm
完成線

5 另一片不織布剪得比**4**大1cm後，在背面塗接著劑黏貼胸針五金配件，再取2股線止縫固定。

【背面】

6 將**5**以接著劑黏貼在**4**的背面，待完全乾燥後沿著**4**剪去多餘部分。

1cm
胸針五金配件
完成線

※在此以**319**進行圖文解說，**318**作法相同。

材 料

318

三切面米珠（淺褐色）————約60顆
古董珠（象牙色）————31顆
三角珠（銀色）————29顆
閃光亮片（龜甲・5mm・銀色）————15片
胸針五金配件（18mm・銀色）————1個
不織布（奶油色）————5×5cm×2片
接著襯————5×5cm×1片
繡線（25號・奶油色）————適量

319

三切面米珠（米色）————約60顆
古董珠（紫色）————31顆
三角珠（銀色）————29顆
閃光亮片（龜甲・5mm・金色）————15片
胸針五金配件（18mm・金色）————1個
不織布（薰衣草色）————5×5cm×2片
接著襯————5×5cm×1片
繡線（25號・薰衣草色）————適量

〔 使用工具 〕

串珠刺繡針／剪刀／記號筆／熨斗／接著劑

320,321

SIZE：長3×寬3cm

1 取1片不織布燙貼上接著襯。
※黏合不織布＆接著襯▶P.181⑮

2 可以複印原寸紙型，或在紙上畫出形狀後剪下，再以記號筆等在不織布上作記號。

接著襯　不織布

30mm
30mm

3 取1股線繡上串珠。
①以回針繡繡上閃光亮片。
②以釘線繡繡上樹脂珍珠。
③重複①和②的步驟。
※珠繡的基礎技法▶P.187,188

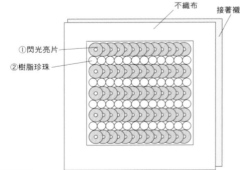

不織布
接著襯

①閃光亮片
②樹脂珍珠

4 周圍預留2mm，剪去多餘部分。

2mm
完成線
【正面】

5 將另一片不織布剪得比**4**大1cm，在背面塗接著劑黏貼胸針五金配件，再以2股線止縫固定。

6 將**5**以接著劑黏貼在**4**的背面，待完全乾燥後沿著**4**剪去多餘部分。

1cm
胸針五金配件
完成線
【正面】

※在此以**320**進行圖文解說，**321**作法相同。

材 料

320

樹脂珍珠（圓形・2.5mm・白色）— 48顆
閃光亮片（太陽形・4mm・金屬金色）
————約65片
胸針五金配件（18mm・金色）————1個
不織布（粉紅色）————5×5cm×2片
接著襯————5×5cm×1片
繡線（25號・粉紅色）————適量

321

樹脂珍珠（圓形・2.5mm・白色）— 48顆
閃光亮片（太陽形・4mm・金屬銀色）
————約65顆
胸針五金配件（18mm・銀色）————1個
不織布（白色）————5×5cm×2片
接著襯————5×5cm×1片
繡線（25號・白色）————適量

〔 使用工具 〕

串珠刺繡針／剪刀／記號筆／熨斗／接著劑

322,323

SIZE: 鍊圍31cm

1 取串珠刺繡針穿線，線頭預留15cm，穿接5顆丸小玻璃珠&收合成圓環，打平結後開始編織。
　※平結打法▶P.186③⑤
　※串珠編織的基礎技法▶P.185

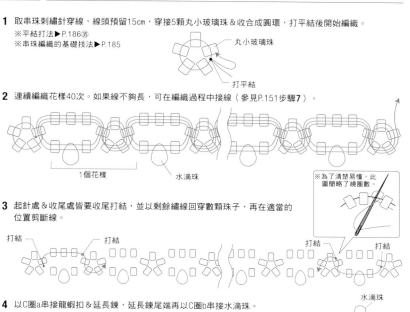

丸小玻璃珠
打平結

2 連續編織花樣40次。如果線不夠長，可在編織過程中接線（參見P.151步驟7）。

1個花樣　水滴珠

※為了清楚易懂，此圖簡略了繞圈數。

3 起針處&收尾處皆要收尾打結，並以剩餘繡線回穿數顆珠子，再在適當的位置剪斷線。

打結　打結　打結　打結

4 以C圈a串接龍蝦扣&延長鍊，延長鍊尾端再以C圈b串接水滴珠。

水滴珠
龍蝦扣
C圈a
C圈a
C圈b
延長鍊

※在此以323進行圖文解說，322作法相同。

材 料

322

水滴珠（3.4mm・黑色）————41顆
丸小玻璃珠（黑色）————405顆
C圈a（0.8×3×5mm・銀色）———3個
C圈b（0.6×3×4mm・銀色）———1個
龍蝦扣（金色）————1個
延長鍊（金色）————1條
串珠編織線（#40・黑色）—140cm×2條

323

水滴珠（3.4mm・透明AB）————41顆
丸小玻璃珠（象牙白玉色）————405顆
C圈a（0.8×3×5mm・金色）———3個
C圈b（0.6×2×4mm・金色）———1個
龍蝦扣（金色）————1個
延長鍊（金色）————1條
串珠編織線（#40・象牙色）
————140cm×2條

〔使用工具〕
基本工具（P.168）／串珠刺繡針／剪刀

324,325

SIZE: 手圍16cm

1 取串珠刺繡針穿線，線頭預留20cm裝上定位珠（丸小玻璃珠・分量外），如圖所示連續編織7次花樣。如果線不夠長，可在編織過程中接線（參見P.151步驟7）。
　※串珠編織的基礎技法▶P.185

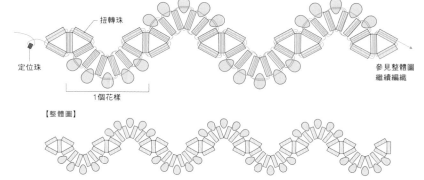

扭轉珠
定位珠
1個花樣
參見整體圖繼續編織

【整體圖】

2 以C圈a串接龍蝦扣&延長鍊，延長鍊尾端再以C圈b串接3顆水滴珠。

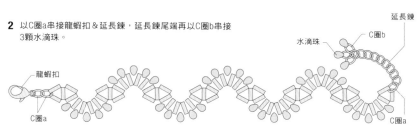

延長鍊
C圈b
水滴珠
龍蝦扣
C圈a
C圈a

※在此以324進行圖文解說，325作法相同。

材 料

324

扭轉珠（2×6mm・金色）————66顆
水滴珠（3.4mm・綠松色）————38顆
C圈a（0.8×3×5mm・金色）———3個
C圈b（0.6×3×4mm・金色）———3個
龍蝦扣（金色）————1個
延長鍊（金色）————1條
串珠編織線（#40・淺茶色）
————150cm×2條

325

扭轉珠（2×6mm・銀色）————66顆
水滴珠（3.4mm・黃色）————38顆
C圈a（0.8×3×5mm・銀色）———3個
C圈b（0.6×3×4mm・銀色）———3個
龍蝦扣（銀色）————1個
延長鍊（銀色）————1條
串珠編織線（#40・象牙色）
————150cm×2條

〔使用工具〕
基本工具（P.168）／串珠刺繡針／剪刀

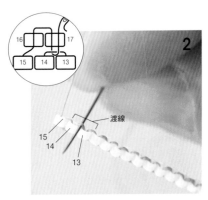

2

穿接2顆古董珠a，從14・13的渡線穿至對側，再由下穿過17，然後拉緊線。

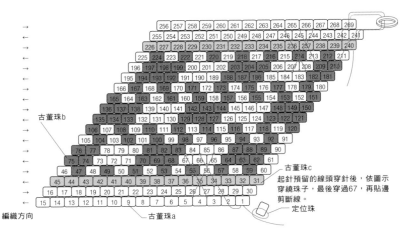

編織方向

古董珠b
古董珠a
古董珠c

起針預留的線頭穿針後，依圖示穿繞珠子，最後穿過67，再貼邊剪斷線。

定位珠

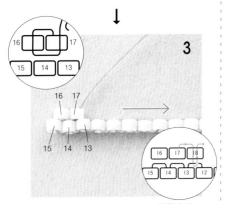

3

再次由上穿過16，由下穿過17，拉緊串珠。從17出針接18，從13・12的渡線穿至對側，再次由往上穿過18，拉緊線。重複編織到29。

編織紅磚編織的第一段

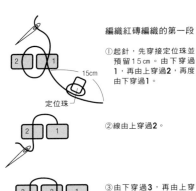

①起針，先穿接定位珠並預留15cm。由下穿過1，再由上穿過2，再度由下穿過1。

15cm
定位珠

②線由上穿過2。

③由下穿過3，再由上穿過2。

④由下穿過3，拉緊串珠。

材　料

328

古董珠a（白色）	290顆
古董珠b（黑色）	188顆
古董珠c（銀色）	60顆
C圈（0.6×3mm・鍍銠）	2個
耳針（勾式・鍍銠）	1副
雙圈（3mm・鍍銠）	2個
串珠編織線（#40・象牙色）	90cm×4條

329

古董珠a（白色）	290顆
古董珠b（黑色）	188顆
古董珠c（金色）	60顆
C圈（0.6×3mm・金色）	2個
耳針（勾式・金色）	1副
雙圈（3mm・金色）	2個
串珠編織線（#40・象牙色）	90cm×4條

〔使用工具〕

基本工具（P.168）／串珠刺繡針／剪刀
※在此以**328**進行圖文解說，**329**作法相同。

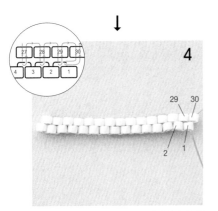

4

從29出針後穿接30，從2・1的渡線穿到對側，再由下往上穿接30。

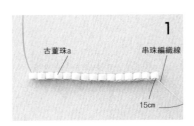

⑤由上穿過4，由下穿過3，再度由上穿過4，拉緊串珠。重複②至⑤。

1

古董珠a　　　串珠編織線

15cm

取古董珠a，依①至⑤編織第一段。
※以下示範圖為了清楚易懂，特意將串珠編織線改以粉紅色線進行。

m e m o

**紅磚編織 &
佩奧特編織**

雖然此兩種編織圖看起來相似，但編法截然不同，請特別注意。

	紅磚編織	佩奧特編織
編織時的串珠孔方向	直向	橫向
編法	穿接渡線	穿接串珠
成品	堅固	柔軟
適合飾品	耳環類	手環

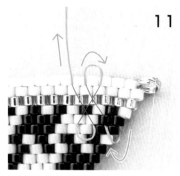

11

以編織結束線如圖所示穿繞，最後於串珠邊緣剪斷。

↓

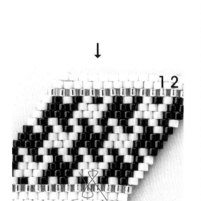

12

拆掉定位珠，將編織起始線穿過串珠刺繡針，如圖所示穿繞收尾後，在串珠邊緣剪斷。

↓

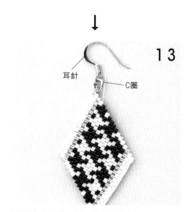

13

耳針
C圈

以C圈串接耳針。另一隻耳環作法相同。

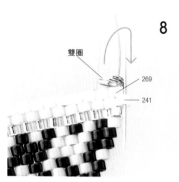

8

雙圈
269
241

編織18段，以編織結束線穿過雙圈，再由241上方往下出針。

↓

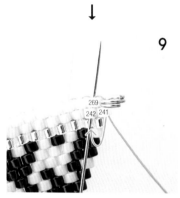

9

269
242 241

線由下往上穿過242・269，重複**8**至**9**的步驟2次。

↓

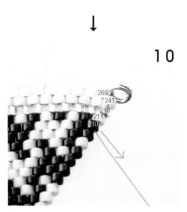

10

269
241
240
211
210

將**9**的線從210出針。

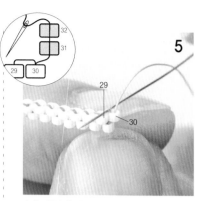

5

32
31
29 30
29
30

穿接2顆古董珠c，從30・29的渡線穿至對側，編織第3段。

↓

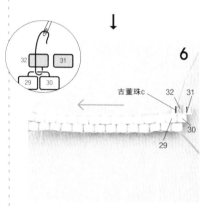

6

32 31
29 30
古董珠c
32
31
30
29

從32上方出針，往**3**的反方向繼續編織。

↓

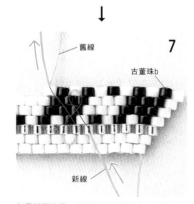

7

舊線
古董珠b
新線

如果線不夠長，可將串珠刺繡針穿入新線，依圖示穿法接線。舊線先放在一旁，待全部編織完畢再收尾（收尾藏線➡P.185⑬）。

326,327

SIZE：手圍16cm

材 料

326

古董珠a（白色）	860顆
古董珠b（黑色）	526顆
古董珠c（銀色）	172顆
單圈（1×6mm・銀色）	2個
OT扣（古董銀色）	1副
串珠編織線（#40・象牙色）	
	140cm×4條

327

古董珠a（黑色）	860顆
古董珠b（白色）	526顆
古董珠c（金色）	172顆
單圈（1×6mm・金色）	2個
OT扣（金色）	1副
串珠編織線（#40・象牙色）	
	140cm×4條

〔 使 用 工 具 〕
基本工具（P.168）／串珠刺繡針／剪刀

1 取串珠刺繡針穿線，預留20cm後穿接定位珠（古董珠・分量外），再依下圖進行佩奧特編織。編織完畢後先把線放在一旁，不要剪斷。

2 將編織起始線＆編織結束線各自穿針，並依圖示作法製作串珠圈＆收尾。

3 以單圈串接串珠圈＆OT扣。

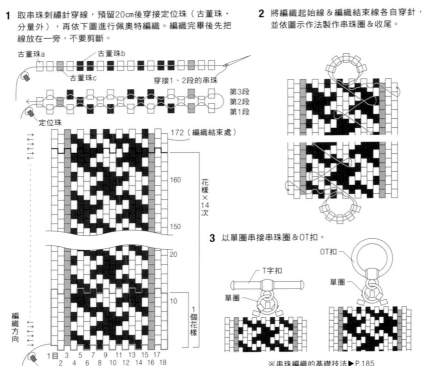

※串珠編織的基礎技法▶P.185
※在此以**326**進行圖文解說，**327**作法相同。

 334,335

SIZE：長3.5×寬2.5cm

材 料

334

古董珠a（黃色）	162顆
古董珠b（藍色）	79顆
古董珠c（白色）	83顆
圓環配件（10mm・銀色）	2個
耳針（勾式・銀色）	1副
串珠編織線（#40・象牙色）	
	110cm×2條

335

古董珠a（粉紅色）	162顆
古董珠b（紫色）	79顆
古董珠c（白色）	83顆
圓環配件（10mm・金色）	2個
耳針（勾式・金色）	1副
串珠編織線（#40・象牙色）	
	110cm×2條

〔 使 用 工 具 〕
基本工具（P.168）／串珠刺繡針／剪刀

1 取串珠刺繡針穿線，線頭預留15cm後穿接定位珠（古董珠・分量外），再依下圖進行紅磚編織（參見P.150）。

※串珠編織的基礎技法▶P.185

2 編織至161後，串接圓環配件＆進行收尾。

3 穿接1顆古董珠b，將編織起始線收尾。

4 將3串接耳針。另一隻耳環更改串珠配色，作法相同。

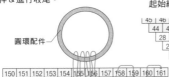

穿接1顆古董珠b
※另一隻耳環改為穿接古董珠a。

※在此以**334**進行圖文解說，**335**作法相同。

330～333

SIZE：作品　長2×寬1.5cm

材料

1 AW線頭預留8cm後，穿接9顆古董珠a。收合成圓環後，在根部扭轉2至3圈固定。
如圖所示依序穿接古董珠b至e，並同樣分別作成圓環。再以相同作法製作1個同樣的配件。

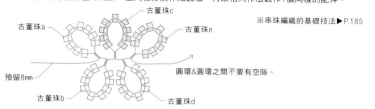

古董珠c

古董珠a

古董珠e

古董珠b　　　　古董珠d

預留8mm

※串珠編織的基礎技法▶P.185

圓環&圓環之間不要有空隙。

2 以造型T針穿接樹脂珍珠，將1纏繞上去。

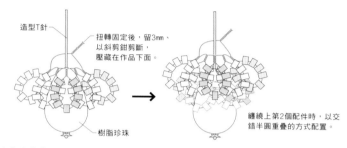

造型T針

扭轉固定後，留3mm、
以斜剪鉗剪斷，
壓藏在作品下面。

樹脂珍珠

纏繞上第2個配件時，以交錯半圈重疊的方式配置。

3 以2穿接1顆古董珠e與花帽後，將造型T針折彎針頭。

花帽

古董珠e

4 製成項鍊時，以鍊子分別串接彈簧扣
& 扣片。製作耳環則串接耳針。另一
隻耳環作法相同。

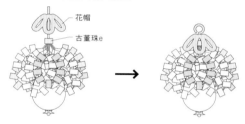

彈簧扣
單圈b

扣片
單圈b

330

鍊子25cm　　　　鍊子25cm

單圈b
造型C圈

單圈a

鏤空配件

332

耳針

造型C圈

※項鍊圖是以**330**進行圖示解說，**331**作法相同。
※耳環圖是以**332**進行圖示解說，**333**作法相同。

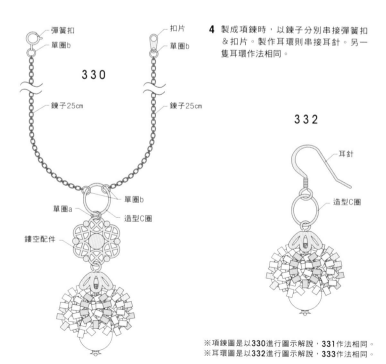

330

樹脂珍珠（水滴形・6×10mm・霧面金色）- 1顆
古董珠a（綠松色）——————— 18顆
古董珠b（黃綠色）——————— 18顆
古董珠c（苔綠色）——————— 18顆
古董珠d（銀色）———————— 18顆
古董珠e（金色）———————— 19顆
單圈a（0.8×4mm・金色）———— 1個
單圈b（0.7×3.5mm・金色）——— 4個
造型C圈（0.6×10×8mm・金色）- 1個
造型T針（花形・0.6×30mm・金色）- 1根
鏤空配件（14mm・金色）——— 1個
花帽（7mm・金色）—————— 1個
彈簧扣（金色）———————— 1個
扣頭（金色）————————— 1個
鍊子（金色）—————— 25cm×2條
AW〔藝術銅線〕（#30・不褪色黃銅）
　　　　　　　　　　　 25cm×2條

331

樹脂珍珠（水滴形・6×10mm・淺黃色）— 1顆
古董珠a（粉紅色）——————— 18顆
古董珠b（鮭魚粉紅色）————— 18顆
古董珠c（象牙色）——————— 18顆
古董珠d（銀色）———————— 18顆
古董珠e（金色）———————— 19顆
單圈（0.8×4mm・金色）———— 1個
單圈（0.7×3.5mm・金色）——— 4個
造型C圈（0.6×10×8mm・金色）— 1個
造型T針（花形・0.6×30mm・金色）- 1根
鏤空配件（14mm・金色）——— 1個
花帽（7mm・金色）—————— 1個
彈簧扣（金色）———————— 1個
扣頭（金色）————————— 1個
鍊子（金色）—————— 25cm×2條
AW〔藝術銅線〕（#30・不褪色黃銅）
　　　　　　　　　　　 25cm×2條

332

樹脂珍珠（水滴形・6×10mm・霧面金色）- 2顆
古董珠a（綠松色）——————— 36顆
古董珠b（黃綠色）——————— 36顆
古董珠c（苔綠色）——————— 36顆
古董珠d（銀色）———————— 36顆
古董珠e（金色）———————— 38顆
造型C圈（0.6×10×8mm・金色）— 2個
造型T針（花形・0.6×30mm・金色）- 2根
花帽（7mm・金色）—————— 2個
耳針（金色）————————— 1副
AW〔藝術銅線〕（#30・不褪色黃銅）
　　　　　　　　　　　 25cm×4條

333

樹脂珍珠（水滴形・6×10mm・淺黃色）— 2顆
古董珠a（粉紅色）——————— 36顆
古董珠b（鮭魚粉紅色）————— 36顆
古董珠c（象牙色）——————— 36顆
古董珠d（銀色）———————— 36顆
古董珠e（金色）———————— 38顆
造型C圈（0.6×10×8mm・金色）— 2個
造型T針（花形・0.6×30mm・金色）- 2根
花帽（7mm・金色）—————— 2個
耳針（金色）————————— 1副
AW〔藝術銅線〕（#30・不褪色黃銅）
　　　　　　　　　　　 25cm×4條

〔使用工具〕
基本工具（P.168）

336,337

SIZE：長3×寬1.5cm

材 料

1 取串珠刺繡針穿線，線頭預留15cm後穿接定位珠（古董珠・分量外），再依下圖進行紅磚編織（參見P.150）。

2 以編織結束線穿接雙圈、棉珍珠與古董珠b，然後進行收尾。

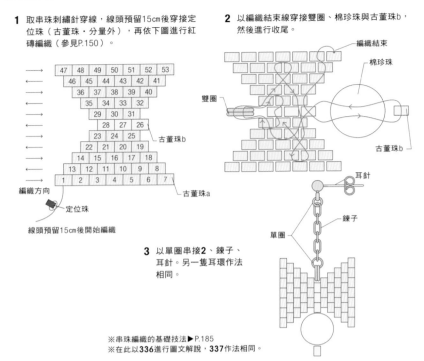

```
→   47 48 49 50 51 52 53
←   46 45 44 43 42 41
→      36 37 38 39 40
←      35 34 33 32
→      29 30 31
←         28 27 26
→      23 24 25
←      22 21 20 19
→   14 15 16 17 18
←   13 12 11 10 9 8
→   1 2 3 4 5 6 7
```

編織方向
古董珠a
古董珠b
定位珠
線頭預留15cm後開始編織

編織結束
棉珍珠
雙圈
古董珠b

耳針
錬子
單圈

3 以單圈串接2、錬子、耳針。另一隻耳環作法相同。

※串珠編織的基礎技法▶P.185
※在此以336進行圖文解說，337作法相同。

336

棉珍珠（圓形・8mm・白色）	2顆
古董珠a（粉紅色）	100顆
古董珠b（金色）	8顆
單圈（0.6×3mm・金色）	4個
雙圈（3mm・金色）	2個
耳針（圓球帶圈・金色）	1副
錬子（金色）	1cm×2條
串珠編織線（#40・玫瑰色）	70cm×2條

337

棉珍珠（圓形・8mm・白色）	2顆
古董珠a（栗色）	100顆
古董珠b（金色）	8顆
單圈（0.6×3mm・金色）	4個
雙圈（3mm・金色）	2個
耳針（圓球帶圈・金色）	1副
錬子（金色）	1cm×2條
串珠編織線（#40・淺茶色）	70cm×2條

〔使用工具〕
基本工具（P168）／串珠刺繡針／剪刀

338,339

SIZE：長3×寬1.5cm

材 料

1 取串珠刺繡針穿線，線頭預留15cm後穿接定位珠（古董珠・分量外），再依下圖進行紅磚編織（參見P.150）。

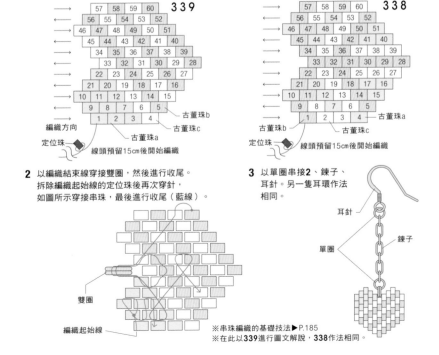

339
```
←   57 58 59 60
→   56 55 54 53 52
←   46 47 48 49 50 51
→   45 44 43 42 41 40
←   34 35 36 37 38 39
→   33 32 31 30 29 28
←   22 23 24 25 26 27
→   21 20 19 18 17 16
←   10 11 12 13 14 15
→   9 8 7 6 5
←   1 2 3 4
```
編織方向
古董珠b
古董珠c
定位珠
古董珠a
線頭預留15cm後開始編織

338
```
→   57 58 59 60
←   56 55 54 53 52
→   46 47 48 49 50 51
←   45 44 43 42 41 40
→   34 35 36 37 38 39
←   33 32 31 30 29 28
→   22 23 24 25 26 27
←   21 20 19 18 17 16
→   10 11 12 13 14 15
←   9 8 7 6 5
→   1 2 3 4
```
古董珠a
古董珠b
古董珠c
定位珠
線頭預留15cm後開始編織

2 以編織結束線穿接雙圈，然後進行收尾。
拆除編織起始線的定位珠後再次穿針，
如圖所示穿接串珠，最後進行收尾（藍線）。

雙圈
編織起始線

3 以單圈串接2、錬子、耳針。另一隻耳環作法相同。

耳針
單圈
錬子

※串珠編織的基礎技法▶P.185
※在此以339進行圖文解說，338作法相同。

338

古董珠a（藍色）	32顆
古董珠b（紅色）	48顆
古董珠c（白色）	40顆
單圈（0.6×3mm・金色）	4個
雙圈（3mm・金色）	2個
錬子（金色）	1.8cm×2條
耳針（勾式・金色）	1副
串珠編織線（#40・象牙色）	70cm×2條

339

古董珠a（藍色）	24顆
古董珠b（紅色）	46顆
古董珠c（白色）	50顆
單圈（0.6×3mm・金色）	4個
雙圈（3mm・金色）	2個
錬子（金色）	1.8cm×2條
耳針（勾式・金色）	1副
串珠編織線（#40・象牙色）	70cm×2條

〔使用工具〕
基本工具（P.168）／串珠刺繡針／剪刀

340,341

SIZE: 手圍17cm　寬2cm

材　料

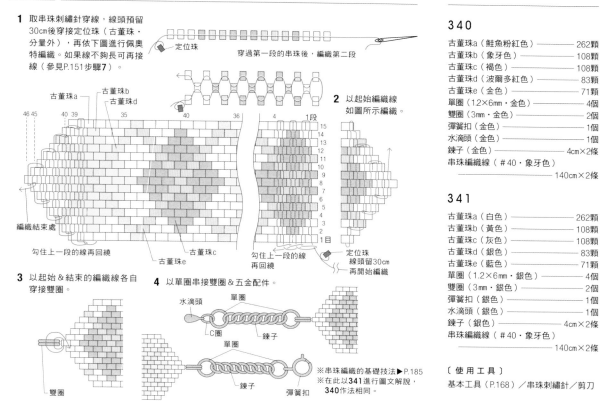

1 取串珠刺繡針穿線，線頭預留30cm後穿接定位珠（古董珠·分量外），再依下圖進行佩奧特編織。如果線不夠長可再接線（參見P.151步驟**7**）。

定位珠

穿過第一段的串珠後，編織第二段

古董珠a　古董珠b
　　　　　古董珠d

46 45　　40 39　　　35　　　　40　　　36

編織結束處
勾住上一段的線再回繞
古董珠c
古董珠e

2 以起始編織線如圖所示編織。

4　　1段
15
14
13
12
11
10
9
8
7
6
5
4
3
2
1目

勾住上一段的線再回繞

定位珠
線頭留30cm
再開始編織

3 以起始&結束的編織線各自穿接雙圈。

雙圈

4 以單圈串接雙圈&五金配件。

水滴頭
單圈
C圈
錬子
單圈
錬子
彈簧扣

※串珠編織的基礎技法▶P.185
※在此以**341**進行圖文解說，**340**作法相同。

340

古董珠a（鮭魚粉紅色）	262顆
古董珠b（象牙色）	108顆
古董珠c（褐色）	108顆
古董珠d（波爾多紅色）	83顆
古董珠e（金色）	71顆
單圈（1.2×6mm・金色）	4個
雙圈（3mm・金色）	2個
彈簧扣（金色）	1個
水滴頭（金色）	1個
錬子（金色）	4cm×2條
串珠編織線（#40・象牙色）	140cm×2條

341

古董珠a（白色）	262顆
古董珠b（黃色）	108顆
古董珠c（灰色）	108顆
古董珠d（銀色）	83顆
古董珠e（藍色）	71顆
單圈（1.2×6mm・銀色）	4個
雙圈（3mm・銀色）	2個
彈簧扣（銀色）	1個
水滴頭（銀色）	1個
錬子（銀色）	4cm×2條
串珠編織線（#40・象牙色）	140cm×2條

〔使用工具〕
基本工具（P.168）／串珠刺繡針／剪刀

原寸紙型&圖案

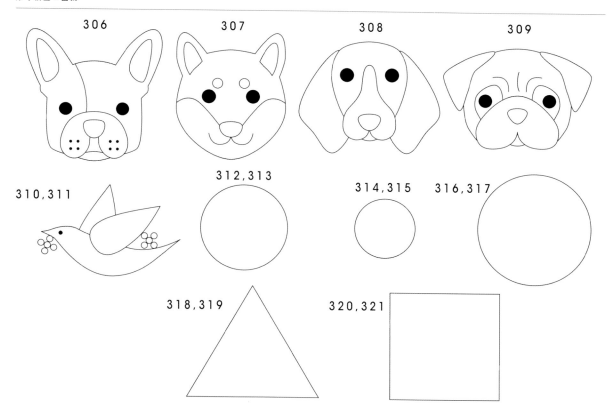

306　　307　　308　　309

310,311　　312,313　　314,315　　316,317

318,319　　320,321

微縮模型 飾品

DIORAMA ACCESSORIES

仔細一看就會發現耳環＆戒指裡面都有小人像或動物。

戴上趣味性飾品，獨占眾人的視線吧！

將微縮模型＆充分的亮粉濃縮成亮眼的配飾。

以霓虹色配件當作微縮模型的背景。

將微縮模型以接著劑黏在三角形皮革片上即完成。

使用矽膠模具，就能輕鬆製造色彩獨特的戒指。

木頭圓棍＆圓球
也能作成飾品！

將微縮模型黏在鍊子上，
再穿接耳針就OK！

在手指上展出淘氣的世界觀，
令人百看也不厭倦。

在透明長方體中，穿著體育服的
國中生模型似乎有種自由率性感。

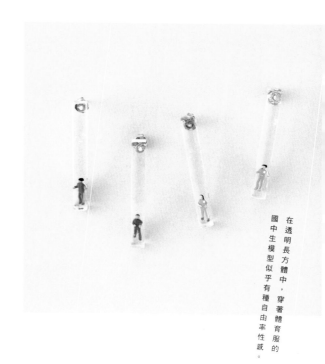

以銅線串接
豐富多彩的串珠。

木材×玻璃紙×微縮模型，
喚醒懷舊的林牧時光。

活用剩餘的串珠，
封入內裡作為點綴。

掛上俏皮的獅子，
直接當作墜飾。

將微縮模型鎖上羊眼釘，就可以當成飾品配件使用。

超人氣大耳環加上微縮模型，更加與眾不同。

左 369
HOW TO MAKE
P.166

右 368
HOW TO MAKE
P.166

左 367
HOW TO MAKE
P.166

右 366
HOW TO MAKE
P.166

左 373
HOW TO MAKE
P.167

右 372
HOW TO MAKE
P.167

左 371
HOW TO MAKE
P.167

右 370
HOW TO MAKE
P.167

通俗飾品配件與懷舊風女孩的組合，迸出了趣味的效果。

應用麻花繩作成圓環，變身UV膠飾品的外框。

342,343

SIZE: 長2.7×寬2.7cm

1 將UV膠＆亮片，灌入矽膠模具至一半處，
並以牙籤攪拌。照UV燈2分鐘硬化。

2 模型正面朝上放在1上，進行凸面灌膠。
以牙籤刺破氣泡，照UV燈5分鐘硬化。

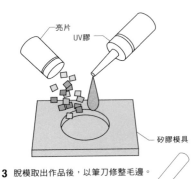

亮片
UV膠
矽膠模具

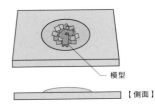

模型
【側面】

3 脫模取出作品後，以筆刀修整毛邊。

4 以接著劑黏貼壓克力配件、UV膠配件與耳夾。
另一隻耳環作法相同。

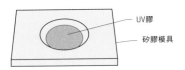

毛邊

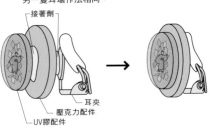

接著劑
耳夾
壓克力配件
UV膠配件

※UV膠的基礎技法▶P.184,185
※在此以342進行圖文解說。343則是更換配件，以相同作法製作。

材 料

342

模型（藍、綠色和服的女子・1cm）
―――――――――――― 各1個
壓克力配件（圓形・2.7cm・粉紅色）
――――――――――――――― 2個
耳夾（耳夾附矽膠軟墊・金色）―― 1副
鐳射亮片（銀色）――――――― 適量
UV膠 ―――――――――――― 適量

343

模型（騎單車的男子・1cm）――― 2個
壓克力配件（圓形・2.7cm・黃色）－2個
耳夾（耳夾附矽膠軟墊・金色）―― 1副
鐳射亮片（銀色）――――――― 適量
UV膠 ―――――――――――― 適量

〔使用工具〕

接著劑／矽膠模具（平面圓形・直徑
20×高度5mm）／牙籤／筆刀／UV燈

344,345

SIZE: 作品 長7×寬5cm

1 將UV膠灌至矽膠模具1/3處，照UV燈2分鐘硬化。

2 模型正面朝下放入1，灌滿矽膠模具，
照UV燈5分鐘硬化。

UV膠
矽膠模具

UV膠
模型

3 灑上充足亮粉後，進行凸面灌膠＆以牙籤攪拌，
照UV燈5分鐘硬化。脫模取出作品後，以筆刀修
整毛邊。

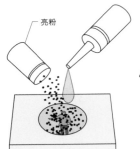

亮粉

4 在3的背面以接著劑黏貼
髮圈五金配件。

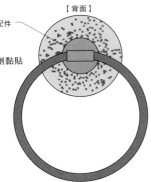

【背面】
髮圈五金配件

※UV膠的基礎技法▶P.184,185
※在此以345進行圖文解說。344則是更換配件，以相同作法製作。

材 料

344

模型（踢足球的人們・1cm）――― 1個
髮圈五金配件（平面底座・12mm・金色）
――――――――――――――― 1個
亮粉（銀色）――――――――― 適量
UV膠 ―――――――――――― 適量

345

模型（穿橘衣的男子・1cm）――― 1個
髮圈五金配件（平面底座・12mm・金色）
――――――――――――――― 1個
亮粉（藍色）――――――――― 適量
UV膠 ―――――――――――― 適量

〔使用工具〕

接著劑／矽膠模具（弧面圓形・直徑
30×高度5mm）／牙籤／筆刀／UV燈

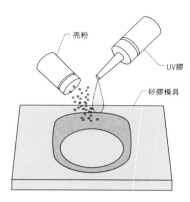

346,347

SIZE: 長3×寬2cm

1 以UV膠灌滿矽膠模具，加入亮粉後以牙籤攪拌，照UV燈5分鐘硬化。

2 將1脫模後，以筆刀修整毛邊。

3 在2的上方塗抹UV膠，放上模型＆照UV燈2分鐘硬化。

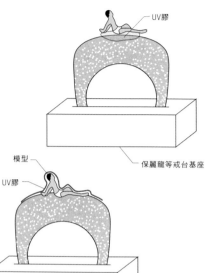

亮粉

UV膠

矽膠模具

UV膠

模型

UV膠

保麗龍等戒台基座

4 將UV膠淋在模型上填補縫隙。整體塗抹UV膠後，照UV燈5分鐘硬化。

※UV膠的基礎技法▶P.184,185
※在此以**347**進行圖文解說。
　346則是更換配件，以相同作法製作。

材 料

346

模型（正坐的女子・1cm）——— 1個
亮粉（綠色）——————— 適量
UV膠 —————————— 適量

347

模型（側坐的男子・1cm）——— 1個
亮粉（銀色）——————— 適量
UV膠 —————————— 適量

〔使用工具〕
矽膠模具（戒型・30×20mm）／牙籤／
筆刀／UV燈／保麗龍

348,349

SIZE: 長4×寬4cm

1 將絲綢緞帶對折，排列在皮革背面以紙膠帶黏貼固定。

皮革
紙膠帶
【背面】
絲綢緞帶

2 將不織布剪三角形，並剪一道切口。

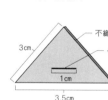

不織布
切口
3cm
1cm
3.5cm

3 耳夾塗上接著劑，從後側插入不織布切口中，將兩者黏合。

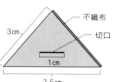

不織布【正面】
接著劑
耳夾
不織布【正面】

4 在皮革背面塗接著劑，貼上**3**，將整體黏合固定。

接著劑
【背面】

5 在皮革正面以接著劑黏上模型。

模型

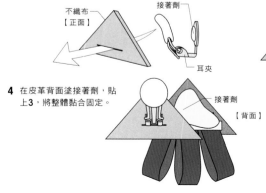

※在此以**348**進行圖文解說。**349**則是更換配件，以相同作法製作。

材 料

348

模型（穿著黃色、橘色衣服的男子・2cm）
———————————— 各1個
絲綢緞帶（6mm寬・海軍藍）－5cm×6條
皮革（銀色）———— 3×3×3.5cm×2片
不織布（2mm厚・藍色）
———————— 3×3×3.5cm×2片
耳夾（耳夾附矽膠軟墊・金色）—— 1副

349

模型（穿著水藍色、綠色衣服男子・2cm）
———————————— 各1個
絲綢緞帶（6mm寬・紫色）—— 5cm×6條
皮革（銀色）———— 3×3×3.5cm×2片
不織布（2mm厚・藍色）
———————— 3×3×3.5cm×2片
耳夾（耳夾附矽膠軟墊・金色）—— 1副

〔使用工具〕
接著劑／紙膠帶／剪刀

350,351

SIZE: 長6.5×寬1cm

1 在距木材a頂端5mm處以手工鑽鑽孔,以便插入耳針立芯。鑽孔時注意不要鑽通。木材b同樣也在距頂端8mm處鑽孔。

2 將耳針的立芯塗上接著劑,插入1的孔內。將木材a下方2cm處以壓克力顏料著色(先貼上紙膠帶遮蔽,塗色界線就會整齊又漂亮)。待顏料乾燥後,撕下紙膠帶。

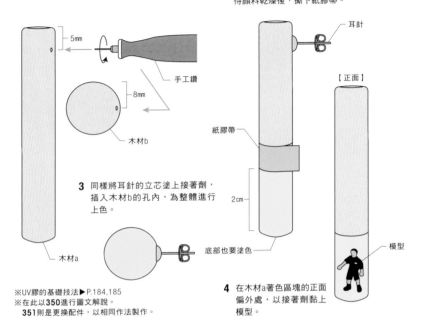

5mm
手工鑽
8mm
木材b

紙膠帶
耳針
【正面】
2cm
底部也要塗色
模型

木材a

3 同樣將耳針的立芯塗上接著劑,插入木材b的孔內,為整體進行上色。

4 在木材a著色區塊的正面偏外處,以接著劑黏上模型。

※UV膠的基礎技法▶P.184,185
※在此以**350**進行圖文解說。
　351則是更換配件,以相同作法製作。

材 料

350

模型(短袖短褲的男子‧1cm)────1個
木材a(圓形棒‧表面已打磨‧米色)
　　　　　　　　直徑1cm×6.5cm×1根
木材b(圓球‧表面已打磨‧米色)
　　　　　　　　　　直徑1.5cm×1個
耳針(立芯型‧金色)────────1副
壓克力顏料(黃色)───────適量

351

模型(法被裝束男子‧1cm)────1個
木材a(圓形棒‧表面已打磨‧米色)
　　　　　　　　直徑1cm×6.5cm×1根
木材b(圓球‧表面已打磨‧米色)
　　　　　　　　　　直徑1.5cm×1個
耳針(立芯型‧金色)────────1副
壓克力顏料(橘色)───────適量

〔 使 用 工 具 〕
接著劑／手工鑽／紙膠帶／水彩筆

352,353

SIZE: 長約4.5cm

1 將樹脂珍珠插入塗抹接著劑的耳針,黏合固定。

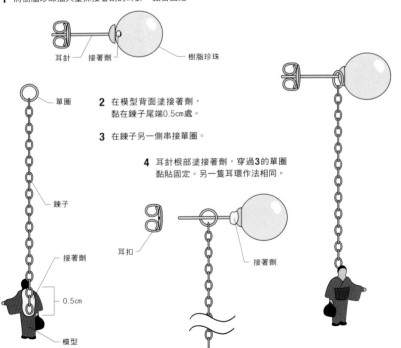

耳針　接著劑　樹脂珍珠

單圈

2 在模型背面塗接著劑,黏在鍊子尾端0.5cm處。

3 在鍊子另一側串接單圈。

4 耳針根部塗接著劑,穿過3的單圈黏貼固定。另一隻耳環作法相同。

鍊子

耳扣

接著劑
0.5cm
模型

接著劑

材 料

352

模型(穿和服的女子‧1cm)────2個
樹脂珍珠(單孔‧圓形‧8mm‧白色)
　　　　　　　　　　　　　──2顆
單圈(0.5×3.5mm‧金色)────2個
耳針(立芯型‧3mm‧金色)────1副
鍊子(金色)─────────3.5cm×2條

353

模型(法被裝束男子‧1cm)────2個
樹脂珍珠(單孔‧圓形‧8mm‧白色)
　　　　　　　　　　　　　──2顆
單圈(0.5×3.5mm‧金色)────2個
耳針(立芯型‧3mm‧金色)────1副
鍊子(金色)─────────3.5cm×2條

〔 使 用 工 具 〕
基本工具(P.168)／接著劑

※在此以**352**進行圖文解說。**353**則是更換配件,以相同作法製作。

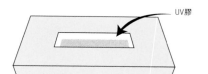

354,355

1 將UV膠灌至矽膠模具1/3處，照UV燈2分鐘硬化。

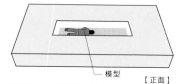

UV膠

2 將模型正面朝下放入1，以UV膠灌滿模具。照UV燈5分鐘硬化。

模型

【正面】

3 將2脫模，以筆刀修整毛邊。

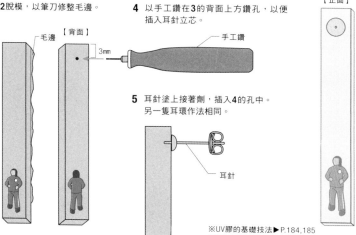

毛邊　【背面】

3mm

4 以手工鑽在3的背面上方鑽孔，以便插入耳針立芯。

手工鑽

5 耳針塗上接著劑，插入4的孔中。另一隻耳環作法相同。

耳針

※UV膠的基礎技法▶P.184,185
※在此以**354**進行圖文解說。**355**則是更換配件，以相同作法製作。

材 料

354

模型（藍色體育服國中生・1cm）── 2個
耳針（立芯型・金色）──────── 1副
UV膠 ─────────────── 適量

355

模型（綠色體育服國中生・1cm）── 2個
耳針（立芯型・金色）──────── 1副
UV膠 ─────────────── 適量

〔使用工具〕

矽膠模具（四角形・約40×5×5mm）／筆刀／手工鑽／UV燈／接著劑

356,357

1 UV膠灌至矽膠模具1/3處，照UV燈2分鐘硬化。

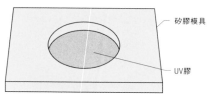

矽膠模具

UV膠

2 模型正面朝下放入1內，以UV膠灌至8分滿，照UV燈5分鐘硬化。

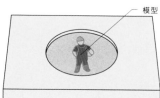

模型

3 加入充分的亮粉與UV膠後，以牙籤攪拌，照UV燈5分鐘硬化。

UV膠

亮粉

4 硬化後將3脫模，以筆刀修整毛邊。在背面塗UV膠，與戒台黏合，照UV燈2分鐘硬化。

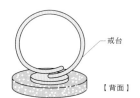

戒台

【背面】

※UV膠的基礎技法▶P.184,185
※在此以**357**進行圖文解說。**356**則是更換配件，以相同作法製作。

材 料

356

模型（五分褲少年・1cm）────── 1個
戒台（平面底座・6mm・金色）── 1個
亮粉（銀色）─────────── 適量
UV膠 ─────────────── 適量

357

模型（吊帶褲少年・1cm）────── 1個
戒台（平面底座・6mm・金色）── 1個
亮粉（藍色）─────────── 適量
UV膠 ─────────────── 適量

〔使用工具〕

接著劑／矽膠模具（圓形寶石切割・直徑17×高度7mm）／牙籤／筆刀／UV燈

358,359

SIZE: 長3.5×寬2.6cm

1 將耳針塗上接著劑，貼在模型背面。

模型 ——

耳針 ——

單圈 ——

2 以AW穿接人造石珠、壓克力珠、天然石、仿古珠後，加工眼鏡連結圈固定。

※加工眼鏡連結圈▶P.177③

AW

人造石珠 ——

仿古珠

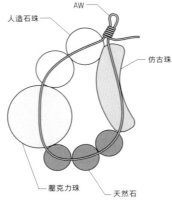

壓克力珠 —— 天然石

3 以單圈串接**2**的眼鏡連結圈作出的AW圓圈，再穿接耳針。另一隻耳環作法相同。

※在此以**359**進行圖文解說。**358**則是更換配件，以相同作法製作。

材 料

358

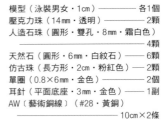

模型（西裝男女・1cm）	各1個
壓克力珠（14mm・透明）	2顆
人造石珠（圓形・雙孔・8mm・霜白色）	
	4顆
天然石（圓形・6mm・霰石）	6顆
仿古珠（橢圓形・2cm・白色）	2個
單圈（0.8×6mm・金色）	2個
耳針（平面底座・3mm・金色）	1副
AW〔藝術銅線〕（#28・黃銅）	
	10cm×2條

359

模型（泳裝男女・1cm）	各1個
壓克力珠（14mm・透明）	2顆
人造石珠（圓形・雙孔・8mm・霜白色）	
	4顆
天然石（圓形・6mm・白紋石）	6顆
仿古珠（長方形・2cm・粉紅色）	2顆
單圈（0.8×6mm・金色）	2個
耳針（平面底座・3mm・金色）	1副
AW〔藝術銅線〕（#28・黃銅）	
	10cm×2條

〔 使用工具 〕
基本工具（P.168）／接著劑

360,361

SIZE: 長2×寬4cm

1 以UV膠灌至矽膠模具1/3處，照UV燈2分鐘硬化。

2 模型頭朝左邊放入**1**中，灌滿UV膠，照UV燈5分鐘硬化。

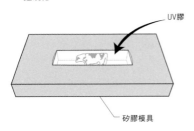

UV膠

矽膠模具 ——

3 放上剪成矽膠模具大小的彩色玻璃紙，薄塗一層UV膠，照UV燈5分鐘硬化。

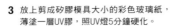

彩色玻璃紙

4 將**3**脫模後，以筆刀修整毛邊。將貼有彩色玻璃紙的面塗上壓克力顏料。待顏料乾後，再塗上UV膠，照UV燈2分鐘硬化。

貼有彩色玻璃紙的面

壓克力顏料 ——

5 以接著劑黏貼**4**與木材。待乾後在**4**背面塗接著劑，黏上髮夾五金配件。

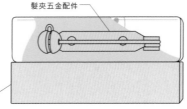

髮夾五金配件 ——

木材 ——

※UV膠的基礎技法▶P.184,185
※在此以**361**進行圖文解說。**360**則是更換配件，以相同作法製作。

材 料

360

模型（牛・黑色）	1個
木材（米色・方柱形）－4×1×1cm×1條	
胸針五金配件（21mm・金色）	1個
彩色玻璃紙（粉紅色）	4×4cm×1張
壓克力顏料（白色）	適量
UV膠	適量

361

模型（牛・黑白色）	1個
木材（米色・方柱形）－4×1×1cm×1條	
胸針五金配件（21mm・金色）	1個
彩色玻璃紙（黃綠色）	4×4cm×1張
壓克力顏料（白色）	適量
UV膠	適量

〔 使用工具 〕
矽膠模具（四方形・約40×10×7mm）／接著劑／水彩筆／筆刀／UV燈

362,363 SIZE: 長3.5×寬3.5cm

材 料

1 UV膠灌至矽膠模具1/3處，照UV燈2分鐘硬化。

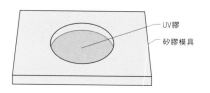
- UV膠
- 矽膠模具

2 UV膠灌至矽膠模具1/2處。模型正面朝上放入1中，再以牙籤均衡配置竹管珠&切割玻璃珠。

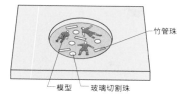
- 竹管珠
- 模型
- 玻璃切割珠

3 以UV膠灌滿矽膠模具，照UV燈5分鐘硬化。

4 將3脫模，以筆刀修整毛邊。

5 在背面塗接著劑，黏上胸針五金配件。

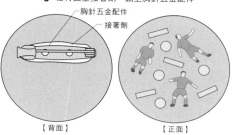
- 胸針五金配件
- 接著劑
【背面】　【正面】

※UV膠的基礎技法▶P.184,185
※在此以362進行圖文解說。
　363則是更換配件，以相同作法製作。

362

模型（足球少年・1cm）	3個
竹管珠（二分竹・金色）	4顆
切割玻璃珠（圓形・3mm・白色）	5顆
胸針五金配件（2.5cm・金色）	1個
UV膠	適量

363

模型（棒球少年・1cm）	3個
竹管珠（二分竹・綠色）	4顆
切割玻璃珠（四角・2mm・紅色）	5顆
胸針五金配件（2.5cm・金色）	1個
UV膠	適量

〔 使 用 工 具 〕
接著劑／矽膠模具（圓形・直徑約35×高度5mm）／牙籤／筆刀／UV燈

 364,365 SIZE: 鍊圍40cm

材 料

1 以絲繩穿接1顆擋珠，再次回穿後以尖嘴鉗壓扁，再以剪刀剪去多餘絲繩。

- 擋珠
- 再次回穿
- 拉緊
- 壓扁擋珠

2 從絲繩另一端穿接夾線頭，以夾線頭包住擋珠並夾合。
※使用夾線頭▶P.178⑥

- 夾線頭

3 如圖所示穿接客旭珠珠&染色珍珠。穿接完畢後，以另一端線穿接夾線頭&擋珠，以步驟1、2相同作法處理。

4 將夾線頭以單圈分別串接彈簧扣&扣片。

5 以手工鑽在模型上方鑽孔，並以尖嘴鉗旋轉鎖上羊眼釘（參見P.166 366）。再將羊眼釘的圈裝上C圈後，串接在項鍊正下方。

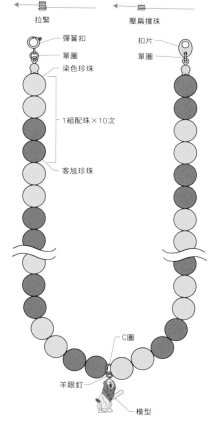
- 彈簧扣
- 單圈
- 染色珍珠
- 1組配珠×10次
- 客旭珍珠
- 單圈
- 扣片
- C圈
- 羊眼釘
- 模型

364

模型（獅子・2cm）	1個
客旭珍珠（圓形・10mm・白色）	20顆
染色珍珠（圓形・10mm・白色）	20顆
單圈（0.8×4.5mm・金色）	2個
C圈（0.6×4×3mm・金色）	1個
夾線頭（金色）	2個
擋珠（金色）	2個
彈簧扣（霧面金色）	1個
扣片（霧面金色）	1個
羊眼釘（8×3mm・金色）	1個
絲繩（#20・白色）	50cm×1條

365

模型（獅子・2cm）	1個
客旭珍珠（圓形・10mm・森林綠色）	20顆
染色珍珠（圓形・10mm・亮金色）	20顆
單圈（0.8×4.5mm・金色）	2個
C圈（0.6×4×3mm・金色）	1個
夾線頭（金色）	2個
擋珠（金色）	2個
彈簧扣（霧面金色）	1個
扣片（霧面金色）	1個
羊眼釘（8×3mm・金色）	1個
絲繩（#20・白色）	50cm×1條

〔 使 用 工 具 〕
基本工具（P.168）／剪刀／手工鑽

※在此以365進行圖文解說，364作法相同。

366,367

SIZE：長5×寬2.5cm

材料

366

模型（牛・黑白色・1cm）————1個
單圈a（0.8×6mm・金色）————1個
單圈b（0.8×4.5mm・金色）————1個
羊眼釘（8×4mm・金色）————1個
耳針（勾式・金色）————1副
皮革（紫色）————3×3.5×2cm×1片

367

模型（牛・黑色・1cm）————1個
單圈a（0.8×6mm・金色）————1個
單圈b（0.8×4.5mm・金色）————1個
羊眼釘（8×4mm・金色）————1個
耳針（勾式・金色）————1副
皮革（亮綠色）————3×3.5×2cm×1片

〔 使 用 工 具 〕
基本工具（P.168）／手工鑽／打孔錐

1 以手工鑽在模型頂端鑽一個羊眼釘的插入孔。

手工鑽
羊眼釘

2 以尖嘴鉗旋轉鎖上羊眼釘。

模型

3 以打孔錐在皮革上打洞。

皮革【正面】
打孔
5mm
3cm
3.5cm
2cm

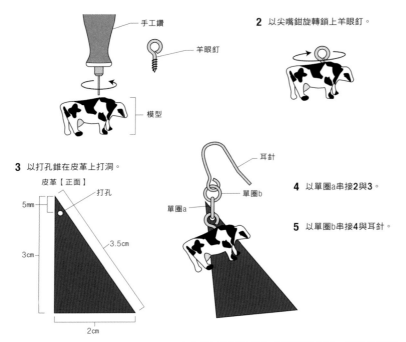

耳針
單圈b
單圈a

4 以單圈a串接2與3。

5 以單圈b串接4與耳針。

※在此以**366**進行圖文解說。**367**則是更換配件，以相同作法製作。

368,369

SIZE：長7×寬2.5cm

材料

368

模型（女服務生・1cm）————2個
模型附屬品（午餐定食）————2個
木串珠a（圓形・6mm・米色）————2顆
木串珠b（八角形・13×19mm・
　深藍色）————2顆
木串珠c（中央圓孔形・10mm・粉紅色）
————2顆
木串珠d（錢幣形・26mm・銀色）—1個
單圈（0.8×4.5mm・金色）————2個
T針（0.7×75mm・金色）————2根
耳針（金色）————1副

369

模型（廚師、男服務生・1cm）——各1個
模型付屬品（午餐定食）————2個
木串珠a（圓形・6mm・米色）————2顆
木串珠b（八角形・13×19mm・金色）
————2顆
木串珠c（中央圓孔形・10mm・粉紅色）
————2顆
木串珠d（錢幣形・26mm・銀色）——2顆
單圈（0.8×4.5mm・金色）————2個
T針（0.7×75mm・金色）————2根
耳針（金色）————1副

〔 使 用 工 具 〕
基本工具（P.168）／接著劑

1 以T針穿接木串珠a至d，
並折彎針頭。

2 如圖所示以單圈串接1與耳針。

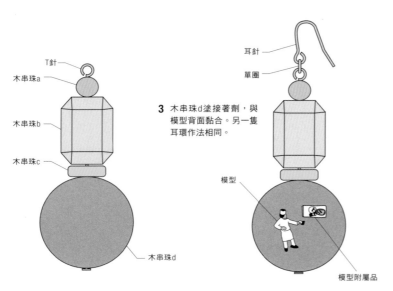

T針
木串珠a
木串珠b
木串珠c
木串珠d

耳針
單圈

3 木串珠d塗接著劑，與
模型背面黏合。另一隻
耳環作法相同。

模型
模型附屬品

※在此以**369**進行圖文解說。**368**則是更換配件，以相同作法製作。

370,371

SIZE: 370 長4.5×2cm　371 長5.5×寬1.5cm

材料

1 在模型背面塗接著劑，黏上耳針。

2 將耳扣依序串接單圈b、單圈a、壓克力配件。

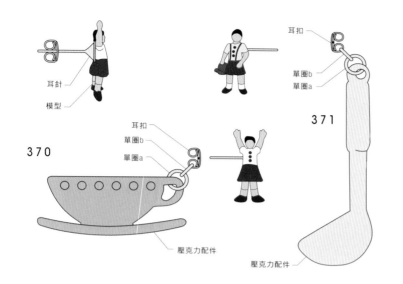

耳扣
單圈b
單圈a

371

耳針
模型

耳扣
單圈b
單圈a

370

壓克力配件

壓克力配件

370

模型（高舉雙手的女孩·1cm）————1個
壓克力配件（茶杯形·橫長3.5cm·橘色）
—————————————————1個
單圈a（0.8×6mm·金色）————1個
單圈b（0.8×4.5mm·金色）———1個
耳針（平面底座·3mm·金色）——1副

371

模型（拿澆花器的女孩·1cm）——1個
壓克力配件（湯杓形·長寬5cm·
　粉紅色）—————————1個
單圈a（0.8×6mm·金色）————1個
單圈b（0.8×4.5mm·金色）———1個
耳針（平面底座·3mm·金色）——1副

〔 使 用 工 具 〕
基本工具（P.168）／接著劑

 # 372,373

SIZE: 作品 長3.5×寬3cm

材料

1 將麻花繩繞一個圓，以紙膠帶固定。在紙膠帶上塗接著劑，纏繞上4cm絲綢緞帶。

2 以20cm絲綢緞帶在上方打蝴蝶結，蝴蝶結尾端塗上防綻液，待乾後以剪刀斜剪兩端。

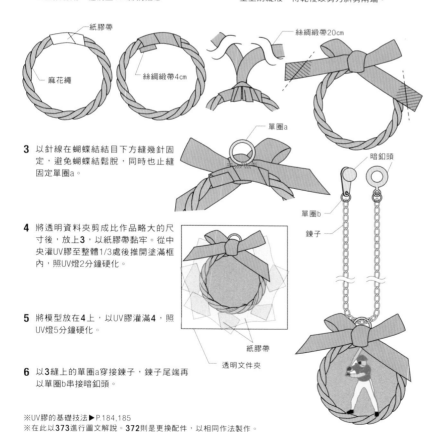

紙膠帶

麻花繩

絲綢緞帶4cm

絲綢緞帶20cm

3 以針線在蝴蝶結結目下方縫幾針固定，避免蝴蝶結鬆脫，同時也止縫固定單圈a。

單圈a

暗釦頭

4 將透明資料夾剪成比作品略大的尺寸後，放上**3**，以紙膠帶黏牢。從中央灌UV膠至整體1/3處後推開塗滿框內，照UV燈2分鐘硬化。

單圈b

鍊子

5 將模型放在**4**上，以UV膠灌滿**4**，照UV燈5分鐘硬化。

紙膠帶

透明文件夾

6 以**3**縫上的單圈a穿接鍊子，鍊子尾端再以單圈b串接暗釦頭。

※UV膠的基礎技法▶P.184,185
※在此以**373**進行圖文解說，**372**則是更換配件，以相同作法製作。

372

模型（投手·2cm）——————1個
單圈a（0.8×6mm·金色）————1個
單圈b（0.8×4.5mm·金色）———2個
暗釦頭（金色）———————1副
鍊子（金色）—————60cm×1條
麻花繩（3mm寬·金屬金色）－9cm×1條
絲綢緞帶（6mm寬·海軍藍）
——————4cm×1條、20cm×1條
UV膠————————————適量

373

模型（打擊手·2cm）—————1個
單圈a（0.8×6mm·金色）————1個
單圈b（0.8×4.5mm·金色）———2個
暗釦頭（金色）———————1副
鍊子（金色）—————60cm×1條
麻花繩（3mm寬·金屬金色）－9cm×1條
絲綢緞帶（6mm寬·綠色）
——————4cm×1條、20cm×1條
UV膠————————————適量

〔 使 用 工 具 〕
基本工具（P.168）／紙膠帶／剪刀／透明文件夾／UV燈／縫針／縫線／防綻液／接著劑

LESSON 1

BASIC
LESSON
↓
3 □ TECHNIQUE
2 □ MATERIALS
1 □ TOOLS

BASIC TOOLS

事前備齊的基本工具

飾品加工的必備用具如下。
想將飾品作得漂亮，首要之務就是備齊工具。

基本工具

【尖嘴鉗】

尖端像這樣！

尖端為平口狀，適合壓夾五金飾品。

使用時機

主要作為開合連接圈類等用途。

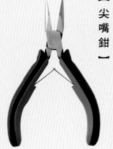

適用在單圈及C圈等連接圈的開合，關閉夾線頭及壓扁擋珠。雖然開合連接圈需要2隻尖嘴鉗，但其中1隻可以圓嘴鉗代用。

【圓嘴鉗】

尖端像這樣！

尖端呈現細圓狀，適合處理精密作業。

使用時機

主要用途為彎曲針類。

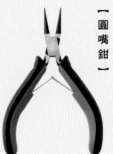

彎曲9針與T針等針類的用具。是飾品製作不可或缺的用品，所以必須準備1把。也可用來開合單圈跟C圈。

【斜剪鉗】

尖端像這樣！

附有粗刀刃，以彈簧的力量剪斷五金配件。

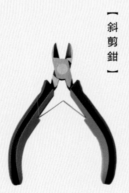

使用時機

用來剪斷藝術銅線、線繩等材料。

用來剪斷剪刀剪不斷的物品。像是剪斷針類，也可輕鬆剪斷鍊子。

【打孔錐】

尖端像這樣！

尖端為細尖狀，可用來加大串珠孔徑。

使用時機

作為加大鍊圈孔徑等用途。

進行細部作業的便利工具。亦可用來製作繩結，或挑出串珠內的塵埃等。

剪刀・美工刀

用來裁剪像是蠶絲線、繡線或紙型等。蠶絲線和線繩可以使用小剪刀,製作紙型時就用大剪刀或美工刀皆可。

尺

用來測量鍊子長度或布料大小等。以捲尺代用亦可。因大部分作品皆有使用,在材料標示中,概括含入「基本工具」中。

串珠針

穿線後進行串珠編織,略長於一般針,本書與串珠編織線一起使用。

牙籤

可以牙籤的頭、尾端沾取接著劑,再將接著劑均勻抹開,以便黏貼配件和五金配件。

尖頭鑷子

處理精密作業的便利用具。可以把串珠放在玻璃圓球內,或進行水鑽的鑲嵌作業等。

萬用接著劑

串珠專用接著劑

接著劑

用來固定配件。由於種類繁多,請依用途挑選。串珠專用接著劑的細長尖端,對於灌膠至配件內部相當方便。萬用接著劑由於快乾,用來固定作業過程的配件,就不容易移位。

串珠盤

製作飾品前,取出必要材料並分類盛裝的小盤。事先備齊必要的材料數量,有利於作業進行,也不用怕材料四散或滾落,十分方便。

五金配件盒

用來收納串珠、配件及製作飾品的塑膠收納盒。將常用到的基礎五金配件集中收納好,就能省去找配件的麻煩。

串珠專用墊

質地鬆軟的墊子。擺在墊上的串珠不會亂滾,因此不用怕串珠被刮傷。也不必拿起串珠穿針,可以直接在墊上挑起串珠,對於會用到針線的作品而言相當方便。

LESSON 2

BASIC MATERIALS

本書使用的基本材料

以下將介紹本書使用的飾品材料。
每樣都是能在手工藝材料店及串珠專賣店購買到的品項。

主要材料

珍珠

材質分成樹脂、棉花、壓克力及塑膠等，依不同材質還有諸多種類。即使採用簡單方式製作，也能打造出帶有設計感的高貴飾品。

壓克力珠

壓克力材質的串珠。與捷克珠同樣有各式各樣的顏色及款式。適合單顆穿接，或與其他配件串接製成飾品。

捷克珠

以精密串珠加工技術著稱的捷克串珠總稱。具有充滿個性的形狀，與豐富的顏色及素材種類。以蠶絲線編繩或製作串珠飾品都OK，可盡情享受創作的樂趣。

天然石

也被稱作半寶石。有圓形、橢圓形或算盤形等各式各樣的形狀。即便是同材質的配件，細部配色也會有些微差異，因此挑選上也是一大樂趣。

施華洛世奇材料・水鑽

產自施華洛世奇公司的水晶材料總稱。就算只配置1顆，外型也立即倍感華麗。有黏貼在底座上的素材，也有開孔串珠的類型，款式相當多元。

金屬配件

可為簡約的設計飾品勾勒出視覺焦點的金屬材質配件。不妨將之視為簡單飾品的調劑品，搭配珍珠＆施華洛世奇材料加以設計。

金屬串珠

形狀大小千變萬化的金屬材質串珠，可為作品勾勒出時尚調性。多半應用於穿接或串接就能製作的簡單飾品。

吊飾

在如星星及花等造型本體頂端帶圈的配件之統稱。可利用單圈或C圈串接並垂吊於五金配件上，亦可直接穿接繩線、緞帶來使用。

花帽

配置於串珠上下及左右，進行點綴裝飾。配合串珠的大小顏色，挑選花帽的尺寸及形狀，便能構成協調的組合設計。

平口珠

如米粒般的小圓珠。名稱依形狀及大小有所不同。除了丸小玻璃珠之外還有丸大・特大・特小珠，以及細長的竹管珠。

水鑽配件

鑲嵌在縫孔底座上的水鑽。經常被編織於耳環和戒台等附蜂巢網片的配件上作為裝飾。

水鑽鍊

猶如將水鑽串接起來的鍊條。可以斜剪鉗剪成自己喜歡的長度垂曳，或黏貼在大顆寶石周圍進行點綴。

線繩・線

依用途可分類成皮繩及文化線、繡線等。能用來編織手環或自創流蘇配件。

微縮模型

用於呈現鐵道模型情景的小人偶及動物。種類五花八門，可從家居中心、立體模型及微型模型的網站購買。

人造花・壓花・乾燥花

壓花及乾燥花是UV膠常用的素材。人造花可以直接黏貼或接縫在作品上，作為飾品配件。可從手工藝店或家居中心選購。

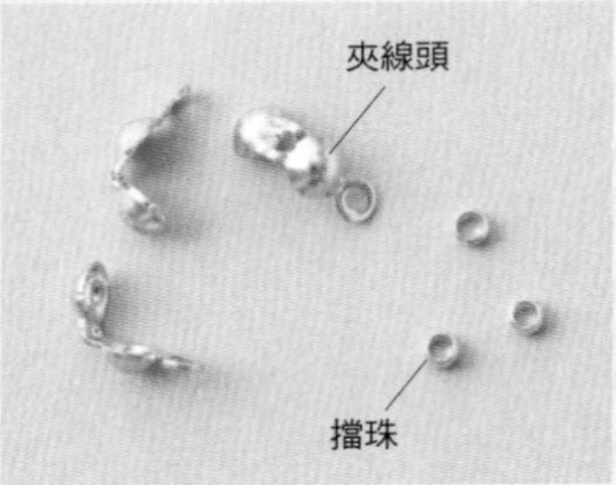

夾線頭、擋珠

穿接蠶絲線及串珠鋼絲線時，尾端的定位五金配件。以線穿過擋珠後以尖嘴鉗壓扁，再以夾線頭包住擋珠閉合。也可串接五金配件。

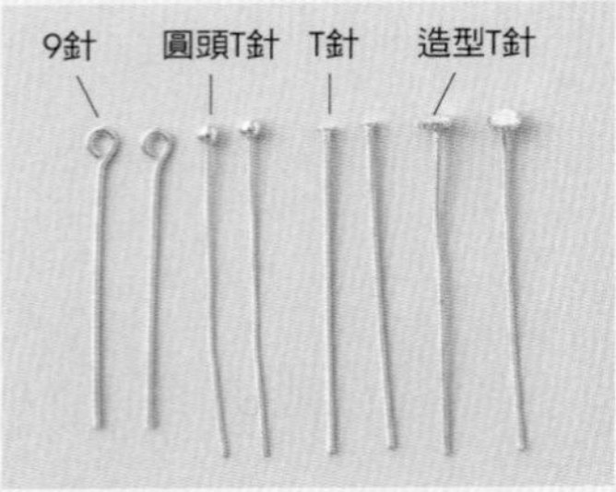

針類

以針穿起需要的串珠，再以圓嘴鉗折彎針頭製作配件。共分成T針、9針、圓頭T針及造型T針等。長短粗細繁多，種類琳琅滿目。

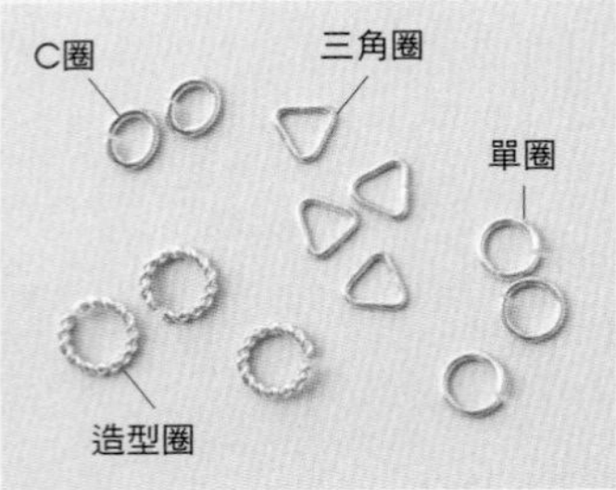

圈類

用來串接配件及鍊子的五金配件。使用鉗子開合。有單圈、C圈、三角圈及造型圈等諸多種類。

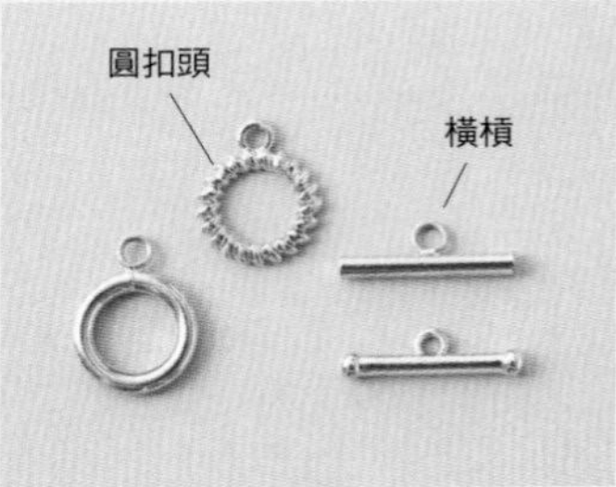

OT扣

配置於項鍊及手環鍊兩端的五金配件。多半應用於串接大串珠的飾品。將T字頭（橫槓）穿過O字頭（圓扣頭）內即可固定。

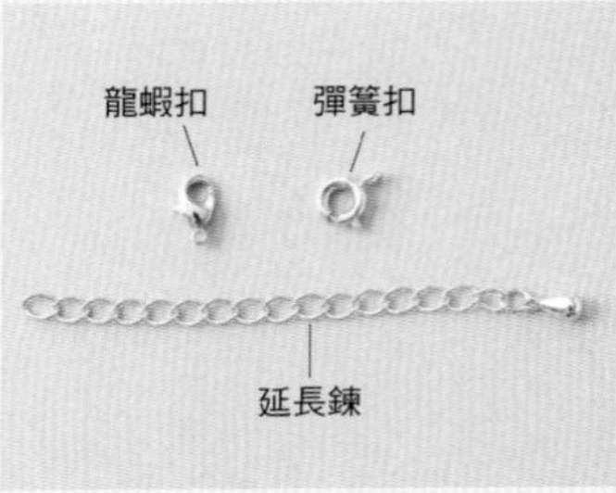

彈簧扣・龍蝦扣・延長鍊

配置於項鍊及手環鍊兩端的五金配件。以彈簧扣、龍蝦扣串接延長鍊即完成，可利用扣接延長鍊的位置來調整飾品的長度。

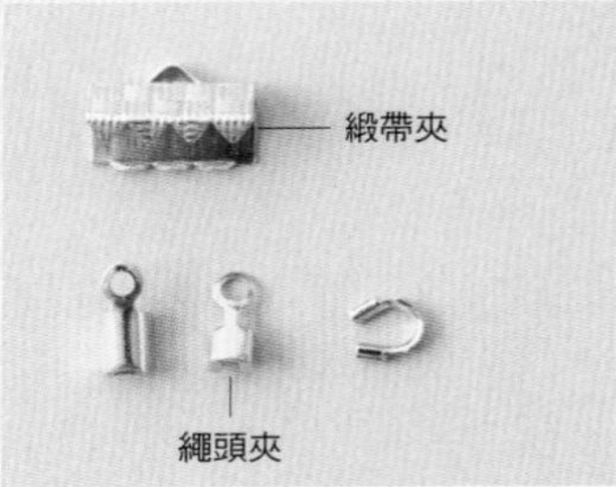

束尾夾

配置於線繩、緞帶及羽毛等素材尾端，以加工成配件。以束尾夾夾住素材，並以尖嘴鉗壓扁夾片，配件即完成。

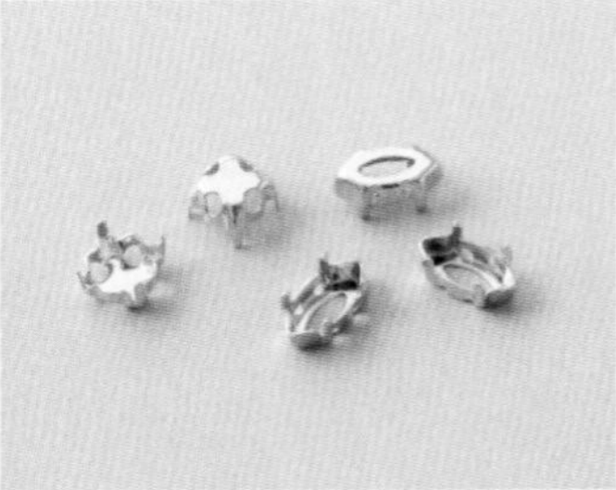

爪座

用來鑲嵌施華洛世奇等材料的五金配件。可依大小形狀挑選專用爪座，以尖嘴鉗壓夾四邊爪扣，即可固定鑲嵌材料。有帶縫孔及帶圈等類型。

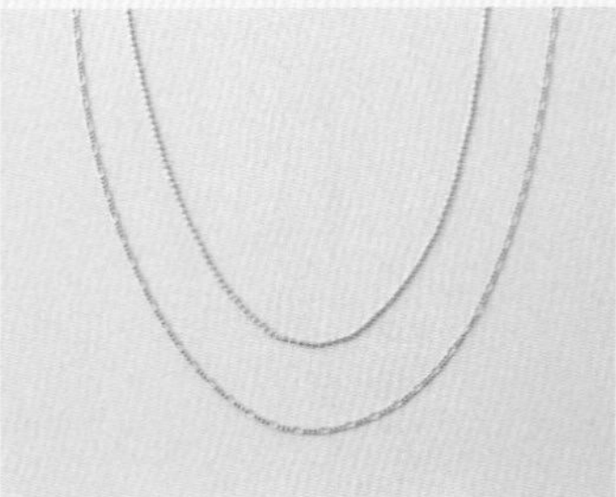

鍊子

主要使用在項鍊上。項鍊五金配件的設計款式大小一應俱全，可依用途選用。具有設計感的鍊子可詮釋出個人風格。

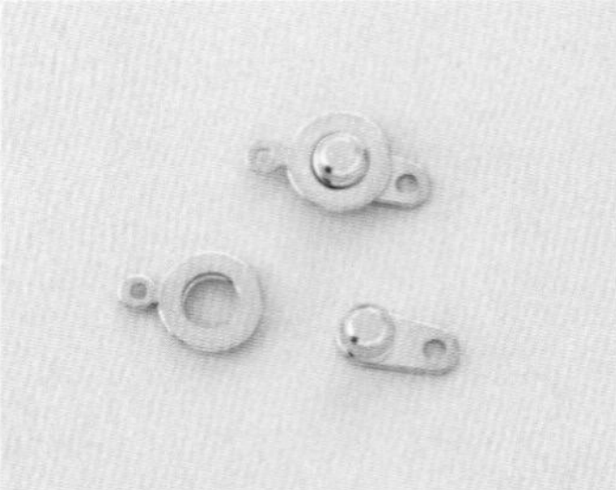

暗釦頭

圓形金屬零件，釦環套與凸釦相扣合即固定。由於單手也能輕鬆穿脫又很牢固，適合製作手鍊時使用。

髮飾五金配件

髮圈、彈力髮夾及髮插等。可依加工飾品的設計及技法進行挑選。金色可締造可愛感，銀色則會呈現冷冽氣息。

胸針五金配件

用法同耳針，有能黏貼飾品的類型，也有可垂吊飾品的款式，還有帶縫孔可供鐵絲或蠶絲線編織的類型。

耳針

有可以將串珠黏貼在底座上的耳針、可垂吊飾品的帶圈耳針及U形耳勾等。依設計更換五金配件也是種樂趣。

什麼是蜂巢網片底座五金配件？

所謂蜂巢網片，是有數個縫孔方便編織串珠的金屬片。最後把裝飾好的蜂巢網片卡回底座上，壓夾爪扣固定即完成。

戒台

本書作品常用專門黏貼施華洛世奇及珍珠等配件的戒台。請配合五金配件的設計，選擇要黏貼的飾品配件。

耳夾

有螺旋、帶圈、立芯，也有簡單的彈扣式耳夾，種類相當豐富。只要使用矽膠耳扣，就不用擔心會傷到耳朵。

鐵絲・線類

透明彈力線

聚氨酯製的偏白色透明彈力線，柔軟且延展性佳。市售材質分成聚氨基甲酸乙酯（Operon）及聚氨基甲酸酯纖維（Mobilon）。很適合編織手鍊等。打平結後，須在結目上塗接著劑是一大重點。

串珠編織線

以尼龍及聚酯纖維製作的線，有各種顏色粗細，種類繁多。

串珠鋼絲線

外層包覆尼龍膜，比蠶絲線更堅固。

蠶絲線

用來串編串珠。本書主要使用2號及3號。比AW更柔軟易處理。

藝術銅線

本書內「使用材料」把銅線略稱為AW（Artistic Wire）。以聚胺酯漆包黃銅線，號數越大代表線徑越細。

※本書部分作品使用鐵絲・線類列舉以外的材料製作。

什麼是UV膠?

UV膠就是樹脂素材的一種,照射UV燈就會硬化。UV膠可將串珠&乾燥花等材料密封於金屬框內,或灌膠至矽膠模具中,再照燈硬化。

材料

UV膠著色劑

帶有透明感的UV膠專用液態著色劑。可以調整劑量來控制色彩深淺,或混出自己喜歡的顏色。

UV-LED膠

照UV燈(紫外線)或LED燈即可硬化的透明樹脂液體。可以灌入模具內照燈硬化,或用來黏貼其他配件。本書統稱為「UV膠」。

工具

UV燈

以UV光線硬化UV膠的照射機。圖(左)中的攜帶式UV-LED燈較為輕巧便攜。

紙膠帶

在使用無底座造型框灌膠時使用。待UV膠硬化,就能輕易撕除。

調色碗

使用帶嘴調色碗,就能直接將調色完成的UV膠倒入模具,相當方便。聚丙烯材質的調色碗,可更容易清理硬化的UV膠。

矽膠模具

灌膠塑型的矽膠製模具。有圓形、三角形及四角形等五花八門的形狀尺寸。

筆刀

從矽膠模具脫模後,UV膠成品出現毛邊時,就以筆刀修整乾淨。

手工鑽

將硬化的UV膠配件鑽孔,即可串接單圈等五金配件。

透明文件夾

進行作業時使用的底墊。剪裁成方便放入UV燈的大小,就能直接放在UV燈下硬化。

※本書使用Padico的UV膠。UV膠的硬化時間,會因製造商、UV膠用量及UV燈而產生差異。使用UV膠時,請務必閱讀使用說明書。

什麼是黏土？

可以捏塑成自己喜歡形狀的材料，有須經加熱或隨時間定型的各種類型。以色彩來說又分成有色黏土，與須以顏料自行上色的黏土。本書中使用以下2種黏土。

材料

石塑黏土

不沾手，置於空氣中即可定型的黏土。雖然完全乾燥要花上1至2天，但乾燥後的強度超群，可進行削磨等處理。可以壓克力顏料上色。在手工藝材料店等通路皆可購入。

樹脂黏土

可塑性強的樹脂製黏土。待完全乾燥後，具有日常生活防水的耐水性。不僅質感滑順，成品也具有透明感，最適合用來製作飾品配件。

工具

黏土造型工具棒

用來為黏土雕塑花樣。使用軟黏土時，以黏土造型工具棒即可切割。

黏土擀棒

擀平黏土的工具。粗細的選擇取決於個人的使用順手度。

黏土墊板

墊在黏土下面的墊板。

烘焙紙

貼在黏土墊板上，避免擀土時沾黏墊板。

壓克力顏料

用來為石塑黏土上色。須等石塑黏土表面完全乾燥後再上色。

筆刀

可替黏土塑型。在本書內是用來沿著紙型切割黏土。

竹籤

可在黏土上刻劃花紋，以及輔助處理小配件。替黏土上色時使用也很方便。

美工刀

用來切割或移動黏土，使用上須多加留意。

水性漆（消光）

用來替石塑黏土成品收尾。須注意待顏料乾透後再上漆，不然漆料會滲透進去。

水性壓克力漆（厚底亮光漆）

用來替石塑黏土成品收尾。乾燥後，作品會具備生活防水程度的耐水性。

砂紙

用來替石塑黏土成品收尾。以不同粗糙程度的砂紙（中等砂紙100至200號、細砂紙200至400號）來打磨作品表面。

LESSON 3

BASIC TECHNIQUE

基礎技法

本篇將介紹製作飾品的基礎技法。

---

② 使用T針・9針等針類

以針類穿接串珠，再以圓嘴鉗將針頭折彎成圈，製作配件。

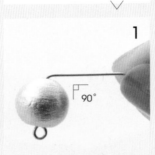

1

以針類穿接串珠，將串珠端折彎90˚。

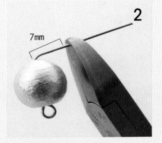

2

在折彎處預留7mm針部，以斜剪鉗剪斷多餘部分。

3

針部朝上，以圓嘴鉗夾起並手持固定，順著圓嘴鉗夾彎針頭。

4

如轉動手腕般轉動圓嘴鉗，使針端彎折成閉合的圓。

5

將圓圈調整成一致的角度，並使兩個圓圈呈水平。如果要以T針及9針製作的配件串接鍊子時，採用與單圈及C圈相同的開合法，以尖嘴鉗夾住圓圈頂端，朝前後扭開。

NG!

圖（右）為沒確實閉合的狀態，圖（左）則是兩個圈的角度不一致。請以尖嘴鉗儘量調整外觀。

---

① 使用單圈・C圈

以鉗子夾住後，打開＆閉合，用以串接配件。

1

將圈類（串接五金配件＆配件的金屬圈）的開口朝上，以2支尖嘴鉗夾住開口兩側。使用尖嘴鉗＆圓嘴鉗夾住亦可。

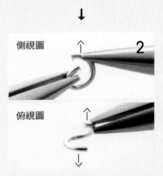

2

側視圖

俯視圖

將開口朝前後扭開。閉合時也是採用同樣方式。

NG!

將單圈及C圈左右打開，是導致開口圈變形＆金屬損耗的主因，請特別留意。

以鐵絲串接串珠,在串珠上下方製作圓圈,加工成配件。

∨

1

將鐵絲剪成5至10cm(依串接串珠的大小及數量適當調整),以圓嘴鉗在鐵絲尾端折出穿接串珠後不會滑落的小圈。

↓

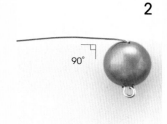

2

90°

鐵絲穿接串珠後,抵著串珠折彎90°。

↓

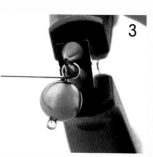

3

圓嘴鉗夾住鐵絲,以鐵絲纏繞圓嘴鉗一圈。如果要直接串接其他配件和五金,就直接在此步驟串接。

纏繞

4

以尖嘴鉗夾起小圈,鐵絲朝串珠底端纏繞2圈。

↓

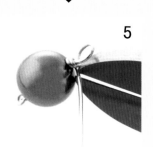

5

纏繞時要避免鐵絲圈重疊。完成後以斜剪鉗剪斷多餘鐵絲。

↓

6

以尖嘴鉗將鐵絲切口壓入鐵絲圈下方收尾。

以穿接串珠的鐵絲穿過配件的圈後,再折出圓圈來串接配件。

∨

1

鐵絲穿接串珠後,穿過想串接的配件的圈,鐵絲纏繞圓嘴鉗一圈製作圓圈。

↓

2

以尖嘴鉗夾住圓圈,在避免鐵絲圈重疊的情況下,在串珠根部纏固定,再以斜剪鉗剪斷多餘的鐵絲。

↓

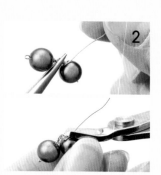

3

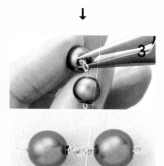

以尖嘴鉗將鐵絲切口壓入鐵絲圈下方。圖(下)為串接完成圖。

穿接串珠後，配置在串珠鋼絲
線尾端代替定位珠。

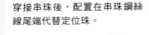

以鐵絲穿接頂端開孔的串珠，
製作圓圈加工成配件。

4

夾線頭包住擋珠，以尖嘴鉗確
實閉合。

↓

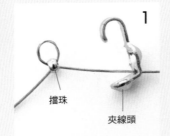

1

擋珠

夾線頭

在串珠鋼絲線尾端依序穿接夾
線頭＆擋珠，再回穿擋珠。

1

以鐵絲穿接串珠孔後，在串珠
的中直線的位置交叉。以尖嘴
鉗夾住交叉的2條鐵絲，扭轉3
圈固定配件。

↓

5

串珠鋼絲線穿接所有串珠後，
依序穿接夾線頭＆擋珠，以串
珠鋼絲線回穿擋珠。

↓

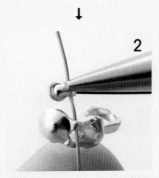

2

拉緊串珠鋼絲線，以尖嘴鉗壓
扁擋珠固定。

↓

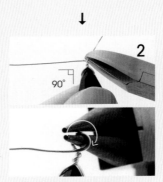

90°

2

將其中一端鐵絲折彎90°，再
以斜剪鉗將另一端自纏繞處剪
斷。以折彎的鐵絲沿著圓嘴鉗
繞轉1圈，

↓

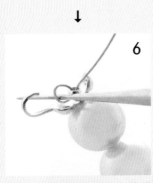

6

以打孔錐將擋珠推入夾線頭
內，拉緊串珠鋼絲線，再依**2**
相同作法壓扁擋珠，剪斷多餘
的串珠鋼絲線，最後夾合夾線
頭。

預留2mm

3

串珠鋼絲線尾端預留2mm，以斜
剪鉗剪斷多餘的線。

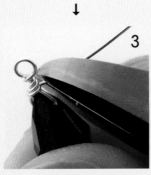

3

改拿尖嘴鉗，將鐵絲在串珠根
部纏繞3圈遮蔽纏繞處。再以斜
剪鉗剪斷多餘鐵絲，鐵絲切口
以尖嘴鉗壓平。

夾住繩線尾端＆羽毛根部，製作成帶圈配件。

1

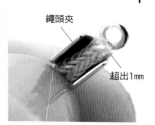

繩頭夾

超出1mm

繩子塞入繩頭夾中。繩子末端超出繩頭夾1mm後，以手指確實壓住固定。

↓

2

以尖嘴鉗將繩頭夾單側夾片往下壓。

↓

3

將繩子反過來拿，再以尖嘴鉗將繩頭夾另一側夾片往下壓。最後以尖嘴鉗壓夾固定整個繩頭夾。

以緞帶夾壓夾緞帶兩端後，就能串接五金配件。

1

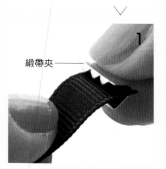

緞帶夾

將緞帶布面塞入緞帶夾底端。

↓

2

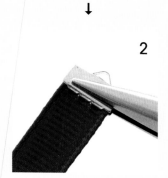

塞好後，以尖嘴鉗壓夾整個緞帶夾。

↓

3

確實閉合緞帶夾，以免緞帶脫落。請挑選與緞帶同寬的緞帶夾。

裁剪成需要的長度後，兩端裝上爪鍊接頭製成配件。

1

以斜剪鉗的刀刃抵在欲使用的水鑽邊緣，數好必要的水鑽數量後剪斷。

↓

2

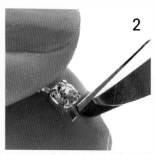

如果孔縫中有突出的多餘金屬碎片，就以斜剪鉗剪掉。

↓

3

爪鍊接頭

水鑽鍊嵌入爪鍊接頭後，以尖嘴鉗壓下夾片。

⑩ 固定蜂巢網片

將編有串珠的蜂巢網片固定在五金配件底座上。

1

以尖嘴鉗壓彎耳夾或耳針底座上左右平行的2根爪扣。

↓

2

蜂巢網片推入1壓彎的爪扣下，卡在五金配件底座上。

↓

3

以尖嘴鉗壓夾剩餘的2根爪扣。為避免尖嘴鉗刮傷五金配件的背面，先以有厚度的塑膠軟墊等物，夾在五金配件及尖嘴鉗之間進行作業。

⑪ 固定爪座

將無孔施華洛世奇材料固定在爪座上，就可以串接其他配件。

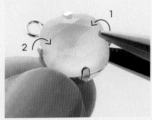

1

寶石與底座平行擺好後，以尖嘴鉗依序壓夾爪扣。

↓

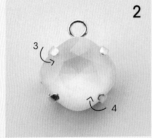

2

全部爪扣壓夾完畢。

⑫ 接著劑上膠

用來黏貼五金配件。不要直接擠在配件上，請以牙籤塗抹。

1

基本作法是以牙籤沾取接著劑，再塗抹於五金配件上。塗抹碗形及平面底座時，於整體黏接面上薄抹一層接著劑。

↓

2

趁接著劑尚未乾燥前放上珠類，靜置至完全乾燥。

立芯五金配件的處理方式

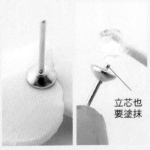

立芯也要塗抹

處理立芯五金配件時，除了碗形底座面要塗膠外，立芯也要以牙籤薄塗一層接著劑。

⑰ 在不織布上繪圖

除了以布用複寫紙疊在圖案上描繪，也能以如下的作法，將圖案轉騰於不織布上。

1

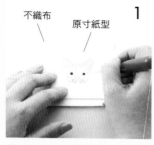

不織布　原寸紙型

拷貝原寸紙型或在紙上複寫圖案後，鋪在不織布上以打孔錐沿著線條鑽孔。圖案的線條交叉點和尖角一定要鑽孔。

↓

2

沿著穿孔，以記號筆點繪圖案。推薦使用水消式的記號筆。

↓

3

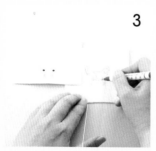

移開圖案紙，一邊對照圖案一邊將點與點連線畫出完整圖形。

⑮ 黏合不織布&接著襯

接著襯
不織布

打版紙
※影印紙也OK

將不織布鋪上相同大小的接著襯，以熨斗平行移動壓燙黏貼。若在意沾黏接著襯的背膠，可在上方鋪打版紙。

⑯ 繡線的取用方法

1

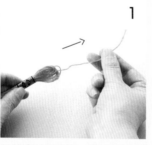

從線束拉出線頭，取方便使用的長度（約40cm）剪斷。

↓

2

25號繡線是以6股捻合為一條，因此得先分出欲使用的股數。標示取1股線就拉出1股線，標示取2股線則要一股一股地共拉出2股線再一起穿針引線。

⑬ 加大鍊圈

鍊圈孔徑太小無法串接五金配件時，可以使用打孔錐加大孔徑。

1

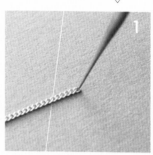

鍊圈孔徑太小無法串接單圈時，可在下方鋪上切割墊等，以打孔錐插入想加大的鍊圈內，將鍊圈稍微撐大些。

↓

2

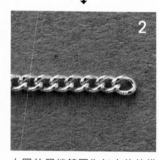

上圖的尾端鍊圈為加大後的模樣。過度撐大可能會造成鍊圈斷裂，所以加大的同時也要觀察情況。

⑭ 清理珍珠孔

珍珠孔附近凸起的毛邊，可以將打孔錐插入珍珠孔中進行修整。

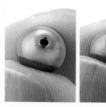

因珍珠孔周圍容易產生毛邊，以打孔錐將毛邊搓入孔內，清理修整後再使用。

※本範例以方便辨識的雙色線製作。
※本書內也有作品是以單圈及AW製作,並非使用吊繩或綁帶。

利用底板纏線＆製作流蘇的基本作法。
↓

1

以厚紙板製作流蘇的底板。底板的長度,取想製作流蘇的長度＋1cm×2倍。在長寬邊的中央分別畫出導引線。上圖為範例。

↓

2

對準中央,由下而上開始纏線。

↓

3

以線纏繞必要的圈數(約10圈)。避免纏繞太緊導致底板凹彎。

4

準備吊繩或綁帶,在1的橫向導引線處打結固定。

↓

5

將線束的上下線圈剪開。

↓

6

拆掉底板,吊繩朝上,將結目藏入流蘇裡。

7

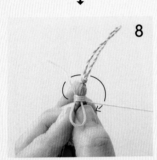

另外取線在流蘇頭打結。由於要纏繞4至5圈,建議準備30cm的綁線,如圖所示,交叉放在流蘇上。

↓

8

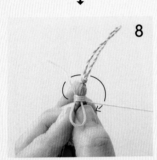

確實壓緊流蘇,以★記號的線纏繞4次。

↓

9

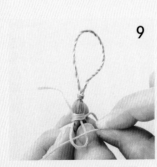

將纏繞完畢的線頭穿過圓圈。

176、188(P.087)、177,189(P.088)、195、196(P.090)的流蘇沒有剪開線束的上下線圈。製作這種流蘇時,可在底板直邊朝中央剪洞開一小段紙板,方便流蘇的結目滑出底板。

靈活運用壓克力線＆繡線等線束，不必繞線就可以直接取得流蘇。

1

如壓克力線等以線束販售的線，可以直接使用。

↓

2

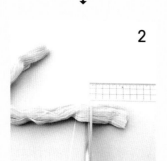

剪開線圈，再將線束剪成需要的長度。

↓

3

將**2**的1束分成2束，上圖為分成1/2束的狀態。依作品情況分成1/4束使用亦可。

13

自線圈的邊緣處剪斷線。

↓

14

玻璃紙

膠帶

以玻璃紙等捲起流蘇，黏貼膠帶固定。

↓

15

將流蘇剪成想要的長度。

10

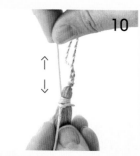

分別提起兩端線頭，朝上下拉緊，將結目藏在裡面。

↓

11

接著劑　針

針沾取少量接著劑，塗抹在結目上。

↓

12

再次將線頭朝上下拉緊。

183

⑳ 製作UV膠的底墊

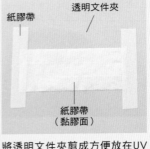

紙膠帶　透明文件夾　紙膠帶（黏膠面）

將透明文件夾剪成方便放在UV燈下的尺寸後，紙膠帶黏膠面朝上，兩側再黏貼紙膠帶固定。因黏膠面必須比配件大，必要時也可以並排多黏幾條紙膠帶以加大面積。

㉑ 造型框灌入UV膠

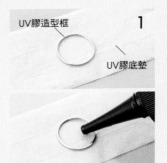

UV膠造型框　UV膠底墊

將UV膠造型框緊緊黏貼在底墊上。UV膠造型框內薄灌一層UV膠，然後照UV燈硬化。

㉒ 照UV燈硬化

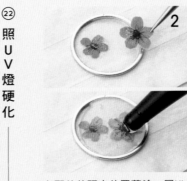

在配件的預定位置薄塗一層UV膠，放上配件暫時固定。再從上灌入UV膠。細小配件建議以尖頭鑷子配置較為方便。

㉓ 消除UV膠的氣泡

當UV膠內有氣泡時，先以牙籤刺破氣泡，再照UV燈硬化。

也可以灑上亮粉或美甲彩片。想上色就將著色劑滴在UV膠上，以牙籤輕柔混合。

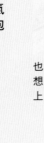

若想使表面呈現圓弧凸面效果，可由上方充分灌入UV膠（凸面灌膠），再照UV燈硬化。

㉔ 以UV膠黏貼配件

取牙籤沾取UV膠，塗抹在配件的黏貼部位，黏放配件並照UV燈硬化。建議可從背面再整面塗一層UV膠＆再次照UV燈硬化，使作品更堅固。

㉕ 以UV膠安裝五金配件

在五金安裝處薄塗一層UV膠，放上五金配件照UV燈硬化。接著在五金配件上也塗一層UV膠＆再次照UV燈硬化。使用接著劑亦可。

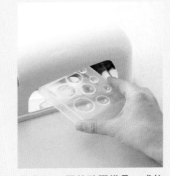

將灌入UV膠的矽膠模具，或放置配件的UV膠底墊移至燈下照光。照射時間請遵照UV膠的使用說明書。

串珠編織的基礎技法

在此將介紹串珠編織的基礎──收尾處理的技巧。

㉜ 起針

1

取150cm的1股線穿針後,將針孔拉到線的1/3處。

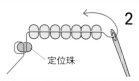

定位珠

2

在起針處預留指定長度的線後,穿接定位珠(分量外),再穿接其他串珠。定位珠需留到全部編織完成後,再拆掉&收尾處理。

㉝ 收尾藏線
※串珠編織的編線收尾

剪斷

在最後將編線作收尾處理。拆掉定位珠後穿針,如圖所示回穿數顆串珠後剪斷線。起針處同樣也要拆掉定位珠,以相同作法收尾。

㉞ 收尾打結
※串珠編織的編線收尾

1

以針挑線,將收尾的線繞針一圈後拔針。

打結

剪斷

2

線穿過先前編織的串珠,如圖所示在中間打兩次結,回穿數顆串珠後將線剪斷。

㉙ 矽膠模具的用法

UV膠灌至矽膠模具的邊緣,再照燈硬化。

㉚ 修整毛邊

以筆刀或剪刀削去外圍的毛邊。

㉛ 顏料分量

上圖以牙籤尖端挑取的顏料分量,即本書標示的1次單位量。若採用擠壓顏料管方式,分量則以圖直徑表示。

㉖ 混合亮片粉與UV膠

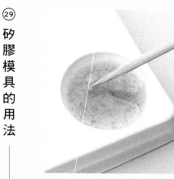

UV膠灌入容器內,加入適量亮片粉後以牙籤攪拌。推薦使用帶嘴的調色碗,會更容易倒出來。

㉗ 調製著色UV膠

UV膠灌入容器內,少量加入著色劑,以牙籤攪拌調色。先在矽膠模具及UV膠造型框內灌入透明UV膠,再灌入著色處理的UV膠。

㉘ 製作漸層色UV膠

1

在矽膠模具灌入著色UV膠,再灌入透明UV膠。

↓

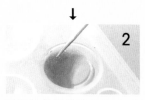

2

以牙籤輕柔模糊2色的分界處。

| 平結 | 雙向環狀結 | 右環狀結 |

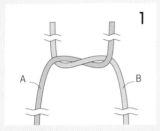

1

A和B纏繞1次。

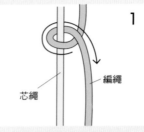

1

芯繩　編繩

以左線為芯繩、右線為編繩打右環狀結。

1

編繩　芯繩

準備長度為成品4至5倍的編繩，放在1根芯繩的右方。

↓

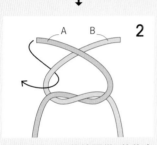

2

A　B

A和B交叉，A的線頭從B的後方繞到前方。

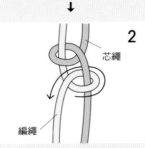

2

芯繩　編繩

以右線為芯繩、左線為編繩，打左環狀結（右環狀結的相反方向）。

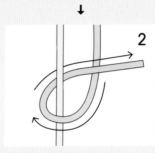

2

編繩從右往左纏繞芯繩。

↓

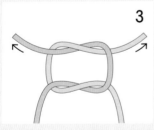

3

A和B同步往外拉緊，完成平結。

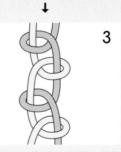

3

以步驟1至2完成1組雙向環狀結。重複同樣步驟編織，最後將整體拉緊。

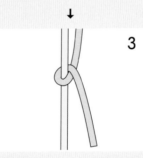

3

拉緊編繩尾端，1個右環狀結即完成。繼續重複步驟2、3。

↓

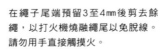

燒融收尾

在繩子尾端預留3至4mm後剪去餘繩，以打火機燒融繩尾以免脫線。請勿用手直接觸摸火。

※請勿在本書指示之外的情況使用本方法，以免發生危險。

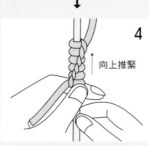

4

向上推緊

每當編織的結目斜繞半圈時，便將所有編結往上收緊。

㊲ 串珠的回針繡

將作品鑲邊的方便技法。適用於表現連續的線段。

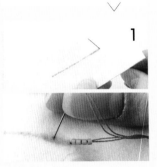

1

在不織布上以記號筆等畫出導引線。自導引線一端從背面出針,穿接3至4顆串珠。穿好最後一顆串珠後,從正面入針。

↓

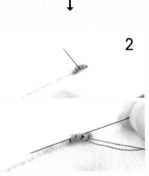

2

在第2、3顆串珠之間從背面出針,針穿過第3、4顆的串珠。

↓

3

以針再穿接4顆串珠,重複上述步驟。縫製細緻圖案時,建議每次穿接3或2顆串珠,以相同方式縫製。

㊱ 打結

以線繞針,在線尾打結。無論1股線或2股線皆通用。

1

針穿線後,將線對折形成2股線,針壓住線尾1cm處,以線繞針3圈。

↓

2

手指壓住線尾纏繞部分,針垂直往上拔出。

三股編

1

A　B　C

A繞到B前方交叉。

↓

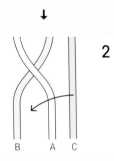

2

B　A　C

C繞到A前方交叉。

↓

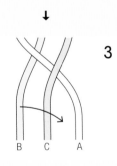

3

B　C　A

B繞到C前方交叉。

↓

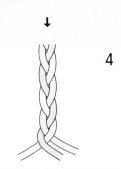

4

重複步驟1至3,不時拉緊三條繩子,繼續往下編。

㊳ 釘線繡（圓形）
※縫製花形圖案的方便技法

圍繞中央的串珠，形成圓形的刺繡技法。適用於表現花形圖案。

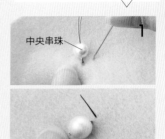

1　中央串珠

從不織布背面出針，穿接珍珠後從正面入針，再於串珠的半徑處從背面出針。

↓

2

在中央珍珠外圍穿接一圈串珠。針回穿過第1顆穿接的串珠孔後，針刺往背面。此時串珠尚未固定，針從背面在珍珠＆串珠之間往正面出針。

↓

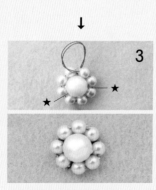

3

線跨過穿接外圍珍珠的線，在外側入針固定。★處也以相同作法固定。

㊴ 釘線繡（直線）

在穿接串珠的線上，取相同間隔垂直跨線固定。

1

從不織布背面往正面出針，穿接串珠後在背面出針，再從左起第2顆串珠下方往正面出針。

↓

2

每隔2、3顆入針＆跨線固定。★處也以相同方式固定。

↓

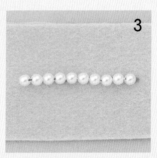

3

縫製成直線。曲線時也是以相同方式縫製。

㊵ 亮片連續繡

連續縫繡閃光亮片的基礎技法。

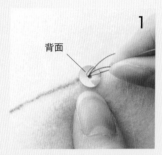

1　背面

針置於不織布背面，從圖案線端取閃光亮片半徑的位置往正面出針。閃光亮片背面朝上穿針後，在圖案線尾端入針。如果是龜甲亮片等有正反面的亮片，請將指定的面視為正面。

↓

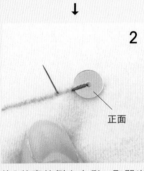

2　正面

使1的亮片倒向右側，取閃光亮片半徑的位置從背面往正面出針。

↓

3

以2的針穿過背面朝上的亮片後，往回在第一個亮片的出針處入針。然後將亮片倒向右側重疊。重複步驟1至3。

SHOP LIST

HANDMADE ACCESSORIES DELUXE!

本篇將介紹日本販售各種飾品五金配件＆可愛配件的實體商店及網路商城。
各位可試著依作品調性及個人喜好，挑選自己喜歡的店家。

貴和製作所　浅草橋本店

飾品五金配件、緞帶、繩結及原創吊飾等，從基本用具、流行配件到作法都應有盡有（也有網路商城）。

2

東京都台東區淺草橋2-1-10 貴和製作所本店大樓1至4F
http://www.kiwaseisakujo.jp/shop/

Parts Club　淺草橋站前店

1

販售約3萬件以上商品的串珠＆配件店，在日本共有100家店面。店內舉辦的「手作教室」僅酌收材料費，就能製作出當季時尚飾品（也有網路商城）。

東京都台東區淺草橋1-9-12
http://www.partsclub.jp/

Collage

UV膠材料＆密封配件都可以用便宜的價格購入，購物的贈品也很受歡迎。亦有販售動物模型及造型吊飾。（僅有網路商城）

4

http://collage-net.shop-pro.jp

BOX CHARM　Industry

3

匯集全球各地多達2000種吊飾＆天然石的進口配件，還有豐富齊全的歐洲復古珠。

原宿店／東京都澀谷區神宮前4-25-10
大阪店／大阪府大阪市北 梅田3-1-3LUCUA1100 5F
https://www.facebook.com/boxcharmindustry/

作ろ！ドットコム

有凡爾賽宮殿的水晶燈使用的水晶玻璃寶仕奧莎水晶（PRECIOSA），還有堅固且色差小的金屬配件、鍊子等多達2萬件以上的豐富品項。（僅有網路商城）

6

http://www.tsukuro.com

petit copain

5

擁有各式各樣來自海外的進口鈕釦＆復古配件。光是看著五彩繽紛的商品，就會激發創作的靈感。（僅有網路商城）。

http://www.petit-copain.com

岡本百代
おかもと ももよ

大阪文化服裝學院畢業。曾任時尚設計師，秉持想輕鬆穿搭設計品的理念，開始製作販售飾品。使用真花的設計極具人氣。

http://www.shisui.co/
[Instagram]
@shisui_momoyo

3

一之澤かおり
いちのさわ かおり

在育兒之餘開始製作飾品。除了以模型創造個性魅力，還有使用復古珠的飾品，獨一無二的設計頗受歡迎。

http://nightynight.
theshop.jp/

1

4

2

舟田祥子
ふなだ しょうこ

經營飾品品牌「kodemari」。品牌概念為「穿搭就會心情飛揚」，從簡單好搭的設計到獨樹一幟的設計飾品均有販售。

https://minne.com/@
kodemari

岩﨑晶乃
いわさき あきの

曾任建築設計師，現以流蘇作家（tassel de sica）的身份活動，以「流蘇才能詮釋的季節感」為主題設計作品。著有《流蘇飾品和小物》（暫譯，日本vogue社）

http://www.tasseldesica.
com

宮園美樹子
みやぞの みきこ

以服裝零售商的經驗為基礎，開始製作並販售適合搭配服裝的飾品。品牌概念是「為某人量身打造的飾品」。

奧美有紀
おく みゆき

在日本橫濱經營「Beads-Yokohama」。著有《給初學者製作的串珠飾品》（暫譯，Boutique社）等。

https://ameblo.jp/m-oku/

後藤佳織
ごとう かおり

曾任職於設計事務所，6年前轉職為自由工作者。除了飾品創作之外，也從事圖像及插圖設計等工作。

http://www.creema.jp/c/kateme

9

10

7

8

5

6

森みさ
もり みさ

曾為服裝零售販售員，2011年起開始經營自製乾燥花及UV膠飾品「m.i*n.i*」。2005年在日本埼玉縣大宮開設手作品與雜貨店「mini*」。也會配合地方商業設施的活動設置攤櫃。

[Instagram] @mini.33

奧平順子
おくだいら じゅんこ

經營飾品品牌「Ju's drawer」。在手工飾品網站獲得廣大支持，也是媒體關注的人氣設計師。活躍於各個領域。

https://minne.com/@junko131

玉村麻里
たむら まり

美術學校畢業後，曾任職於服裝零售商。育兒的同時開始製作飾品。2017年起以插圖搭配設計，作品概念是以黏土打造「將故事幻化為現實」。

https://minne.com/@mm-haru
[Instagram]
@tamamuramari

國家圖書館出版品預行編目資料

時髦女子玩美手則 愛上風格打扮的手作飾品DELUXE！/朝日新聞出版授權；亞緋琉譯.
– 初版. – 新北市：雅書堂文化事業有限公司,2022.05
面；　公分. – (Fun手作；147)
ISBN 978-986-302-624-2(平裝)

1.CST: 裝飾品 2.CST: 手工藝

426.9   111004427

【FUN手作】147
時髦女子玩美手則
愛上風格打扮的手作飾品DELUXE!

授　　權／朝日新聞出版
譯　　者／亞緋琉
社　　長／詹慶和
執行編輯／陳姿伶
編　　輯／蔡毓玲‧劉蕙寧‧黃璟安
執行美編／韓欣恬
美術編輯／陳麗娜‧周盈汝
出 版 者／雅書堂文化事業有限公司
發 行 者／雅書堂文化事業有限公司
郵政劃撥帳號／18225950
郵政劃撥戶名／雅書堂文化事業有限公司
地　　址／220新北市板橋區板新路206號3樓
電　　話／(02)8952-4078
傳　　真／(02)8952-4084
網　　址／www.elegantbooks.com.tw
電子郵件／elegant.books@msa.hinet.net

2022年5月初版一刷　定價580元

"MAINICHI WO, JIBUN RASHIKU YOSOOU:TEZUKURI
ACCESSORY DELUXE!"
Copyright © 2018 Asahi Shimbun Publications Inc.
All rights reserved.
Original Japanese edition published by Asahi Shimbun
Publications Inc.
This Traditional Chinese language edition is published by
arrangement with Asahi Shimbun Publications Inc.,Tokyo
in care of Tuttle-Mori Agency, Inc., Tokyo
through Keio Cultural Enterprise Co., Ltd.,New Taipei City.

經銷／易可數位行銷股份有限公司
地址／新北市新店區寶橋路235巷6弄3號5樓
電話／(02)8911-0825
傳真／(02)8911-0801

版權所有‧翻印必究
※本書作品禁止任何商業營利用途（店售‧網路販售等）＆刊載，
　請單純享受個人的手作樂趣。
※本書如有缺頁，請寄回本公司更換。

STAFF

編集　　　　STUDIO PORTO
協助編輯　　元井朋子　佐々木純子
流程監修　　奧美有紀
攝影　　　　福井裕子　竹内浩務（STUDIO DUNK）　鈴木江実子
造型師　　　荻野玲子
髮型師　　　村上綾
模特兒　　　橫田美憧（Right Management）
圖文設計　　八木孝枝
DTP　　　　山田素子　北川陽子（以上皆為STUDIO DUNK）　大島歌織
插圖　　　　原山恵　栗本真左子　竹内真希　Nicco野島朋子
校正　　　　木串かつこ　みね工房

材料提供

Padico　　http://www.padico.co.jp
Parts Club　http://partsclub.jp/

攝影協助

H/standard二子玉川Rise店
Quorinest
Glastonbury Showroom
HUMAN WOMAN
LACOSTE 客服中心
Reebok adidas Group客服窗口
Lea Mills Agency

服裝提供

P.002、038（右上）、062（左）
前開釦設計襯衫洋裝／Honnete（Glastonbury Showroom）
綁帶牛津鞋／HUMAN WOMAN

P.003（下）、013（右）、068
基本款襯衫、燈芯絨裙／皆為HUMAN WOMAN

P.013（左）、039（左上）、062（右）
高領針織衫／JOHN SMEDLEY（Lea Mills Agency）
綁帶牛津鞋／HUMAN WOMAN

P.012（左）、065、142
喇叭裙洋裝／HUMAN WOMAN

P.012（右）、038（右下）、062（中央）
長洋裝／Honnete（Glastonbury Showroom）
五分袖針織衫／JOHN SMEDLEY（Lea Mills Agency）
側面鬆緊布短靴／HUMAN WOMAN

P.003（上）、098
勃艮第色上衣／LACOSTE（LACOSTE 客服中心）
內搭的碎花（Liberty）襯衫／HUMAN WOMAN

P.004（下）、018、096
連身褲／vainio.seitsonen（Quorinest）
無領襯衫／LACOSTE（LACOSTE 客服中心）

P.004（上）、039（右下）
半拉鍊套頭衫／LACOSTE（LACOSTE 客服中心）
運動鞋／Reebok CLASSIC
　　　　（Reebok adidas Group 客服窗口）

P.014、039（下）、064（右）
襯衫／Yarmo（Glastonbury Showroom）

P.005（上）、015
條紋西裝外套／Yarmo（Glastonbury Showroom）

P.005（下）、019、038（左）
一件式針織衫／LACOSTE LiVE（LACOSTE 客服中心）

P.017、061、094
背心／H/standard（H/standard二子玉川Rise店）
褲子／HUMAN WOMAN